工程师经验手记

智能网联汽车总线通信技术基础教材

CAN 总线嵌入式开发
——从入门到实践

（第 4 版）

牛跃听　周立功　陶贵明　王　斌　编著

北京航空航天大学出版社

内 容 简 介

CAN 总线通信技术广泛应用于工业自动化、汽车电子、楼宇建筑、医疗器械、电梯网络、工程机械等行业,市场每年对该类控制产品需求量巨大。本书从目前几种流行的 CAN 通信控制电路的器件入手,结合 CAN 总线通信学习板,详细介绍了 CAN 总线嵌入式应用开发技术。

本书内容主要包括 CAN 控制器和单片机的接口设计、基于 STM32 的 CAN 2.0A 协议通信程序、基于 LPC11Cxx 系列微控制器的 CAN 应用设计及 CAN 总线在酒店客房智能化系统中的应用。每一种实例都从方案论证、硬件电路设计、软件程序设计方面进行论述,并且书中所有硬件电路均制作出电路板,所有程序均在电路板上调试运行通过。本书是再版书,相比旧版,本书更正了一些错误,并增加了部分内容。

本书旨在为广大嵌入式 CAN 总线通信技术的研发者提供实战化的软、硬件技术参考,书中的电路图和源程序可以直接拿来参考运用,大大提高了工程师的工作效率。

图书在版编目(CIP)数据

CAN 总线嵌入式开发 : 从入门到实践 / 牛跃听等编著. -- 4 版. -- 北京 : 北京航空航天大学出版社, 2025. 3. -- ISBN 978 - 7 - 5124 - 4706 - 6

Ⅰ. TP336

中国国家版本馆 CIP 数据核字第 2025X6M285 号

CAN 总线嵌入式开发——从入门到实践(第 4 版)

牛跃听　周立功　陶贵明　王　斌　编著

责任编辑　董立娟

*

北京航空航天大学出版社出版发行

北京市海淀区学院路 37 号(邮编 100191)　http://www.buaapress.com.cn

发行部电话:(010)82317024　传真:(010)82328026

读者信箱:emsbook@buaacm.com.cn　邮购电话:(010)82316936

涿州市新华印刷有限公司印装　各地书店经销

*

开本:710×1 000　1/16　印张:21.5　字数:458 千字

2025 年 3 月第 4 版　2025 年 3 月第 1 次印刷　印数:1 000 册

ISBN 978 - 7 - 5124 - 4706 - 6　定价:89.00 元

若本书有倒页、脱页、缺页等印装质量问题,请与本社发行部联系调换。联系电话:(010)82317024

前　　言

嵌入式研发是一个实践动手能力很强的过程。当年我第一次接触到 CAN 总线时,虽然有一定的单片机基础,但是对于 CAN 总线项目的研究较为肤浅,真是束手无策。于是,痛下决心,搜集整理了大量有关 CAN 总线的技术资料,制作电路板,编写调试程序,花费了大量的精力和时间。当时我就想:如果有公司或者书籍介绍有关 CAN 总线完整的电路图、提供完整的源代码该多好呀! 这必将缩短研发周期,更重要的是不必做许多重复性的工作。在项目开发过程中,完全可以奉行"拿来主义",前人做过的许多功能程序,如 SPI、I²C 等通信程序是可以直接移植到研发项目中的,当然 CAN 总线通信程序也不例外!

我通过承接有关 CAN 总线的科研项目,几年间积累的有关技术,逐步从项目中提炼制作了几款 CAN 总线学习板,配套完整的电路图和程序源代码,可以供 CAN 总线开发硬件工程师参考。

本书以应用实例为主线,共分为 6 章。第 1 章为 CAN 总线基础知识。第 2、3 章介绍了两种常用的 CAN 控制器 SJA1000、MCP2515 和单片机的接口设计,给出了完整电路图和程序源代码。第 4 章详解了基于 STM32 的 CAN 总线通信技术,给出了原理图,解读了程序源码。第 5 章为基于 LPC11Cxx 系列微控制器的 CAN 应用设计,LPC11Cxx 系列微控制器是业界首款在片上直接支持 CAN 控制器、CANOpen协议、片上高速 CAN 物理层收发器的 Cortex - M0 微控制器。第 6 章为 CAN 总线在酒店客房智能化系统中的应用,介绍了该系统 CAN 总线网络的组建和实际的应用。第 2~6 章都从实际应用的角度出发,设计制作了相应的学习板,编写、调试了程序,以便于读者学习参考。

感谢中国人民解放军陆军工程大学的陶贵明教授和方丹博士、徐工集团高端工程机械智能制造国家重点实验室的王斌工程师、上海汽车集团股份有限公司的杨剑工程师、上海创济智能门窗有限公司的潘建伟工程师、北京融安特智能科技有限公司的张宝工程师,他们在本书编写和项目研发中给予了我启发性的技术支持,使我始终充满工作激情。广州致远电子股份有限公司的周立功、黄敏思、李田甜工程师在本书的编写过程中给予了大力支持和帮助,在此一并表示感谢!

　　本书在编写的过程中,注重代码程序的完整性,我愿意和那些注重代码完整性的读者交流,研讨技术问题。有兴趣的读者可以发送电子邮件到 zdkjnyt@163.com,期待和您进一步交流。

作　者

2025 年 1 月于琴湖畔

目　　录

第**1**章

CAN 总线基础知识

1.1　CAN 总线简介

　　CAN(Controller Area Network)指的是控制器局域网。20 世纪 80 年代初,德国 Bosch 公司开发了多主机局部网络,应用于汽车的监测和控制。Bosch 公司开发 CAN 总线的最初目的是解决汽车上数量众多的电子设备之间的通信问题,减少电子设备之间繁多的信号线。于是设计了一个单一的网络总线,所有的外围器件都可以挂接在该总线上。

　　没有 CAN 的时候,传统的汽车线束连接如图 1-1 所示。其中,ASR 为防滑驱动控制系统。

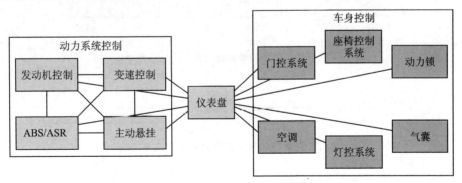

图 1-1　没有 CAN 总线之前的汽车线束连接示意图

　　发明 CAN 总线后,汽车的 CAN 网络如图 1-2 所示。

　　1991 年 9 月,Philips 半导体公司制定并发布 CAN 技术规范:CAN 2.0 A/B。1993 年 11 月,ISO 组织正式颁布 CAN 国际标准 ISO11898(高速应用,数据传输速率小于 1 Mbit/s)和 ISO11519(低速应用,数据传输速率小于 125 kbit/s)。

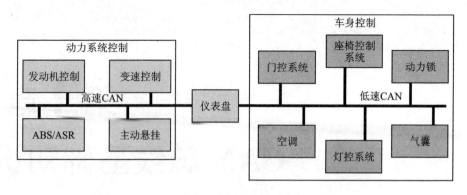

图 1-2　发明 CAN 总线之后的汽车线束连接示意图

作为一种技术先进、可靠性高、功能完善、成本较低的网络通信控制方式,CAN
总线广泛应用于汽车工业、航空工业、工业控制、安防监控、工程机械、医疗器械、楼宇
自动化等诸多领域。例如,在楼宇自动化领域中,加热和通风、照明、安全和监控系统
对建筑安装提出了更高的要求,现代的建筑安装系统越来越多地建立在串行数据传
输系统(CAN 总线系统)之上,通过其实现开关、按钮、传感器、照明设备、其他执行器
和多控制系统之间的数据交换。实现建筑中各操作单元之间的协作,并对各单元不
断变化的状态实时控制。

CAN 总线是唯一成为国际标准的现场总线,也是国际上应用最广泛的现场总线
之一,其节点连接示意图如图 1-3 所示。

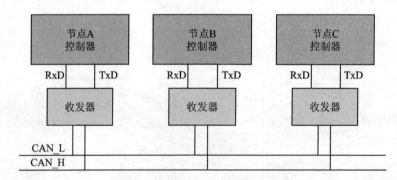

图 1-3　CAN 总线节点连接示意图

CAN 总线具有以下主要特性:

- 成本低廉;
- 数据传输距离远(最远长达 10 km);
- 数据传输速率高(最高达 1 Mbit/s);
- 无破坏性的基于优先权的逐位仲裁;
- 借助验收滤波器的多地址帧传递;

- 远程数据请求；
- 可靠的错误检测和出错处理功能；
- 发送的信息遭到破坏后，可自动重发；
- 暂时错误、永久性故障节点的判别以及故障节点的自动脱离；
- 脱离总线的节点不影响总线的正常工作。

基于 CAN 总线的优越特性，许多著名的芯片生产商，如 Intel、Philips、Siemens、原 Motorola 都推出了独立的 CAN 控制器芯片，或者带有 CAN 控制器的 MCU 芯片。CAN 总线的以上特性决定了其应用于低成本、数据量不太大的工业互联网领域。

1.2　CAN 总线基本工作原理

CAN 通信协议主要描述设备之间的信息传递方式。CAN 协议规范中关于层的定义与开放系统互联(OSI)模型一致，设备中的每一层与另一设备上相同的那一层通信，实际的通信发生在每一设备上相邻的两层，而设备只通过模型物理层的物理介质互联。CAN 的规范定义了模型的最下面两层：数据链路层和物理层。表 1-1 所列为 OSI 的各层。应用层协议可以由 CAN 用户定义成适合特别工业领域的任何方案，已在工业控制和制造业领域得到广泛应用的标准是 DeviceNet，这是为 PLC 和智能传感器设计的。在汽车工业，许多制造商都使用自己的标准。

表 1-1　OSI 开放系统互连模型

层　数	层名称	描　述
7	应用层	最高层，用户、软件、网络终端等之间用来进行信息交换，如 DeviceNet
6	表示层	将两个应用不同数据格式的系统信息转化为能共同理解的格式
5	会话层	依靠低层的通信功能进行数据的有效传递
4	传输层	两通信节点之间数据传输控制操作，如数据重发、数据错误修复
3	网络层	规定了网络连接的建立、维持和拆除的协议，如路由和寻址
2	数据链路层	规定了在介质上传输的数据位的排列和组织，如数据校验和帧结构
1	物理层	规定通信介质的物理特性，如电气特性和信号交换的解释

一些组织制定了 CAN 的高层协议。CAN 的高层协议是一种在现有底层协议(物理层和数据链路层)之上实现的协议，是应用层协议。一些可使用的 CAN 高层协议如表 1-2 所列。

CAN 能够使用多种物理介质，例如双绞线、光纤等。最常用的就是双绞线，信号使用差分电压传送。如图 1-4 所示，两条信号线被称为 CAN_H 和 CAN_L，静态时均为 2.5 V 左右，此时状态表示为逻辑 1，也可以称作隐性；用 CAN_H 比 CAN_L 高表示逻辑 0,称为显形,此时通常电压值为 CAN_H=3.5 V 和 CAN_L=1.5 V。

表 1-2 CAN 高层协议

制定组织	主要高层协议
CiA	CAL
CiA	CANOpen
ODVA	DeviceNet
Honeywell	SDS
Kvaser	CANKingdom

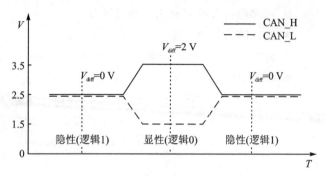

图 1-4 双绞线 CAN 总线电平标称值

1.3 CAN 的标准格式和扩展格式

标准 CAN 的标志符长度是 11 位,而扩展格式 CAN 的标志符长度可达 29 位。CAN 2.0A 协议版本规定 CAN 控制器必须有一个 11 位的标志符,同时在 CAN 2.0B 协议版本中规定 CAN 控制器的标志符长度可以是 11 位或 29 位。遵循 CAN 2.0B 协议的 CAN 控制器可以发送和接收 11 位标识符的标准格式报文或 29 位标识符的扩展格式报文。如果禁止 CAN 2.0B,则 CAN 控制器只能发送和接收 11 位标识符的标准格式报文,而忽略扩展格式的报文,但不会出现错误。

1.4 CAN 的节点硬件构成

CAN 总线节点的硬件构成如图 1-5 所示。

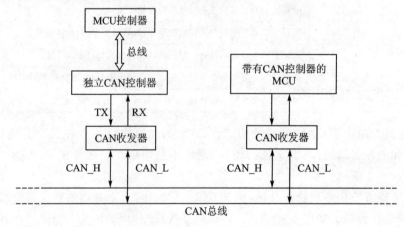

图 1-5 CAN 总线节点的硬件构成

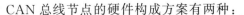

CAN 总线节点的硬件构成方案有两种：

① MCU 控制器＋独立 CAN 控制器＋CAN 收发器。独立 CAN 控制器如 SJA10000、MCP2515，其中 MCP2515 通过 SPI 总线和 MCU 连接，SJA1000 通过数据总线和 MCU 连接。

② 带有 CAN 控制器的 MCU＋CAN 收发器。目前，市场上带有 CAN 控制器的 MCU 有许多种，如 P87C591、LPC2294、C8051F340 等。

两种方案的节点构成都需要通过 CAN 收发器同 CAN 总线相连，常用的 CAN 收发器有 PCA82C250、PCA82C251、TJA1050、TJA1040 等。

两种方案的节点构成各有利弊：

① 方案编写的 CAN 程序是针对独立 CAN 控制器的，程序可移植性好，编写好的程序可以方便地移植到任意的 MCU。但是，由于采用了独立的 CAN 控制器，占用了 MCU 的 I/O 资源，电路也变得复杂。

② 方案编写的 CAN 程序是针对特定选用的 MCU，例如 LPC2294。程序编写好后不可以移植，但是，MCU 控制器中集成了 CAN 控制器单元，硬件电路变得简单些。

1.5　CAN 控制器

CAN 控制器用于将欲收发的信息（报文）转换为符合 CAN 规范的 CAN 帧，通过 CAN 收发器在 CAN 总线上交换信息。

(1) CAN 控制器分类

CAN 控制器芯片分为两类：一类是独立的控制器芯片，如 SJA1000；另一类是和微控制器做在一起，如 NXP 半导体公司的 Cortex-M0 内核 LPC11Cxx 系列微控制器、LPC2000 系列 32 位 ARM 微控制器。CAN 控制器的大致分类及相应的产品如表 1-3 所列。

表 1-3　CAN 控制器分类及相应产品型号

类　别	产品举例
独立 CAN 控制器	NXP 半导体的 SJF1000CCT、SJA1000、SJA1000T
集成 CAN 控制器的单片机	NXP 半导体的 P87C591 等
CAN 控制器的 ARM 芯片	NXP 半导体的 LPC11Cxx 系列微控制器；TI 半导体 Stellaris（群星）系列 ARM 的 S2000、S5000、S8000、S9000 系列

(2) CAN 控制器的工作原理

为了便于读者理解 CAN 控制器的工作原理，下面给出了一个 SJA1000 CAN 控制器的经过简化的结构框图，如图 1-6 所示。

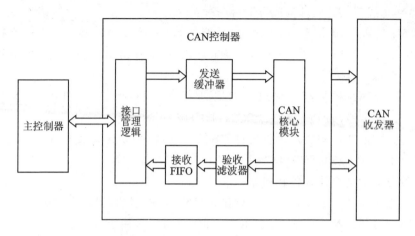

图 1-6　CAN 控制器结构示意

1）接口管理逻辑

接口管理逻辑用于连接外部主控制器,解释来自主控制器的命令;控制 CAN 控制器寄存器的寻址,并向主控制器提供中断信息和状态信息。

2）CAN 核心模块

收到一个报文时,CAN 核心模块根据 CAN 规范将串行位流转换成用于接收的并行数据,发送一个报文时则相反。

3）发送缓冲器

发送缓冲器用于存储一个完整的报文,当 CAN 控制器发送初始化时,接口管理逻辑会使 CAN 核心模块从发送缓冲器读 CAN 报文。

4）验收滤波器

验收滤波器可以根据用户的编程设置,过滤掉无须接收的报文。

5）接收 FIFO

接收 FIFO 是验收滤波器和主控制器之间的接口,用于存储从 CAN 总线上接收的所有报文。

6）工作模式

CAN 控制器可以有两种工作模式(BasicCAN 和 PeliCAN)。BasicCAN 仅支持标准模式,PeliCAN 支持 CAN 2.0B 的标准模式和扩展模式。

1.6　CAN 收发器

如图 1-6 所示,CAN 收发器是 CAN 控制器和物理总线之间的接口,将 CAN 控制器的逻辑电平转换为 CAN 总线的差分电平,在两条有差分电压的总线电缆上传输数据。目前市面上常见 CAN 收发器的分类及相应产品如表 1-4 所列。

表 1 - 4　CAN 收发器分类及相应产品

CAN 收发器分类	描　述	相应产品
隔离 CAN 收发器	隔离 CAN 收发器的主要功能是将 CAN 控制器的逻辑电平转换为 CAN 总线的差分电平,并且具有隔离、ESD 保护及 TVS 管防总线过压功能	CTM1050 系列、CTM8250 系列、CTM8251 系列
通用 CAN 收发器	—	NXP 半导体的 PCA82C250、PCA82C251
高速 CAN 收发器	支持较高的 CAN 通信速率	NXP 半导体的 TJA1050、TJA1040 、TJA1041/1041A
容错 CAN 收发器	在总线出现破损或短路情况下,容错性 CAN 收发器依然可以维持运行。这类收发器对于容易出现故障的领域,具有至关重要的意义	NXP 半导体的 TJA1054、TJA1054A、TJA1055、TJA1055/3

1.7　CAN 总线接口电路保护器件

在汽车电子中,CAN 总线系统往往用于实现对安全至关重要的功能,比如引擎控制、ABS 系统以及气囊等,如果受到干扰导致工作失常将出现严重事故。此外,在不受到干扰的同时,CAN 总线系统也不能干扰其他电子元件。所以,CAN 总线系统必须满足电磁干扰(EMI)和静电放电(ESD)标准的严格要求。此外,在许多场合 CAN 总线接口有可能遭到雷电、大电流浪涌的冲击(例如许多户外安装的设备),所以,还需要使用保护器件以防浪涌。

1.7.1　共模扼流圈

共模扼流圈(Common Mode Choke)也称共模电感,可使系统的 EMC 性能得到较大提高,确保设备的电磁兼容性,抑制耦合干扰,并且:

- 滤除 CAN 总线信号线上的共模电磁干扰。
- 衰减差分信号的高频部分。
- 抑制自身向外发出的电磁干扰,避免影响同一电磁环境下其他电子设备的正常工作。

此外,共模扼流圈还具有体积小、使用方便的优点,因而被广泛使用在抑制电子设备 EMI 噪声方面。图 1 - 7 是共模扼流线圈应用电路示意图。

设计中,须选用 CAN 总线专用的信号共模扼流圈抑制传输线上的共模干扰,而令传输线上的数据信号可畅通无阻地通过。EPCOS B82793 外观如图 1 - 8 所示,该芯片具有如下的主要功能特性:

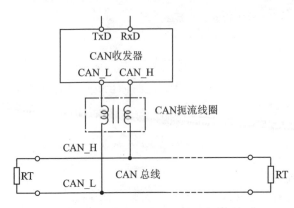

图 1 - 7　通过共模扼流线圈抑制电感性的感应共模干扰　　图 1 - 8　EPCOS B82793 外观

- 高额定电流。
- 元件高度经过降低处理,便于工艺方面处理。
- 符合汽车行业 AEC - Q200 标准。
- 便于进行回流焊。

1.7.2　ESD 防护

CAN 总线通常工作在噪声大的环境中,经常会受到静电电压、电压突变脉冲等干扰的影响。

- 静电放电产生的电流热效应:ESD 电流通过芯片虽然时间短,但是电流大,产生的热量可能导致芯片热失效。
- 高压击穿:由于 ESD 电流感应出高电压,若芯片耐压不够,可能导致芯片被击穿。
- 电磁辐射:ESD 脉冲所导致的辐射波长从几厘米到数百米,这些辐射能量产生的电磁噪声将损坏电子设备或者干扰其他电子设备的运行。

为对抗 ESD 及其他破坏性电压突变脉冲,设计 CAN 总线电路时,须选择 CAN 专用 ESD 保护元件,从而避免该 ESD 保护元件的等效电容影响到高通信速率的 CAN 总线通信;常见的 CAN 总线专用 ESD 保护元件型号有 NXP PESD1CAN 或 Onsemi NUP2105L 等 ESD 元件。

1.7.3　CAN 总线网络保护

除了对 CAN 总线节点本身的保护,也需要对 CAN 总线网络进行保护,尤其是户外的 CAN 总线网络,以减少侵入到信号线路的雷电电压、电磁脉冲造成的瞬态过电压等损坏 CAN 总线网络中设备的概率。比如,用户可以外置 CAN 总线通信保护器,如广州致远电子有限公司的 ZF 系列总线信号保护器 ZF - 12Y2,如图 1 - 9 所示(通常在同一网络中只需要在两端安装 2 个 ZF - 12Y2 总线通信保护器即可)。

ZF-12Y2 符合 IEC61643-21 标准要求(IEC61643-21 是国际电工委员会针对低压浪涌保护装置的标准),主要保护 CAN 总线、RS-485、RS-422 以及网络设备(如网络交换机、路由器、网络终端)等各种信号通信设备,为浪涌提供最短泄放途径。ZF 系列总线信号保护器具有以下功能特性:

- 多级保护电路。
- 损耗小,响应时间快。
- 限制电压低。
- 限制电压精确。
- 通流容量大。
- 残压水平低。
- 反应灵敏。

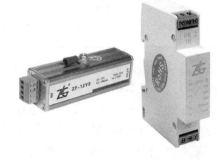

图 1-9　ZF-12Y2 总线信号保护器

1.8　CAN 总线通信过程

CAN 总线节点传输过程如图 1-10 所示。

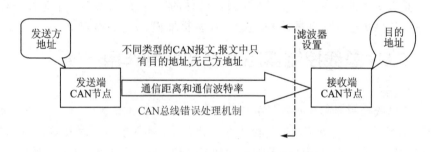

图 1-10　CAN 总线节点传输过程示意图

CAN 总线数据的发送过程可以用信件邮递来打一个比喻,发送节点可以比喻为邮寄一封信件:

> 邮寄:北京市海淀区××路××号(目的 CAN 节点地址)。
>
> 　　　　　(信中内容为具体的数据信息)
>
> 　　　　　　　　　　　　　　　　　自:无(相当于匿名信件)。

接收节点可以比喻为家门口的收件邮箱:

> 这是"北京市海淀区××路××号"邮箱(自己的 CAN 节点地址),其他非邮寄到此信箱的信件,一概不接收(CAN 地址设置屏蔽掉其他地址)。
>
> 如果是邮寄到此信箱的信件,则接收信件。
> (信中内容为具体的数据信息)

CAN 总线数据的通信过程中,数据信息通过不同的报文格式来传送,例如数据帧、远程帧等。这就类似于邮件中可以有不同的内容,如文件、衣物、书籍等。

CAN 总线数据通信花费的时间与总线传输距离、通信波特率有关,通信距离越远,波特率就越低,传输数据花费的时间就越长。类似于从北京邮寄信件到石家庄,距离近,邮递时间就短;如果从北京邮寄信件到广州,邮递时间相对就长。另外,CAN 总线数据的通信花费的时间还跟通信介质的选取(光纤、双绞线)、振荡器容差、通信线缆的固有特性(导线截面积、电阻等)等有关系,这就类似于邮递信件时是选择 EMS 快递、挂号信,还是普通的平信。

当然,CAN 总线传输也有其传输错误处理机制,以保证总线正常运行。类似于邮寄信件,也有出错处理机制。例如,发送快递时,如果地址写错了,快递员就会联系发件者,是否更改地址重新投递。如果投递邮件的数量过多,就会产生邮件的堆积,CAN 总线如果传输的信息量过多,也会产生数据堆积,发生过载现象。

1.9　CAN 总线控制器芯片滤波器的作用

CAN 总线控制器芯片滤波器用来设置自己的 CAN 地址。

在 CAN 总线上,CAN 帧信息由一个节点发送,其他节点同时接收。每当总线上有帧信息时,节点都会把滤波器的设置和接收到的帧信息的标识码相比较,节点只接收符合一定条件的信息,对不符合条件的 CAN 帧不予接收,只给出应答信号。

这类似于家门口收信件的邮箱,用来标明自己家的详细地址。邮递员分发邮件的时候,带着一堆信件在小区内投寄,邮箱地址则表明自己家的收信件地址,如果地址正确,邮递员就会把信件投递进邮箱(成功接收邮件);如果地址不符,邮递员则不会投送邮件(拒收该邮件)。

CAN 总线控制器滤波的作用如下:

① 降低硬件中断频率,只有成功接收时才响应接收中断。

② 简化软件实现的复杂程度,提高软件运行的效率。

不同的 CAN 控制器芯片的滤波器设置有所不同,下面将针对具体的 CAN 控制器芯片进行详细介绍。

1.10　CAN 总线的报文格式

CAN 总线上传输的信息称为报文,当总线空闲时任何连接的单元都可以开始发送新的报文。

报文相当于前面比喻的邮递信件的内容。总线上的报文信息表示为以下几种固定的帧类型。

- 数据帧:从发送节点向其他节点发送的数据信息。
- 远程帧:向其他节点请求发送具有同一识别符的数据帧。
- 错误帧:检测到总线错误,发送错误帧。
- 过载帧:过载帧用以在数据帧或远程帧之间提供附加的延时。

CAN 总线通信有两种不同的帧格式:标准帧和扩展帧。

- 标准帧格式:具有 11 位标识符。
- 扩展帧格式:具有 29 位标识符。

两种帧格式的确定通过“控制场”(Control Field)中的“识别符扩展”位(IDE bit)来实现。两种帧格式可出现在同一总线上。

1.10.1　数据帧

如图 1 - 11 所示,数据帧组成如下:

- 帧起始(Start of Frame)。
- 仲裁场(Arbitration Field)。
- 控制场(Control Field)。
- 数据场(Data Field)。
- CRC(循环冗余码)场(CRC Field)。

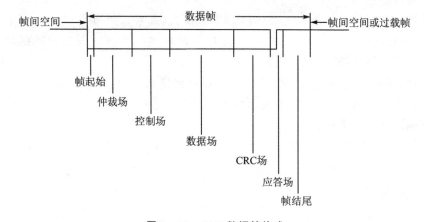

图 1 - 11　CAN 数据帧格式

● 应答场(ACK Field)。
● 帧结尾(End of Frame)。
数据场的长度可以为 0。

帧起始标志数据帧和远程帧的起始,由一个单独的显性位组成。只有在总线空闲时,才允许节点开始发送。所有的节点必须同步于首先开始发送信息节点的帧起始前沿。

仲裁场用于写明需要发送到目的 CAN 节点的地址,确定发送的帧类型(当前发送的是数据帧还是远程帧),并确定发送的帧格式是标准帧还是扩展帧。仲裁场在标准格式帧和扩展格式帧中有所不同,标准格式帧的仲裁场由 11 位标识符和远程发送请求位 RTR 组成,扩展格式帧的仲裁场由 29 位标识符和远程发送请求位 RTR 组成。

控制场由 6 个位组成,包括数据长度代码和两个将来作为扩展用的保留位。数据长度代码指示了数据场中的字节数量。数据长度代码为 4 个位,在控制场里被发送,数据帧长度允许的字节数为 0、1、2、3、4、5、6、7、8,其他数值为非法的。

数据场由数据帧中的发送数据组成。它可以为 0~8 字节,每字节包含了 8 位,首先发送最高有效位 MSB,依次发送至最低有效位 LSB。

CRC 场包括 CRC 序列(CRC SEQUENCE)和 CRC 界定符(CRC DELIMIT-ER),用于信息帧校验。

应答场长度为 2 位,包含应答间隙(ACK SLOT)和应答界定符(ACK DELIM-ITER)。在应答场里,发送节点发送两个隐性位。当接收器正确地接收到有效的报文时,接收器就会在应答间隙(ACK SLOT)期间(发送 ACK 信号)向发送器发送一个显性的位以示应答。

帧结尾是由每一个数据帧和远程帧的标志序列界定的。这个标志序列由 7 个隐性位组成。

1. 标准数据帧

标准数据帧基于早期的 CAN 规格 (1.0 和 2.0A 版),使用了 11 位的识别域。

CAN 标准帧帧信息是 11 字节,如表 1-5 所列,包括帧描述符和帧数据两部分。前 3 字节为帧描述部分。

其中,字节 1 为帧信息,第 7 位(FF)表示帧格式,在标准帧中 FF=0;第 6 位(RTR)表示帧的类型,RTR=0 表示为数据帧,RTR=1 表示为远程帧。DLC 表示在数据帧时实际的数据长度。

字节 2~3 为报文识别码,其高 11 位有效。字节 4~11 为数据帧的实际数据,远程帧时无效。标准数据帧的示意图如图 1-12 所示。

2. 扩展数据帧

CAN 扩展帧帧信息是 13 字节,如表 1-6 所列,包括帧描述符和帧数据两部分。前 5 字节为帧描述部分。

表 1－5　标准数据帧

字　节		位							
		7	6	5	4	3	2	1	0
字节 1	帧信息	FF	RTR	x	x	DLC(数据长度)			
字节 2	帧 ID1	ID. 10～ID. 3							
字节 3	帧 ID2	ID. 2～ID. 0			x	x	x	x	x	x
字节 4	数据 1	数据 1								
字节 5	数据 2	数据 2								
字节 6	数据 3	数据 3								
字节 7	数据 4	数据 4								
字节 8	数据 5	数据 5								
字节 9	数据 6	数据 6								
字节 10	数据 7	数据 7								
字节 11	数据 8	数据 8								

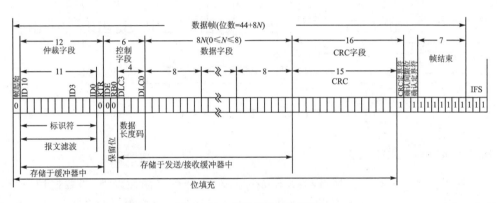

图 1－12　标准数据帧示意图

表 1－6　扩展数据帧

字　节		位							
		7	6	5	4	3	2	1	0
字节 1	帧信息	FF	RTR	x	x	DLC(数据长度)			
字节 2	帧 ID1	ID. 28～ID. 21							
字节 3	帧 ID2	ID. 20～ID. 13							
字节 4	帧 ID3	ID. 12～ID. 5							
字节 5	帧 ID4	ID. 4～ID. 0				x	x	x
字节 6	数据 1	数据 1								
字节 7	数据 2	数据 2								
字节 8	数据 3	数据 3								
字节 9	数据 4	数据 4								

续表 1－6

字　节		位							
		7	6	5	4	3	2	1	0
字节 10	数据 5	数据 5							
字节 11	数据 6	数据 6							
字节 12	数据 7	数据 7							
字节 13	数据 8	数据 8							

　　字节 1 为帧信息,第 7 位(FF)表示帧格式,在扩展帧中 FF＝1;第 6 位(RTR)表示帧的类型,RTR＝0 表示为数据帧,RTR＝1 表示为远程帧。DLC 表示在数据帧时实际的数据长度。字节 2～5 为报文识别码,其高 28 位有效;字节 6～13 为数据帧的实际数据,远程帧时无效。扩展数据帧的示意图如图 1－13 所示。

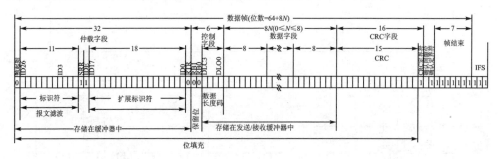

图 1－13　扩展数据帧示意图

1.10.2　远程帧

　　远程帧除了没有数据域(Data Frame)以及 RTR 位是隐性以外,与数据帧完全一样,如图 1－14 所示,RTR 位的极性表示了所发送的帧是数据帧(RTR 位显性)还是远程帧(RTR 位隐性)。

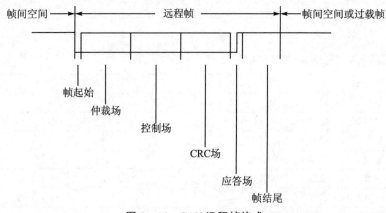

图 1－14　CAN 远程帧格式

如图 1 - 15、图 1 - 16 所示,远程帧包括两种:标准远程帧、扩展远程帧。

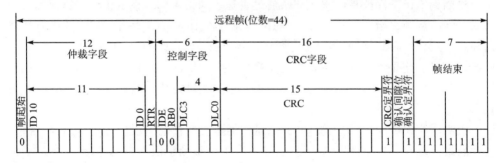

图 1 - 15　标准远程帧示意图

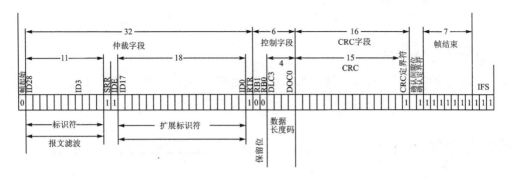

图 1 - 16　扩展远程帧示意图

1.10.3　错误帧

当节点检测到一个或多个由 CAN 标准所定义的错误时,就会产生一个错误帧。如图 1 - 17 所示,错误帧由两个不同的场组成:第一个场是不同站提供的错误标志(Error Flag)的叠加,第二个场是错误界定符(Error Delimiter)。

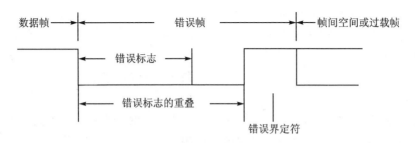

图 1 - 17　错误帧格式

有两种形式的错误标志:主动错误标志和被动错误标志。

● 主动错误标志由 6 个连续的显性位组成。

● 被动错误标志由 6 个连续的隐性位组成,除非被其他节点的显性位重写。

检测到错误条件被错误激活的站通过发送主动错误标志指示错误。错误标志的形式破坏了从帧起始到 CRC 界定符的位填充的规则,或者破坏了 ACK 场或帧结尾的固定形式。所有其他的站由此检测到错误条件,并与此同时开始发送错误标志。因此,显性位(此显性位可以在总线上监视)的序列导致一个结果,这个结果就是把个别站发送的不同的错误标志叠加在一起。这个序列的总长度最小为 6 位,最大为 12 位。

检测到错误条件的"错误被动"的站试图通过发送被动错误标志指示错误。错误被动的站等待 6 个相同极性的连续位(这 6 位处于被动错误标志的开始)。当这 6 个相同的位被检测到时,被动错误标志的发送就完成了。

错误界定符包括 8 个隐性位。错误标志传送了以后,每一节点就发送隐性位并一直监视总线直到检测出一个隐性位为止。然后就开始发送其余 7 个隐性位。

1.10.4　过载帧

过载帧用于在先行和后续的数据帧(或远程帧)之间提供一个附加的延时。如图 1-18 所示,过载帧包括两个位场:过载标志和过载界定符。

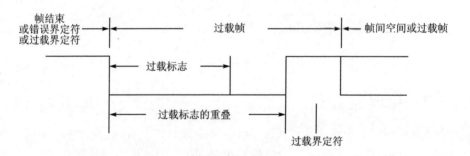

图 1-18　过载帧格式

有 3 种情况会引起过载标志的传送:

● 接收器内部情况(此接收器对于下一数据帧或远程帧需要有一个延时)。

● 在间歇的第一和第二字节检测到一个显性位。

● CAN 节点在错误界定符或过载界定符的第 8 位(最后一位)采样到一个显性位。

过载标志(Overload Flag)由 6 个显性位组成。过载标志的所有形式和主动错误标志一样。过载标志的形式破坏了间歇场的固定形式。因此,所有其他的站都检测到过载条件并同时发出过载标志。如果有的节点在间歇的第 3 个位期间检测到显性位,则这个位将解释为帧的起始。

过载界定符(Overload Delimeter)包括 8 个隐性位。过载界定符的形式和错误界定符的形式一样。过载标志被传送后,站就一直监视总线直到检测到一个从显性位到隐性位的跳变。此时,总线上的每一个站完成了过载标志的发送,并开始同时发送其余 7 个隐性位。

1.10.5　"帧间"空间

无论帧类型(数据帧、远程帧、错误帧、过载帧)如何,数据帧(或远程帧)与他前面的帧的隔离是通过"帧间"空间实现的。但是,过载帧、错误帧之前没有"帧间"空间,多个过载帧之间也不是由"帧间"空间隔离的。

"帧间"空间的组成。

(1) 3 个隐性("1")的间歇场

间歇包括 3 个隐性的位,间歇期间,所有的节点均不允许传送数据帧或远程帧,唯一要做的是标识一个过载条件。

(2) 长度不限的总线空闲位场

总线空闲的时间是任意的。只要总线被认定为空闲,任何等待发送报文的节点就会访问总线。在发送其他报文期间有报文被挂起时,其传送起始于间歇之后的第一个位。

(3) 错误被动的节点作为前一报文的发送器时,包括挂起传送的位场

错误被动的节点发送报文后,节点就在下一报文开始传送之前(或者总线空闲之前),发出 8 个隐性的位跟随在间歇的后面。如果另一节点同时开始发送报文,则此节点就作为这个报文的接收器。

非错误被动、错误被动的节点"帧间"空间示意图如图 1 - 19、图 1 - 20 所示。

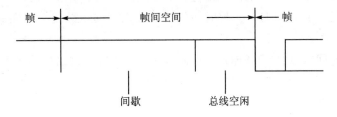

图 1 - 19　非错误被动节点帧间空间示意图

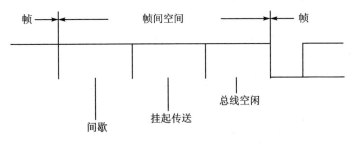

图 1 - 20　错误被动节点帧间空间示意图

1.11　振荡器容差

振荡器容差表示振荡器的实际频率和标称频率的偏离。

CAN 网络中,每个节点都从振荡器基准取得位定时。在实际系统应用中,振荡器基准频率会由于初始的容差偏移、老化和温度的变化而偏离它的标称值,这些偏离量之和就构成了振荡器容差。

1.12　位定时要求

位定时是 CAN 总线上一个数据位的持续时间,主要用于 CAN 总线上各节点的通信波特率设置,同一总线上的通信波特率必须相同。因此,为了得到所需的波特率,位定时的可设置性是有必要的。

另外,为了优化应用网络的性能,用户需要设计位定时中的位采样点位置、定时参数、不同的信号传播延迟的关系。

1. 标称位速率

标称位速率为一个理想的发送器在没有重新同步的情况下每秒发送的位数量。

2. 标称位时间

$$标称位时间＝1/标称位速率$$

如图 1 - 21 所示,可以把标称位时间划分成以下几个不重叠时间的片段:

① 同步段(SYNC_SEG)。位时间的同步段用于同步总线上不同的节点。这一段内要有一个跳变沿。

② 传播时间段(PROP_SEG)。传播时间段用于补偿网络内的物理延时时间,是总线上输入比较器延时和输出驱动器延时总和的两倍。

③ 相位缓冲段 1(PHASE_SEG1)。

④ 相位缓冲段 2(PHASE_SEG2)。相位缓冲段用于补偿边沿阶段的误差。这两个段可以通过重新同步加长或缩短。

图 1 - 21　标称位时间的组成部分

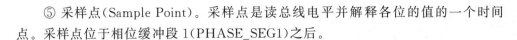

⑤ 采样点(Sample Point)。采样点是读总线电平并解释各位的值的一个时间点。采样点位于相位缓冲段 1(PHASE_SEG1)之后。

3．信息处理时间(Information Processing Time)

信息处理时间是一个以采样点作为起始的时间段。采样点用于计算后续位的位电平。

4．时间份额(Time Quantum)

时间份额是派生于振荡器周期的固定时间单元。存在有一个可编程的预比例因子，其整体数值范围为 1～32 的整数，以最小时间份额为起点，时间份额的长度为：

时间份额(Time Quantum)＝m×最小时间份额(Minimum Time Quantum)

(m 为预比例因子)

5．时间段的长度(Length of Time Segments)

同步段(SYNC_SEG)为一个时间份额；传播时间段(PROP_SEG)的长度可设置为 1～8 个时间份额；缓冲段 1(PHASE_SEG1)的长度可设置为 1～8 个时间份额；相位缓冲段 2(PHASE_SEG2)的长度为阶段缓冲段 1(PHASE_SEG1)和信息处理时间(Information Processing Time)之间的最大值；信息处理时间小于等于 2 个时间份额。

一个位时间总的时间份额值可以设置在 8～25 的范围，如图 1-22 所示。

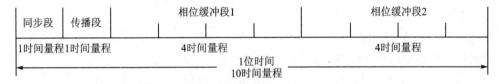

图 1-22　10 个时间份额构成的位时间

1.13　同　步

CAN 没有时钟信号线，所以 CAN 的数据流中不包含时钟。CAN 总线规范中用位同步的方式来确保通信时序，可以实现不管节点间积累的相位误差，对总线的电平进行正确采样，从而保证报文进行正确译码。

CAN 总线通信过程中的"节点"与"总线"的"同步"可以这样理解："总线"好比是一个乐队正在演奏《义勇军进行曲》，假如这时候一名"大号手"来晚了，"大号手"("节点")需要加入乐队("总线")演奏，就需要听从乐队指挥，调整自己的节奏，完美无缝地加入乐队演奏——这就是同步！

由 1.12 节可知，为了实现位同步，CAN 协议把每一位的时序分解成如图 1-23 所示的 SS 段、PTS 段、PBS1 段和 PBS2 段，这 4 段的长度加起来即为一个 CAN 数据位的长度。分解后最小的时间单位是 T_q，而一个完整的位由 8～25 个 T_q 组成。

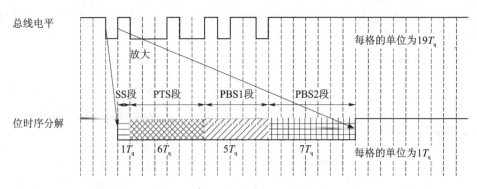

总线电平

每格的单位为 $19T_q$

放大

SS段　PTS段　　PBS1段　　PBS2段

位时序分解

$1T_q$　$6T_q$　$5T_q$　　$7T_q$　每格的单位为 $1T_q$

图 1－23　一位时间的时序分解

每位中的各段作用如下：

SS(SYNC SEG)段,译为同步段,若总线的跳变沿包含在 SS 段的范围之内,则表示节点与总线的时序同步。节点与总线同步时,采样点采集到的总线电平即可被确定为该位的电平。当总线上出现帧起始信号(SOF)时,其他节点上的控制器根据总线上的这个下降沿对自己的位时序进行调整,把该下降沿包含到 SS 段内,这样根据起始帧来进行同步的方式称为硬同步。其中,SS 段的大小为 $1T_q$。

PTS(PROP SEG)段,译为传播时间段,这个时间段用于补偿网络的物理延时时间,是总线上输入比较器延时和输出驱动器延时总和的两倍。PTS 段的大小为 $1\sim8T_q$。

PBS1(PHASE SEG1)段,译为相位缓冲段,主要用来补偿边沿阶段的误差,它的时间长度在重新同步的时候可以加长。PBS1 段的初始大小可以为 $1\sim8T_q$。

PBS2(PHASE SEG2)段,这是另一个相位缓冲段,也是用来补偿边沿阶段误差的,它的时间长度在重新同步时可以缩短。PBS2 段的初始大小可以为 $2\sim8Tq$。

在重新同步的时候,PBS1 和 PBS2 段的允许加长或缩短的时间长度定义为重新同步补偿宽度 SJW(reSynchronization Jump Width)。

CAN 规范定义了两种类型的同步:硬同步和重同步,由协议控制器选择通过哪种同步来适配位定时参数。

1. 硬同步(Hard Syncnronization)

硬同步后,内部的位时间从同步段重新开始。因此,硬同步强迫由于硬同步引起的沿处于重新开始的位时间同步段之内,如图 1－24 所示。

可以看出,在总线出现帧起始信号(SOF 下降沿)时,该节点原来的位时序与总线时序不同步,因此这个状态下采样点采集得到的数据是不正确的;节点以硬同步的方式调整,把自己位时序中的 SS 段平移至总线出现下降沿的部分,获得同步,这时采样点采集得到的数据才是正确的。

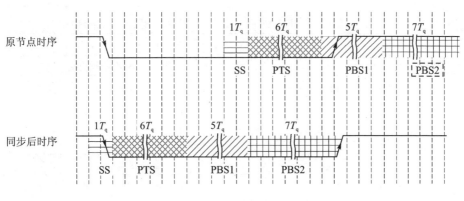

图 1 - 24　硬同步

2. 重新同步跳转宽度(Resynchronization Jump Width)

通过延长 PBS1 段或缩短 PBS2 段来实现重新同步。相位缓冲段加长或缩短的数量有一个上限,此上限由重新同步跳转宽度给定。重新同步跳转宽度应设置于 1 和最小值之间(此最小值为 4,PHASE_SEG1)。

3. 边沿的相位误差(Phase Error of an edge)

一个边沿的相位误差由相关于同步段的沿的位置给出,以时间额度量度。相位误差定义如下:

e＝0　　如果沿处于同步段里(SYNC_SEG);

e＞0　　如果沿位于采集点(SAMPLE POINT)之前;

e＜0　　如果沿处于前一个位的采集点(SAMPLE POINT)之后。

4. 重新同步(Resynchronization)

因为硬同步时只是在有帧起始信号时起作用,无法确保后续一连串的位时序都是同步的,所以 CAN 还引入了重新同步的方式:在检测到总线上的时序与节点使用的时序有相位差时(即总线上的跳变沿不在节点时序的 SS 段范围),通过延长 PBS1 段(如图 1 25 所示)或缩短 PBS2 段(如图 1 - 26 所示)来获得同步,这样的方式称为重新同步。

当引起重新同步沿的相位误差的幅值小于或等于重新同步跳转宽度的设定值时,重新同步和硬件同步的作用相同。当相位错误的量级大于重新同步跳转宽度时:

- 如果相位误差为正,则相位缓冲段 1 被增长,增长的范围为与重新同步跳转宽度相等的值。

- 如果相位误差为负,则相位缓冲段 2 被缩短,缩短的范围为与重新同步跳转宽度相等的值。

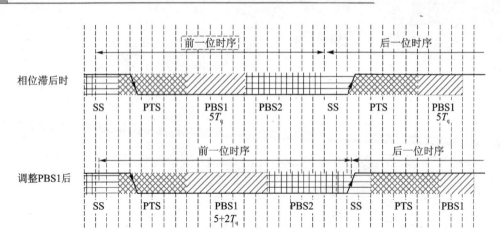

图 1 - 25　延长 PBS1 实现重新同步

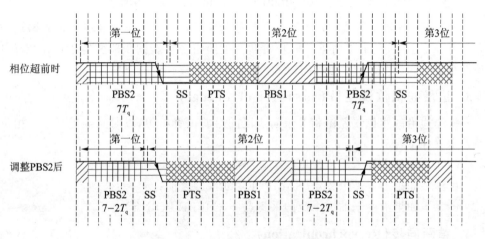

图 1 - 26　缩短 PBS2 实现重新同步

5. 同步的原则(Synchronization Rules)

硬同步和重新同步都是同步的两种形式,遵循以下规则:

① 在一个位时间里只允许一个同步。

② 仅当采集点之前探测到的值与紧跟沿之后的总线值不相符合时,才把沿用于同步。

③ 总线空闲期间,有一"隐性"转变到"显性"的沿,无论何时,硬同步都会被执行。

④ 符合规则①和规则②的所有从"隐性"转化为"显性"的沿可以用于重新同步。有一个例外情况,即当发送一个显性位的节点不执行重新同步而导致"隐性"转化为"显性"沿,此沿具有正的相位误差,不能用于重新同步。

注意:位定时与同步这部分是不是理解起来有些费劲? 正如前文强调的"CAN

协议规范主要是针对 CAN 控制器的开发者而言的",读者只做了解即可。在具体的 CAN 控制器芯片(如 SJA1000)中这部分内容其实很简单,只用了 2 个特殊功能寄存器(总线时序寄存器 BTR0 和 BTR1)来描述其功能,用它们来设置通信波特率就可以了。

1.14　位流编码及位填充

位流编码以及位填充在于有足够的跳边沿,最多经过 5 个位时间,总线各节点可以重新同步。

帧的部分,诸如帧起始、仲裁场、控制场、数据场以及 CRC 序列,均通过位填充的方法编码。无论何时,发送器只要检测到位流里有 5 个连续相同值的位,便自动在位流里插入一个补充位。接收器会自动删除这个补充位。

数据帧或远程帧(CRC 界定符、应答场和帧结尾)的剩余位场形式固定,不填充。错误帧和过载帧的形式也固定,但并不通过位填充的方法进行编码。

报文里的位流根据"不返回到零"(NRZ)的方法来编码。这就是说,在整个位时间里,位的电平要么为"显性",要么为"隐性"。

1.15　CAN 总线错误处理

1.15.1　错误类型

1. 位错误(Bit Error)

发送的位值和总线监视的位值不符合时,监测到一个位错误。但是在仲裁场(Arbitration Field)的填充位流期间或应答间隙(Ack Slot)发送一个"隐性"位的情况是例外的——此时,当监视到一个"显性"位时,不会发出位错误。当发送器发送一个被动错误标志但监测到"显性"位时,也不视为位错误。

2. 填充错误(Stuff Error)

如果在使用位填充编码的位流中出现了第 6 个连续相同的位电平,将监测到一个位填充错误。

3. 形式错误(Form Error)

当一个固定形式的位场含有一个或多个非法位时,则监测到一个形式错误。

4. 应答错误(Acknowledgment Error)

在应答间隙(Ack Slot)所监视的位不为"显性",则监测到一个应答错误。

5. CRC 错误(CRC Error)

如果接收器的 CRC 结果和发送器的 CRC 结果不同,则将监测到一个 CRC 错误。

1.15.2　错误标志

监测到错误条件的站通过发送错误标志指示错误。对丁"错误主动"的节点,错误信息为"主动错误标志";对于"错误被动"的节点,错误信息为"被动错误标志"。站监测到无论是位错误、填充错误、形式错误,还是应答错误,这个站会在下一位时发出错误标志信息。

只要监测到的错误条件是 CRC 错误,错误标志的发送开始于 ACK 界定符之后的位(其他的错误条件除外)。

1.16　故障界定

1.16.1　故障界定的方法

1. 错误主动(Error Counter<128)

"错误主动"的单元可以正常地参与总线通信,并在错误被监测到时发出主动错误标志。

2. 错误被动(256>Error Counter≥128)

"错误被动"的单元不允许发送主动错误标志。"错误被动"的单元参与总线通信,在错误被监测到时只发出被动错误标志。而且,发送以后,"错误被动"单元将在初始化下一个发送之前处于等待状态。

3. 总线关闭(Error Counter≥256)

"总线关闭"的单元不允许在总线上有任何的影响(比如,关闭输出驱动器)。总线单元使用两种错误计数器进行故障界定:

- 发送错误计数(TEC)。
- 接收错误计数(REC)。

1.16.2　错误计数规则

① 当接收器监测到一个错误时,接收错误计数就加 1。在发送主动错误标志或过载标志期间所监测到的错误为位错误时,接收错误计数器值不加 1。

② 错误标志发送以后,接收器监测到的第一个位为"显性"时,接收错误计数值加 8。

③ 当发送器发送一个错误标志时,发送错误计数器值加 8。例外情况如下:

● 发送器为"错误被动",并监测到一个应答错误(注:此应答错误由监测不到一个"显性"ACK 以及当发送被动错误标志时监测不到一个"显性"位而引起)。

● 发送器因为填充错误而发送错误标志(注:此填充错误发生于仲裁期间。引起填充错误是由于填充位〈填充位〉位于 RTR 位之前,并已作为"隐性"发送,但是却被监视为"显性")。

例外情况 1 和例外情况 2 时,发送错误计数器值不改变。

④ 发送主动错误标志或过载标志时,如果发送器监测到位错误,则发送错误计数器值加 8。

⑤ 当发送主动错误标志或过载标志时,如果接收器监测到位错误(位错误),则接收错误计数器值加 8。

⑥ 在发送主动错误标志、被动错误标志或过载标志以后,任何节点最多容许 7 个连续的"显性"位。以下的情况发生时,每一发送器将它们的发送错误计数值加 8,且每一接收器的接收错误计数值加 8。

● 当检测到第 14 个连续的"显性"位后。

● 在检测到第 8 个跟随着被动错误标志的连续的"显性"位以后。

● 在每一附加的 8 个连续"显性"位顺序之后。

⑦ 报文成功传送后(得到 ACK 及直到帧末尾结束没有错误),发送错误计数器值减 1,除非已经是 0。

⑧ 如果接收错误计数值为 1～127,在成功接收到报文后(直到应答间隙接收没有错误,及成功地发送了 ACK 位),接收错误计数器值减 1。如果接收错误计数器值是 0,则它保持 0;如果大于 127,则它会设置一个介于 119～127 之间的值。

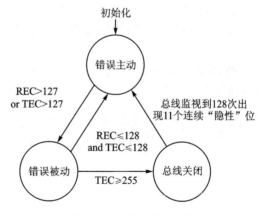

图 1 - 27　错误状态切换

⑨ 如图 1 - 27 所示,当发送错误计数器值等于或超过 128,或接收错误计数器值等于或超过 128 时,节点为"错误被动"。让节点成为"错误被动"的错误条件致使节点发出主动错误标志。

⑩ 当发送错误计数器值大于或等于 256 时,节点为"总线关闭"。

⑪ 当发送错误计数器值和接收错误计数器值都小于等于 127 时,"错误被动"的节点重新变为"错误主动"。

⑫ 在总线监视到 128 次出现 11 个连续"隐性"位之后,"总线关闭"的节点可以变成"错误主动"(不再是"总线关闭"),它的错误计数值也被设置为 0。备注如下:

- 一个大于 96 的错误计数值显示在总线上时将被严重干扰,最好能够预先采取措施测试这个条件。
- 启动/睡眠:如果启动期间内只有一个节点在线,以及如果这个节点发送一些报文,则将不会有应答,并检测到错误和重复报文。因此,节点会变为"错误被动",而不是"总线关闭"。

1.16.3 错误标记及错误中断类型

当节点最少监测到一个错误时将马上终止总线上的传输并发送一个错误帧,CAN 错误中断类型如下:

- 总线错误中断 EBI。
- 数据溢出中断 DOI。
- 出错警告中断 EI。
- 错误认可中断 EPI。
- 仲裁丢失中断 ALI。

备注如下:

① 总线错误时,须检查总线是否已经关闭。为保证总线保持在工作模式,应该尝试重新进入总线工作模式。

② 数据溢出中断时,应该通过提升软件处理效率及处理器性能解决接收速度引起的瓶颈。程序务必向 CAN 控制器发送清除溢出命令,否则将一直引起数据一处中断。

③ 其他错误中断一般可以不处理,不过在调试过程中应该打开所有中断以监视网络质量。

1.17 CAN 网络与节点的总线拓扑结构

CAN 是一种分布式的控制总线,总线上的每一个节点一般来说都比较简单,使用 MCU 控制器处理 CAN 总线数据,完成特定的功能;通过 CAN 总线将各节点连接只需较少的线缆,可靠性也较高。CAN 总线线性网络结构如图 1 - 28 所示。

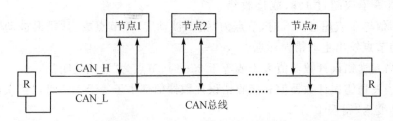

图 1 - 28　CAN 总线线性网络结构

1.17.1　总线结构拓扑

ISO11898 定义了一个总线结构的拓扑:采用干线和支线的连接方式;干线的两个终端都接一个 120 Ω 终端电阻;节点通过没有端接的支线连接到总线;干线与支线的参数如表 1-7 所列。

表 1-7　干线与支线的网络长度参数

CAN 总线位速率	总线长度	支线长度	节点距离
1 Mbit/s	最大 40 m	最大 0.3 m	最大 40 m
5 kbit/s	最大 10 km	最大 6 m	最大 10 km

在实际应用中可以通过 CAN 中继器将分支网络连接到干线网络上,每条分支网络都符合 ISO 11898 标准,这样可以扩大 CAN 总线通信距离,增加 CAN 总线工作节点的数量,如图 1-29 所示。

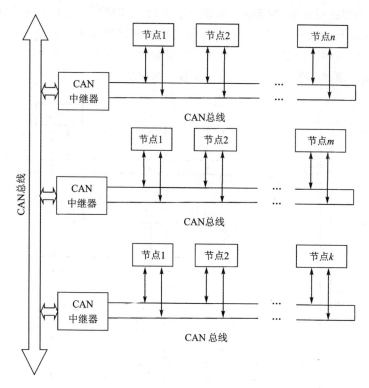

图 1-29　CAN 总线线性网络结构拓展

1.17.2　CAN 总线通信距离

CAN 总线最大通信距离取决于以下几个方面:

① 连接的各总线节点的 CAN 控制器、收发器的循环延迟以及总线的线路延迟。

② 由于振荡器容差而造成位定时额度的不同。

③ 总线电缆的串联阻抗、总线节点的输入阻抗而使信号幅值下降因素。

CAN 总线最大有效通信距离(表 1-8)和通信波特率的关系可以用以下经验公式计算：

$$R_{Max\ B} \times L_{Max\ B} \leqslant 60$$

表 1-8 CAN 总线最大有效通信距离

位速率/(kbit/s)	5	10	20	50	100	125	250	500	1 000
最大有效距离/m	10 000	6 700	3 300	1 300	620	530	270	130	40

1.17.3 CAN 中继器

CAN 中继器适用于 CAN 主网与 CAN 子网的连接,或者 2 个相同通信速率的平行 CAN 网络进行互联,如图 1-30 所示。实际应用中可以通过 CAN 中继器将分支网络连接到干线网络上,CAN 中继器通过硬件电路级联来提升总线的电气信号,从而实现 CAN 帧数据的转发。每条分支网络都符合 ISO11898 标准,这样可以扩大 CAN 总线通信距离,增加 CAN 总线工作节点的数量。

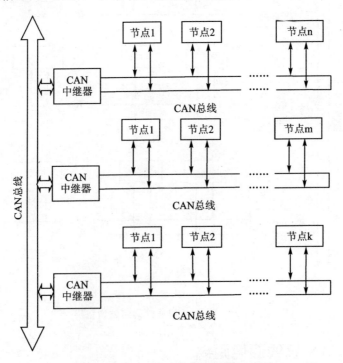

图 1-30 CAN 总线线性网络结构拓展

CAN 中继器将一个电信号从一个物理总线段传输到另一段。信号被重建并透明地传输到其他段。这样,中继器就将总线分成了两个物理上独立的段。

　　图 1-31 为具有电流隔离的 CAN 中继器的结构框图。如果光电信号的传输被红外或无线传输系统所取代,那么中继器可用于两个 CAN 网络段的无线耦合。

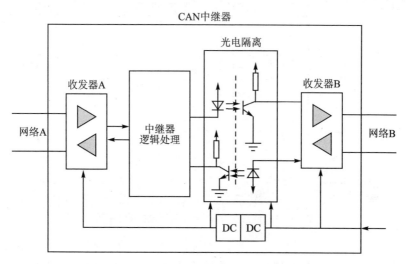

图 1-31　具有电流隔离的 CAN 中继器的框图

　　对于 EMC 干扰严重或者有潜在爆炸可能的区域,可使用 CAN 光纤中继器进行桥接。图 1-31 所示的光电耦合器此时被一个转发器系统所取代,该系统包括两个转发器、一个玻璃或塑料光纤传输系统。

　　现代的 CAN 光纤中继器系统(玻璃纤维)允许的最大桥接距离为 1 km。由于中继器引入的额外信号传输延迟,使用中继器实际上减小了网络最大可能的范围。但是通过使用中继器可以适应地理条件的需要,很多情况下可以节省线缆的使用。例如,图 1-32 为一个连接许多生产线的网络的分布结构。线形网络需要的总线总长

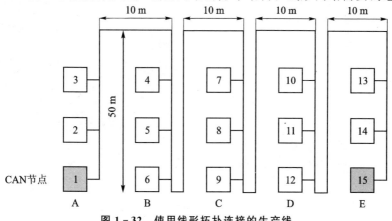

图 1-32　使用线形拓扑连接的生产线

度为 440 m,这样该 CAN 网络的最大数据速率被限制在大约 150 kbit/s 以内。如果按照图 1-33 使用中继器进行连接,网络的总长度只有 290 m,信号传输的最大距离只有 150 m(节点 6 和节点 12 之间),这样该系统的最大数据传输速率约为 400 kbit/s。

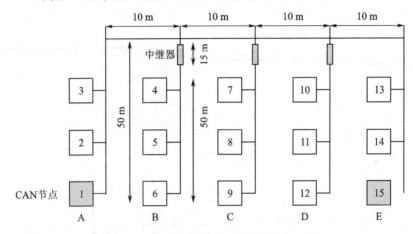

图 1-33 使用优化的网络拓扑连接的生产线

通过这个例子可以看出,中继器非常适合于设计优化的扩展网络拓扑结构。使用中继器还可增加每个网络段所挂的节点数。此外,有些中继器还可检测到对地以及电路之间的短路,这样就保证了在一个总线段出现故障时,剩下的网络仍然能够工作。

1.17.4 CAN 网桥

网桥将一个独立的网络连接到数据链路层,提供存储功能,并在网络段之间转发全部或部分报文。而中继器转发所有的电气信号。

通过从一个网络段向另外一个段转发它所需要的报文,集成了滤波功能的网桥可以实现多段网络的组织结构。使用这种方式还可以控制减少不同总线段的总线负载。

例如,CANbridge 智能 CAN 网桥就是一款性能优异的设备(图 1-34),不仅具有增加负载节点、强大的 ID 过滤、延长通信距离等功能,而且可以独立配置两个通道的通信波特率,使不同通信波特率的 CAN 网络互联。同时,

图 1-34 CANbridge 智能 CAN 网桥外观

CANbridge 智能 CAN 网桥可作为一个非常简单的 CAN 数据分析仪,上位机软件通过接收 CANbridge 智能 CAN 网桥发出的信息,可简单判断 CAN 网络的通信质量。

1.17.5　CAN 集线器

　　CAN 集线器的功能与 CAN 网桥类似,但有较大的扩展,比如可以将 4 路或 8 路的独立 CAN 网段连接在一起,从而构成星形拓扑方式或其他拓扑结构,节省网络中 CAN 网桥设备的数目,方便网络的管理。

　　图 1-35 是一个使用 CAN 集线器改变 CAN 网络拓扑的实例。

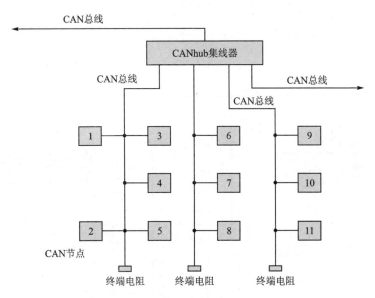

图 1-35　使用 CAN 集线器改变 CAN 网络拓扑的实例

1.17.6　CAN 网关

　　不同类型的网络互联是技术发展的最新潮流。CAN 网关提供不同协议的网络之间的连接,通常也称作"协议转换器"。CAN 网关将不同通信系统之间的协议数据单元进行转换,如图 1-36 所示。

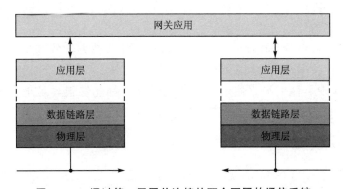

图 1-36　通过第 7 层网关连接的两个不同的通信系统

市面上有许多不同类型的 CAN 网关,其中包括 CAN/CANOpen/DeviceNet 和 AS-I、RS-232/RS-485、Interbus-S、Profibus 或 Ethernet/TCP-IP 之间的网关。CAN 网络通过网关可以连接到其他任何类型的网络,包括因特网。CAN-Internet 网关提供了诸如对 CAN 系统的远程维护和诊断等功能。

图 1-37 为一个使用转发器、桥接器和网关的复杂网络结构。

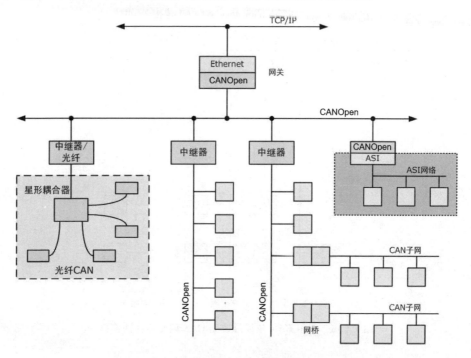

图 1-37 带有转发器、桥接器和网关的网络结构

1.18 CAN 总线传输介质

CAN 总线可以使用多种传输介质,常用的如双绞线、光纤等,同一段 CAN 总线网络要采用相同的传输介质。

表示隐性和显性信号电平的能力是 CAN 总线仲裁方法的基本先决条件,即所有节点都为隐性位电平时,总线介质才处于隐性状态。只要一个节点发送了显性位电平,总线就呈现显性电平。使用电气和光学介质都能够很容易地实现这一原理。使用光学介质时,隐性电平通过状态"暗"表示,显性电平通过状态"亮"表示。

1.18.1 双绞线

目前,采用双绞线的 CAN 总线分布式系统已得到广泛应用,如电梯控制、电力系统、远程传输等,其特点如下:

① 双绞线采用抗干扰的差分信号传输方式。

② 技术上容易实现、造价低廉。

③ 对环境电磁辐射有一定抑制能力。

④ 随着频率的增长,双绞线上传输的信号衰减迅速增高。

⑤ 双绞线有近端串扰。

⑥ 适合 CAN 总线网络 5 kbit/s～1 Mbit/s 的传输速率。

⑦ 使用非屏蔽双绞线作为物理层,只需要两根线缆作为差分信号线(CANH、CANL)传输;使用屏蔽双绞线作为物理层,除需要两根差分信号线(CANH、CANL)的连接以外,还要注意在同一网段中的屏蔽层(Shield)单点接地问题。ISO11898 推荐电缆及参数如表 1-9 所列。

表 1-9　ISO11898 推荐电缆及参数

总线长度/m	电　缆		终端电阻 (精度 1%)	最大位速率 /(Mbit/s)
	直流电阻/(mΩ/m)	导线截面积		
0～40	70	$0.25～0.34mm^2$ AWG23,AWG22	124	1 (40 m)
40～300	<60	$0.34～0.60mm^2$ AWG22,AWG20	127	1 (100 m)
300～600	<40	$0.50～0.60mm^2$ AWG20	127	1 (500 m)
600～1 000	<26	$0.75～0.80mm^2$ AWG18	127	1 (1 000 m)

1. 双绞线电缆选择要素

(1) 线长

如果外部干扰比较弱,CAN 总线中的短线(长度<0.3 m,例如在 T 型连接器)可以采用扁平电缆。通常,用带屏蔽层的双绞线作为差分信号传输线会更可靠。带屏蔽层的双绞线通常用作长度大于 0.3 m 的电缆。

(2) 波特率

由于取决于传输线的延迟时间,CAN 总线的通信距离可能会随着波特率减小而增加。

(3) 外界干扰

必须考虑外界干扰,例如由其他电气负载引起的电磁干扰。尤其注意有大功率电机运行或其他在设备开关时容易引起供电线路上电压变化的场合。如果无法避免出现类似于 CAN 总线与电压变化强烈的供电线路并行走线的情况,那么 CAN 总线可以采用带双屏蔽层的双绞线。

(4) 特征阻抗

所采用的传输线的特征阻抗约为 120 Ω。由于 CAN 总线接头的使用,CAN 总线的特征阻抗可能发生变化。因此,不能过高估计所使用电缆的特征阻抗。

(5) 有效电阻

所使用的电缆的电阻必须足够小,以避免线路压降过大,影响位于总线末端的接收器件。为了确定接收端的线路压降,避免信号反射,在总线两端需要连接终端电阻。

2. 电缆适用类型示例

CAN 网络对于总线的通信距离有一定的要求。总线的通信距离包括两层含义:一是两个节点之间不通过中继器能够实现的距离,该距离与通信速率成反比;另一个是整个网络最远的 2 个节点之间的距离。

在实际应用中,通信距离必须考虑整个网络的范围。网络中的通信电缆应该根据网络中通信的距离和速率进行选择,主要考虑电缆的传输电阻以及特征阻抗。

一般而言,现场总线采用电信号传递数据,传输的过程中不可避免地受到周围电磁环境的影响。因此,传输数据的电缆通常使用带有屏蔽层的双绞线,并且屏蔽层要接到参考地。

表 1-10 列出了一些 CAN 双绞线/屏蔽双绞线的电缆型号。这个型号清单只是作为一个参考,用户须根据其应用领域及生产商的电缆技术参数决定使用哪种类型的电缆。

表 1-10　推荐的电缆类型

型 号	芯数×标称截面/mm^2	导体结构(No./mm)
RVVP	2×0.12	2×7/0.15 双绞镀锡铜编织
RVVP	2×0.20	2×12/0.15 双绞镀锡铜编织
RVVP	2×0.30	2×16/0.15 双绞镀锡铜编织
RVVP	2×0.50	2×28/0.15 双绞镀锡铜编织
RVVP	2×0.75	2×24/0.20 双绞镀锡铜编织
RVVP	2×1.00	2×32/0.20 双绞镀锡铜编织
ZR RVVP	2×1.00	阻燃 2×32/0.2 双绞镀锡铜编织
RVVP	2×1.50	2×48/0.2 双绞镀锡铜编织
ZR RVVP	2×1.50	阻燃 2×48/0.2 双绞镀锡铜编织
RVVP	2×2.50	2×49/0.25 双绞镀锡铜编织

图 1-38、图 1-39 分别给出了带单/双屏蔽层的 CAN 电缆剖析与连接线示范图。

如果使用单层屏蔽电缆,那么屏蔽层要在某一点处接地。如果使用了双层屏蔽电缆,那么内屏蔽层(类似于单层屏蔽电缆屏蔽层的应用)作为 CAN_GND 信号线且在某一点处接地。外屏蔽层同样应该在某一点处接地,但不是作为 CAN_GND,而是将外屏蔽层连接到 DB9 插座(广州致远公司 CAN 接插座)的接头屏蔽层。

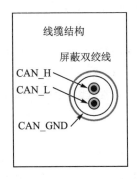
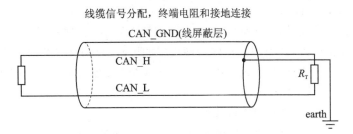

图 1 - 38　单屏蔽层的 CAN 电缆剖析与连接图示

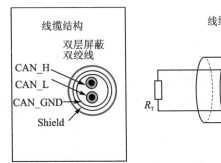
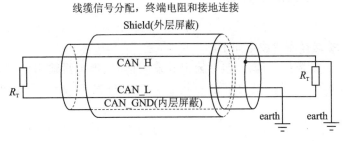

图 1 - 39　双屏蔽层的 CAN 电缆剖析与连接图示

CAN 网络组建规则如表 1 - 11 所列。

表 1 - 11　CAN 网络组建规则

序　号	规　　则
1	网络的两端必须有两个范围在 118～130 Ω 的终端电阻（在 CAN_L 和 CAN_H 信号之间），一般终端电阻为 120 Ω
2	参考电位 CAN_GND 在某一点处连接到地（PE），那里必须是一点接地
3	当使用双层屏蔽电缆时，外屏蔽层在某一点处连接到地，那里也必须是一点接地
4	没用的支线必须尽可能短（<0.3 m）
5	使用适当的电缆类型，必须确定电缆的直流阻抗以及引起的电压衰减
6	确保不要在干扰源附近布置 CAN 总线。如果必须这样做，应该使用双层屏蔽电缆

3. 双绞线使用及注意事项

在采用双绞线作为 CAN 总线传输介质时必须注意以下几点：

① 双绞线采用抗干扰的差分信号传输方式；

② 使用非屏蔽双绞线作为物理层,只需要两根线缆作为差分信号线(CANH、CANL)传输;

③ 使用屏蔽双绞线作为物理层时,除需要两根差分信号线(CANH、CANL)的连接以外,还要注意在同一网段中的屏蔽层(SHIELD)单点接地问题;

④ 网络的两端必须有两个范围在 118 Ω<R_T<130 Ω 的终端电阻(在 CAN_L 和 CAN_H 信号之间);

⑤ 支线必须尽可能短;

⑥ 使用适当的电缆类型,必须确定电缆的电压衰减;

⑦ 确保不要在干扰源附近布置 CAN 总线;如果不得不这样做,那么应该使用双层屏蔽电缆。

4. 现场信号电缆

现场信号主要为模拟量信号、数字量信号以及脉冲信号。对于连接现场信号的电缆选择需要注意如下的事项

① 模拟量信号:包括模拟量输入信号、模拟量输出信号以及温度信号(热电阻、热电偶)。模拟量信号的连接必须使用屏蔽双绞线,信号线的截面积应大于等于 1 mm^2。

② 数字量信号:包括数字量输入信号、数字量输出信号。低电压的数字量信号应该采用屏蔽双绞线进行连接,信号线的截面积应大于等于 1 mm^2。高电压(或者大电流)的数字量信号可以采用一般的双绞线。

注意:高电压(或者大电流)的数字量信号选用双绞线时,需要考虑其耐压等级和允许的最大电流。在布线时,高电压(或者大电流)的数字量信号线缆要与模拟量信号线缆、低电压数字量信号线缆分开。

脉冲信号包括脉冲输入信号和脉冲输出信号。脉冲信号往往具有较高的频率,容易受到外界的干扰,因此对于脉冲信号的连接必须使用屏蔽双绞线,信号线的截面积应大于等于 1mm^2。脉冲信号线缆在布线时也必须与高电压(或者大电流)的信号线缆分开。

1.18.2 光 纤

1. 光纤的选择

石英光纤特点:

● 衰减小,技术比较成熟。

● 纤带宽大,抗电磁干扰。

● 易成缆特性。

● 芯径很细(<10 μm)。

● 连接成本较高。

塑料光纤特点：

- 成本与电缆相当。
- 芯径达 $0.5 \sim 1$ mm。
- 连接易于对准。
- 重量轻。
- 损耗将低到 20 dB/km。

2. 光纤 CAN 网络的拓扑结构

- 总线形：可由一根共享的光纤总线组成，各节点另需总线耦合器和站点耦合器实现总线和节点的连接。
- 环形：每个节点与紧邻的节点以点到点链路相连，形成一个闭环。
- 星形：每个节点通过点到点链路与中心星形耦合器相连。

3. 与双绞线和同轴电缆相比

- 光纤的低传输损耗使中继之间的距离大大增加。
- 光缆还具有不辐射能量、不导电、没有电感的优点。
- 光缆中不存在串扰以及光信号相互干扰的影响。
- 不会有在线路"接头处"感应耦合导致的安全问题。
- 强大的抗 EMI 能力。

目前存在的主要问题是价格昂贵，设备投入成本较高。

4. 光纤 CAN 网络的特殊问题

当两个 CAN 节点使用光纤相连时，两节点都需要相应接口电路——逻辑控制单元(LCU)。其功能是克服光纤 CAN 网络的特殊问题——堵塞。

当两个 CAN 节点一个采用双绞线作为传输介质，另一个采用光纤作为传输介质时，需要将双绞线上的差分信号 CANH 和 CANL 通过逻辑控制单元转换成数字信号，显性用 0 表示，隐性用 1 表示，从而实现消除堵塞的逻辑控制功能。随后，通过光电转换模块将 CAN 总线的"显性(逻辑 0)"用"有光"表示，"隐性(逻辑 1)"用"无光"表示。

1.19 改善电磁兼容性的措施

当使用非屏蔽导线时，物理层的电磁兼容性就变得非常重要。CAN 网络中改善电磁兼容性的措施可以分为两大类：

① 抑制感应电磁干扰(吸收防护)；
② 减小发射的电磁功率(发射防护)。

EMC 基本上表现为接收器在共模噪声条件下正确检测差分信号的能力。对于发射,首要关心的是由于 CANH 和 CANL 之间的非理想对称性而造成的总线发射的功率频谱。

当然,改善吸收和发射防护的最重要的方法之一就是使用双绞和屏蔽的总线,这提供了非常强的防护,并且与应用参数(例如位速率和节点数)无关。此外,还有一些措施常用于改善吸收方面的 EMC,如下所示:

① 通过总线接口中的衰减元件增加电阻值,以抑制共模干扰。

② 通过分开的总线终端转移高频干扰。

③ 避免脉冲的快速跳变是降低电磁辐射的一个有效措施。因此,将总线信号的斜率降低到能够满足信号上升和下降沿时间的最低要求。

1.19.1　增加电阻值抑制共模干扰

在共模干扰方面,符合 ISO 11898—2 标准的差分(对称)传输已经提供了极好的防护。在 CAN 收发器所支持的共模范围之内,由于接收器只计算总线之间的电压差,因此滤除了共模干扰信号,但是高能量的、电感性的感应干扰信号可以导致产生超出收发器共模范围的干扰信号。为了抑制这种干扰信号,可以在 CAN 节点的输入电路中插入一个扼流线圈,如图 1-40 所示。

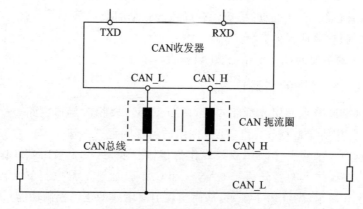

图 1-40　通过扼流线圈抑制电感性的感应共模干扰

CAN 扼流线圈可以从不同的厂商处得到。由于扼流线圈的高阻抗,差分信号的高频部分也因此衰减,这对于电磁辐射的降低也有益处。

1.19.2　分开的总线终端

在高频方面,通过将总线终端电阻分开可改善 CAN 网络的电磁兼容性。此时终端电阻被分成两个相同的大电阻,两个电阻中间通过一个耦合电容接地,如图 1-41 所示。这样使高频信号对地短路,但却不会削弱直流特性。注意,必须确保电容连接到一个电平固定的地。

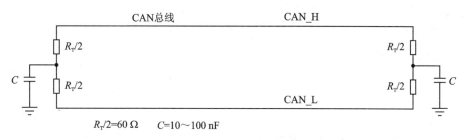

$R_T/2=60\ \Omega$　　$C=10\sim100\ nF$

图 1-41　通过分开总线终端改善 EMC 特性

1.19.3　斜率控制

普通的总线收发器都支持斜率控制模式,用于调节发送信号的斜率。通过降低斜率,可以使辐射信号频谱中的高频部分显著降低。但是在给定位速率的情况下,增加信号边沿的上升和下降时间会减少总线最大可能的长度。总线缩短的长度 ΔL 与增加的信号延迟时间 t_{add} 之间的关系如下:

$$\Delta L = \frac{t_{add}}{t_p}$$

其中,t_{add} 为增加的信号延迟时间,t_p 为规定的单位长度传输时间。

在规定的信号传输速度为 5 ns/m 时,信号电平的上升和下降时间增加 200 ns 将会导致总线长度缩短 80 m。因此,斜率控制模式适用于对位速率和总线长度要求很低的 CAN 网络。斜率控制模式的限度大约为 250 kbit/s。

1.20　CAN 网络的实时性能及通信波特率的设置

影响 CAN 系统通信实时性的因素主要有两个:一是网络延时;二是总线通信速率。CAN 总线的通信速率较快时,报文传输的时间相对较短。但是,较高的通信速率会导致传输距离缩短。因此,在构建 CAN 网络时必须对这两个参数进行设定。

1.20.1　网络延时

CAN 总线属于串行总线,系统中所有的节点共用总线介质,如双绞线、光纤。CAN 分布式系统的控制通常会因为信息的传输而导致额外的延迟时间。因为 CAN 总线的无损仲裁以及多主的特性,当总线上同时有多帧报文信息传输时,报文信息之间存在竞争,标识符越低的报文信息优先级越高,会首先占用 CAN 总线传输,优先级低的报文信息会在总线空闲时重新发送。但是,当优先级高的报文信息传输密度太大时,将导致低优先级的报文信息无法重新发送,总线超载溢出。

限制高优先级报文信息连续访问(占用)总线的一个简单方法是:在一个适当的指定时间间隔(最小禁止时间)之后留有一定的时间,在这段时间内可以传输低优先级的报文。

在实际应用中,CAN 系统中所有报文的数量可以分成高优先级报文数和低优先级报文数。下面举例说明对 CAN 系统的最大可能响应时间的估计,该时间是在最坏情况下一个报文的最大可能延迟时间。最坏的情况是所有高优先级报文都打算同时进行传输数据。

假设一组 16 个高优先级报文,每个报文包含两个数据字节,则由图 1-42 可知,每个报文的帧长度为 $64+8\times2=80$ 位。

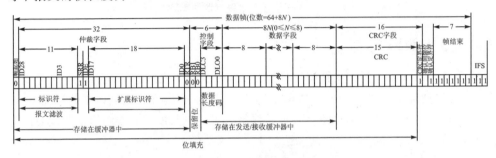

图 1-42　扩展数据帧示意图

当通信波特率为 1 Mbit/s 时,传输一个 bit 用时 1 μs,则每个报文的传输时间为 80 μs。传输所有 16 个高优先级报文需要 $80\ \mu s\times16=1.28$ ms。

只有在高优先级报文的总线平均负载非常高的系统中,才需要考虑增加低优先级报文传输的额外窗口时间。在该假设的例子中,系统确保所有 16 个高优先级报文的延迟时间小于 1.5 ms(如图 1-43 所示),并保留一个额外的窗口时间用于传输低优先级报文。实际上,只有在所有高优先级报文同时进行传输时,高优先级报文组中最低优先级的报文才会产生最大延迟时间。

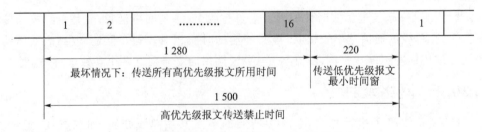

图 1-43　对 CAN 报文最大延迟时间的估计

注意:在讨论不同总线概念的实时性时,应当注意到 CAN 协议中特别短的错误恢复时间,在以上的讨论中并没有考虑传输中可能存在的错误帧。

1.20.2　CAN 网络通信速率选择

CAN 网络通信速率的选择需要考虑以下两个因素:

① CAN 系统需要的通信速率通常由所需要的延迟时间来决定,而一个报文的

最大可能延迟时间是由比其优先级高的所有报文的整个传输时间决定的。虽然 CAN 协议允许的最大数据传输速率为 1 Mbit/s，但明智的做法是根据延迟时间的要求来确定所需的数据速率。高的数据速率对节点有更高要求，并且其数据传输容易受到电磁干扰的影响。

② 还需要考虑通信速率和通信距离之间的关系：CAN 网络所要求的通信距离越长，网络中所能够采用的通信速率就越低。

CAN 网络中的数据传输速率是由系统要求的实时性决定的。举例说明：有一个具有 32 个节点的分布式 CAN 控制系统，网络的最大长度为 60 m。该系统中每个节点具有以下的功能，如表 1 − 12 所列。

表 1 − 12　节点功能描述

I/O 类型	数据长度/字节
数字量输入	2
数字量输出	2
模拟量输入	8

假设系统要求所有数字量输入的最大延迟时间小于 5 ms，那么，在最坏的情况下意味着所有数字量输入必须在 5 ms 内传输。对于一个包括 2 字节的数字量输入报文，最坏情况下需要 80 个位时间。如果 32 个 I/O 节点同时发送各自的数字量输入状态，那么总共需要传输 $80 \times 32 = 2\,560$ 个位时间。为了保证在 5 ms 内完成传送，每个位时间 t_{bit} 必须满足：

$$t_{\text{bit}} \leqslant \frac{5 \text{ ms}}{2\,560} = 1.95 \ \mu\text{s}$$

如果选用 500 kbps 的通信速率，其位时间为 2 μs，传输速率不满足要求，那么需要选择更高的通信波特率，例如 800 kbps，其传输一位时间是 1.25 μs。

网络数据传输速率的选择时，还必须考虑通信速率和通信距离之间的关系。例如上例中该网络的最大长度为 60 m，则系统的通信速率为 800 kbps，完全符合网络的长度要求。

但是，如果网络的最大通信距离为 160 m，则必须重新规划网络。例如为保证 800 kbps 的通信速率，须通过增加 CAN 中继器的手段来保证网络最大传输距离，但此时中继器的延时对于系统的实时性又不可避免地有所影响。

估计该系统网络上总线负载时，假设示例中的 CAN 系统每个节点 100 ms 发送一次：

数字量输入报文传送占用时间：$32 \times (64 + 8 \times 2)$ 位 $\times 1.25 \ \mu\text{s} = 3.2$ ms

数字量输出报文传送占用时间：$32 \times (64 + 8 \times 2)$ 位 $\times 1.25 \ \mu\text{s} = 3.2$ ms

模拟量输入报文传送占用时间：$32 \times (64 + 8 \times 8)$ 位 $\times 1.25 \ \mu\text{s} = 5.12$ ms

那么在最坏情况下总线大约被占用 3.2 ms＋3.2 ms＋5.12 ms＝11.52 ms。对应的平均总线负载为：

$$11.52 \text{ ms} / 100 \text{ ms} = 11.52\%$$

在构建 CAN 总线网络时，应该将系统的总线负载控制在合理的范围内，一般应用中建议 CAN 网络的平均负载不大于 60%。

1.20.3　CAN 网络通信速率的一致性

　　CAN 总线波特率需要针对具体的 CAN 控制芯片来设置(本书以 SJA1000 芯片为例),同时也需要依据具体的晶振频率设定(如 16 MHz 晶振)。然后设置总线定时器 0(BTR0)、总线定时器 1(BTR1),涉及波特率预设、同步跳转宽度、位周期长度、采样点位置、采样点数目等变量,计算复杂。其实,这些复杂的计算不需要读者具体掌握,可以通过许多计算软件实现,如广州周立功公司提供了一款针对 SJA1000 芯片的波特率计算软件,直接输入晶振频率和所需要的 CAN 通信波特率就可以获得总线定时器 0(BTR0)、总线定时器 1(BTR1)的设置数值,如图 1-44 所示。

BTR 0	BTR 1	BTL cycles	SJW	Sampling po...	Actual
0x03	0x2F	20	1	85.0%	100.0Kbps
0x03	0x3E	20	1	80.0%	100.0Kbps
0x03	0x4D	20	1	75.0%	100.0Kbps
0x03	0x5C	20	1	70.0%	100.0Kbps
0x03	0x6B	20	1	65.0%	100.0Kbps
0x03	0x7A	20	1	60.0%	100.0Kbps
0x43	0x2F	20	2	85.0%	100.0Kbps
0x43	0x3E	20	2	80.0%	100.0Kbps
0x43	0x4D	20	2	75.0%	100.0Kbps
0x43	0x5C	20	2	70.0%	100.0Kbps
0x43	0x6B	20	2	65.0%	100.0Kbps
0x43	0x7A	20	2	60.0%	100.0Kbps
0x83	0x2F	20	3	85.0%	100.0Kbps
0x83	0x3E	20	3	80.0%	100.0Kbps

System Clock　16000 KHz
Baudrate　100.0 Kbps
☑ Match +1%
Calculate

Btr01 for Philips CAN families

ZlgCAN 2004

图 1-44　SJA1000 芯片通信速率计算软件界面(16 MHz 晶振)

　　由图 1-44 可以看出,针对 SJA1000 芯片,同样的 16 MHz 晶振,为获得 100 kbit/s 的通信速率,总线定时器 0(BTR0)、总线定时器 1(BTR1)有多种组合。理论上讲,这些组合都可以获得 100 kbit/s 的通信速率。

　　即便选用 12 MHz 晶振,为获得 100 kbit/s 的通信速率,总线定时器 0(BTR0)、总线定时器 1(BTR1)同样又有新的多种组合,如图 1-45 所示。

　　不同的总线定时器 0(BTR0)和总线定时器 1(BTR1)组合会给 CAN 通信速率带来一定的误差。另外,CAN 网络中每个节点都从自己的振荡器(晶振)提供的基准中取得位时间,由于各自振荡器初始的容差偏移、老化和温度偏移等因素,使其实际的数值和标称数值存在一定的偏差,这也给 CAN 通信速率带来一定的误差。

　　事实上,CAN 总线通信时,其通信波特率是允许有一定误差的,比如 1% 的误差(CAN 协议规定 1% 的误差在容许的范围内)。CAN 总线规范中通过"同步"来尽量减小这种误差。

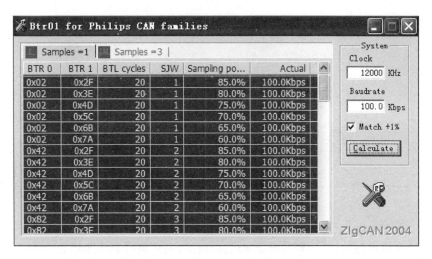

图 1-45　SJA1000 芯片通信速率计算软件界面(12 MHz 晶振)

但是,需要注意以下几点:

① 如果嵌入式研发者自己设计一条完整的 CAN 通信网络,那么网络中各节点的 CAN 控制器芯片最好采用同样的晶振频率,如 16 MHz 晶振;

② 最好采用同一厂家生产的晶振,以保证晶振出厂时的生产一致性;

③ 最好采用相同的总线定时器 0(BTR0)、总线定时器 1(BTR1)设置数值,例如:16 MHz 晶振获得 100 kbps 的通信速率时,CAN 网络中所有节点的 BTR0 设置为 0x03、BTR1 设置为 0x5C。

这样可以最大限度地减小 CAN 总线通信波特率带来的误差,提高其运行的可靠性与稳定性。

笔者在一个实际工程项目中就遇到过此类问题:针对 SJA1000 芯片,两个节点分别采用 16 MHz 和 12 MHz 晶振,为获得 100 kbps 的通信速率,随便在如此多的总线定时器 0(BTR0)和总线定时器 1(BTR1)组合中选用了一组,结果两节点不能相互通信。但并不是所有的组合均不能正常通信,经过无数次试验和思考后得到上述 3 点注意事项。

1.21　CAN 总线节点设备的电源

CAN 网络中的模块设备可以采用独立供电或者网络供电,如图 1-46 所示。采用网络供电时,必须另外铺设电源线。此时,必须考虑电源线上的压降、网络电源的功率以及网络电源的供电范围。

如果模块设备采用独立供电方式,那么电源只要能够满足模块设备的供电电流以及模块的供电电压需求即可。

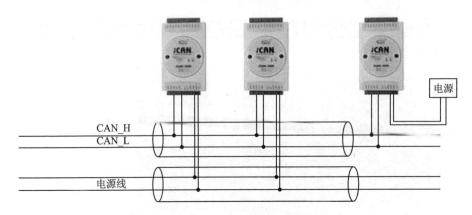

图 1 - 46　CAN 设备电源连接

选择网络电源时,要明确该电源供电的范围,并了解在其供电范围内每个模块设备的工作电压、消耗的电流,以及设备在网络中的位置、所需电缆的长度、电缆的电阻。网络电源的选择应该保留一定的余量,一般为 30%。

如果一个电源不能满足上述要求,那么就需要使用多个电源给网络多处供电,以保证网络中的节电设备能够得到需要的工作电流。网络电源的选取可以参考 DeviceNet 协议中的相关规定(见表 1 - 13 和表 1 - 14),下面简要介绍 DeviceNet 协议规范中的网络电源配置。

表 1 - 13　DeviceNet 粗缆的截面积与其能流过的最大电流

距离/m	0	25	50	100	150	200	250	300	350	400	450	500
粗缆/A	8	8	5.42	2.93	2.01	1.53	1.23	1.03	0.89	0.78	0.69	0.63

注意:DeviceNet 网络中采用粗缆时,最大通信距离为 500 m,因此表中距离值最大为 500 m。

表 1 - 14　DeviceNet 细缆的截面积与其能流过的最大电流

距离/m	0	10	20	30	40	50	60	70	80	90	100
细缆/A	3	3	3	2.06	1.57	1.26	1.06	0.91	0.8	0.71	0.64

注意:DeviceNet 网络中采用细缆时,最大通信距离为 100 m,因此表中距离值最大为 100 m。

图 1 - 47 和图 1 - 48 为网络中单电源和双电源配置的情况,也可以根据实际情况采用多电源,电源可以配置在网络中间或者配置在网络终端。网络中的电流不能超出电缆的最大容许电流。按照 DeviceNet 规范中的要求,主干线的最大容许电流为 8 A(粗缆),分支线的最大容许电流为 3 A(细缆)。

使用多个通信电源时,一定要使用电源分接头,图 1 - 49 为 DeviceNet 网络电源的结构。如果只用一个电源来供给,那么就不需要用电源分接头。电源供给位置仅限于主干线,分支线上不可以。

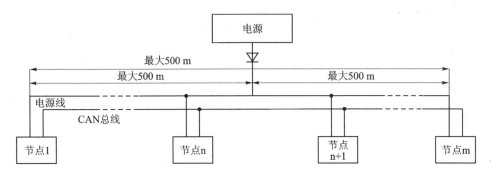

图 1－47 DeviceNet 网络单电源配置

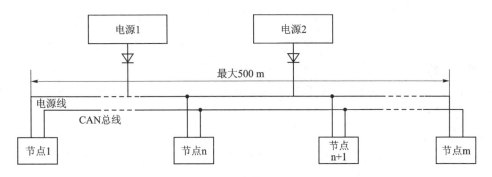

图 1－48 DeviceNet 网络双电源配置

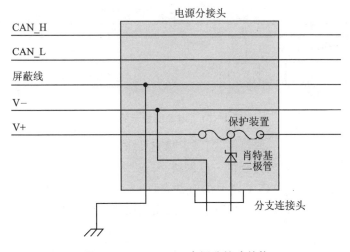

图 1－49 DeviceNet 电源分接头结构

计算电源时要考虑到通过电缆时的损耗及节点所需的容量,可以通过简单计算来验证。由于余量较大,如果不满足余量要求,则需要个别计算。在实际应用中电源的配置可以参考表 1－13 和表 1－14。下面举例说明。

[例 1]

图 1-50 所示的网络中,电源位于终端位置,总线长度 250 m;电流总和 = 0.2 A+0.15 A+0.25 A+0.3 A=0.9 A。由表 1-12 得知,电流限度为 1.23 A。由于 0.9 A 小于 1.23 A 的限度电流,因此这样的配置是被接受的。

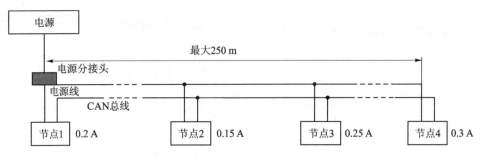

图 1-50　电源配置示例 1

[例 2]

图 1-51 所示的网络中,电源位于网络中间位置,第一段总线长度为 150 m,电流:0.8 A+0.45 A+1.15 A=2.40 A;第二段总线长度为 100 m,电流:0.25 A+0.3 A=0.55 A。

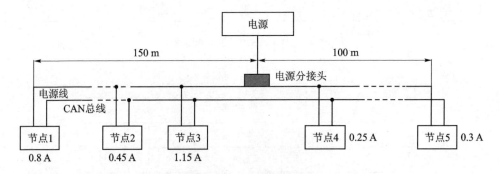

图 1-51　电源配置示例 2

由表 1-12 得知:第一段过载,第二段满足要求。

解决方法:将电源移向过载的一段网络。

网络电源的选取可以借鉴以上的方法。DeviceNet 网络中对于线缆、网络电源的相关规定可参考 DeviceNet 协议规范中的相关内容。

第**2**章

CAN 控制器 SJA1000 与 8051 系列单片机接口设计

2.1 CAN 控制器 SJA1000

2.1.1 SJA1000 引脚排列及其功能

SJA1000 引脚排列如图 2-1 所示。

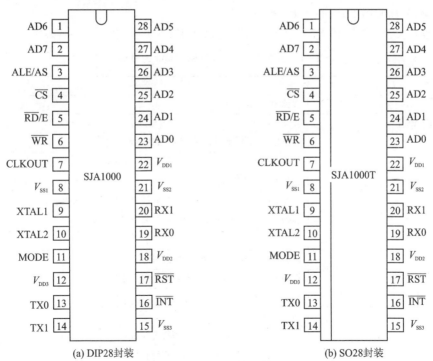

(a) DIP28封装   (b) SO28封装

图 2-1 SJA1000 的引脚排列

　　SJA1000 是 NXP 半导体公司的一种独立 CAN 控制器,可以在 BasicCAN 和 PeliCAN 两种协议下工作:BasicCAN 支持 CAN 2.0A 协议,PeliCAN 工作方式支持具有很多新特性的 CAN 2.0B 协议。工作方式通过时钟分频寄存器中的 CAN 方式位来选择,上电复位默认工作方式是 BasicCAN 方式。

　　独立 CAN 控制器 SJA1000 的主要功能如下:

- 标准结构和扩展结构报文的接收和发送。
- 接收 64 字节 FIFO。
- 标准和扩展帧格式都具有单/双接收滤波器,含接收屏蔽和接收码寄存器。
- 同时支持 11 位和 29 位识别码,位速率可达 1 Mbit/s。
- 可进行读/写访问的错误计数器。
- 可编程的错误报警限制。
- 最近一次的错误代码寄存器。
- 每一个 CAN 总线错误都可以产生错误中断。
- 具有丢失仲裁定位功能的丢失仲裁中断。
- 单发方式,当发生错误或丢失仲裁时不重发。
- 只听方式,监听 CAN 总线、无应答、无错误标志。
- 支持热插拔,无干扰软件驱动位速率检测。
- 硬件禁止 CLKOUT 输出。
- 增强的温度适应(−40~+125℃)。

　　独立 CAN 控制器 SJA1000 的引脚说明如表 2-1 所列。

表 2-1　独立 CAN 控制器 SJA1000 的引脚说明

符　号	引　脚	说　明
AD0~AD7	23~28,1,2	多路地址、数据总线
ALE/AS	3	ALE 输入信号(Intel 模式),AS 输入信号(Freescale 模式)
$\overline{CS}$	4	片选输入,低电平时,有效访问 SJA1000 芯片
$(\overline{RD})/E$	5	微控制器的 $\overline{RD}$ 信号(Intel 模式)或 E 使能信号(Freescale 模式)
$\overline{WR}$	6	微控制器的 $\overline{WR}$ 信号(Intel 模式)或 $\overline{RD}(\overline{WR})$ 信号(Freescale 模式)
CLKOUT	7	SJA1000 产生的、提供给微控制器的时钟输出信号,时钟信号来源于内部振荡器,时钟控制寄存器的时钟关闭位可禁止该引脚
V_{SS1}	8	接地
XTAL1	9	输入到振荡器放大电路,外部振荡信号由此输入
XTAL2	10	振荡放大电路输出,使用外部振荡信号时左开路输出
MODE	11	模式选择输入:1=Intel 模式;0=Freescale 模式
V_{DD3}	12	输出驱动的 5 V 电压源
TX0	13	从 CAN 输出驱动器 0 输出到物理线路上
TX1	14	从 CAN 输出驱动器 1 输出到物理线路上

续表 2 - 1

符　号	引　脚	说　明
V_{SS3}	15	输出驱动器接地端
$\overline{INT}$	16	中断输出,用于中断微控制器。$\overline{INT}$ 在内部中断寄存器各位都被置位时,低电平有效。$\overline{INT}$ 是开漏输出,且与系统中的其他 $\overline{INT}$ 是"线或"的,此引脚上的低电平可以把芯片从睡眠模式中激活
$\overline{RST}$	17	复位输入。用于复位 CAN 接口,低电平有效。把 $\overline{RST}$ 引脚通过电容连到 V_{SS},通过电阻连到 V_{DD},可以自动上电复位
V_{DD2}	18	输入比较器的 5 V 电压源
RX0,RX1	19,20	从物理的 CAN 总线输入到 SJA1000 的输入比较器,支配电平将会唤醒 SJA1000 的睡眠模式。如果 RX1 比 RX0 的电平高,就读支配电平,反之读弱势电平;如果时钟分频寄存器的 CBP 位被置位,就旁路 CAN 输入比较器,以减少内部延时(此时连有外部收发电路)。这种情况下只有 RX0 是激活的,弱势电平被认为是高,而支配电平被认为是低
V_{SS2}	21	输入比较器的接地端
V_{DD1}	22	逻辑电路的 5 V 电压源

图 2 - 2 为 SJA1000 的功能框图,SJA1000 控制 CAN 帧的发送和接收。各部分功能如下:

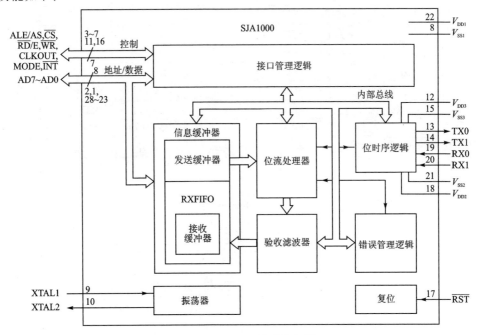

图 2 - 2　SJA1000 的功能框图

接口管理逻辑通过 AD0～AD7 地址/数据总线、控制总线连接外部主控制器,该控制器可以是微型控制器或任何其他器件。另外,除了 BasicCAN 功能,还加入了

PeliCAN 功能。因此,附加的寄存器和逻辑电路主要在这块电路里生效。

SJA1000 的发送缓冲器能够存储一个完整的报文,扩展的或标准的报文均可。当主控制器发出发送命令时,接口管理逻辑会使 CAN 核心模块从发送缓冲器读 CAN 报文。

当收到一个报文时,CAN 核心模块将串行位流转换成用于验收滤波器的并行数据;通过这个可编程的滤波器,SJA1000 能确定主控制器要接收哪些报文。

所有收到的报文由验收滤波器验收,并存储在接收 FIFO。储存报文的多少由工作模式决定,而最多能存储 32 个报文。因此,数据超载可能性被大大降低,这使用户能更灵活地指定中断服务和中断优先级。

2.1.2 BasicCAN 模式下内部寄存器地址表

BasicCAN 模式下内部寄存器地址表如表 2-2 所列。

表 2-2   BasicCAN 模式下内部寄存器地址表

CAN 地址	段	工作模式		复位模式	
		读	写	读	写
0	控制	控制	控制	控制	控制
1		FFH	命令	FFH	命令
2		状态	—	状态	—
3		FFH	—	中断	—
4		FFH	—	验收代码	验收代码
5		FFH	—	验收屏蔽	验收屏蔽
6		FFH	—	总线定时 0	总线定时 0
7		FFH	—	总线定时 1	总线定时 1
8		FFH	—	输出控制	输出控制
9		测试	测试	测试	测试
10	发送缓冲器	识别码 (10-3)	识别码 (10-3)	FFH	—
11		识别码(2-0) RTR 和 DLC	识别码(2-0) RTR 和 DLC	FFH	—
12		数据字节 1	数据字节 1	FFH	—
13		数据字节 2	数据字节 2	FFH	—
14		数据字节 3	数据字节 3	FFH	—
15		数据字节 4	数据字节 4	FFH	—
16		数据字节 5	数据字节 5	FFH	—
17		数据字节 6	数据字节 6	FFH	—
18		数据字节 7	数据字节 7	FFH	—
19		数据字节 8	数据字节 8	FFH	—

续表 2 - 2

CAN 地址	段	工作模式		复位模式	
		读	写	读	写
20		识别码 (10－3)	识别码 (10－3)	识别码 (10－3)	识别码(10－3)
21		识别码(2－0) RTR 和 DLC	识别码(2－0) RTR 和 DLC	识别码(2－0) RTR 和 DLC	识别码(2－0) RTR 和 DLC
22	接收缓冲器	数据字节 1	数据字节 1	数据字节 1	数据字节 1
23		数据字节 2	数据字节 2	数据字节 2	数据字节 2
24		数据字节 3	数据字节 3	数据字节 3	数据字节 3
25		数据字节 4	数据字节 4	数据字节 4	数据字节 4
26		数据字节 5	数据字节 5	数据字节 5	数据字节 5
27		数据字节 6	数据字节 6	数据字节 6	数据字节 6
28		数据字节 7	数据字节 7	数据字节 7	数据字节 7
29		数据字节 8	数据字节 8	数据字节 8	数据字节 8
30		FFH	—	FFH	—
31		时钟分频器	时钟分频器	时钟分频器	时钟分频器

2.1.3　PeliCAN 模式下内部寄存器地址表

PeliCAN 模式下内部寄存器地址如表 2 - 3 所列。

表 2 - 3　PeliCAN 模式下内部寄存器地址表

CAN 地址	工作模式		复位模式	
	读	写	读	写
0	模式	模式	模式	模式
1	(00H)	命令	(00H)	命令
2	状态	—	状态	—
3	中断		中断	
4	中断使能	中断使能	中断使能	中断使能
5	保留(00H)	—	保留(00H)	—
6	总线定时 0		总线定时 0	总线定时 0
7	总线定时 1		总线定时 1	总线定时 1
8	输出控制		输出控制	输出控制
9	检测		检测	检测;注 2
10	保留(00H)	检测	保留(00H)	—
11	仲裁丢失捕捉	—	仲裁丢失捕捉	—
12	错误代码捕捉	—	错误代码捕捉	—

续表 2 - 3

CAN 地址	工作模式				复位模式	
	读		写		读	写
13	错误报警限制		—		错误报警限制	错误报警限制
14	RX 错误计数器		—		RX 错误计数器	RX 错误计数器
15	TX 错误计数器		—		TX 错误计数器	TX 错误计数器
16	RX 帧信息 SFF	RX 帧信息 EFF	TX 帧信息 SFF	TX 帧信息 EFF	验收代码 0	验收代码 0
17	RX 识别码	RX 识别码 1	TX 识别码	TX 识别码	验收代码 1	验收代码 1
18	RX 识别码	RX 识别码 2	TX 识别码	TX 识别码	验收代码 2	验收代码 2
19	RX 数据 1	RX 识别码 3	TX 数据 1	TX 识别码	验收代码 3	验收代码 3
20	RX 数据 2	RX 识别码 4	TX 数据 2	TX 识别码	验收屏蔽 0	验收屏蔽 0
21	RX 数据 3	RX 数据 1	TX 数据 3	TX 数据 1	验收屏蔽 1	验收屏蔽 1
22	RX 数据 4	RX 数据 2	TX 数据 4	TX 数据 2	验收屏蔽 2	验收屏蔽 2
23	RX 数据 5	RX 数据 3	TX 数据 5	TX 数据 3	验收屏蔽 3	验收屏蔽 3
24	RX 数据 6	RX 数据 4	TX 数据 6	TX 数据 4	保留(00H)	—
25	RX 数据 7	RX 数据 5	TX 数据 7	TX 数据 5	保留(00H)	—
26	RX 数据 8	RX 数据 6	TX 数据 8	TX 数据 6	保留(00H)	—
27	(FIFO RAM)	RX 数据 7	—	TX 数据 7	保留(00H)	—
28	(FIFO RAM)	RX 数据 8	—	TX 数据 8	保留(00H)	—
29	RX 信息计数器		—		RX 信息计数器	—
30	RX 缓冲器起始地址		—		RX 缓冲器起始地址	RX 缓冲器起始地址
31	时钟分频器		时钟分频器		时钟分频器	时钟分频器
32	内部 RAM 地址 0(FIFO)		—		内部 RAM 地址 0	内部 RAM 地址 0
33	内部 RAM 地址 1(FIFO)		—		内部 RAM 地址 1	内部 RAM 地址 1
↓	↓		↓		↓	↓
95	内部 RAM 地址 63(FIFO)		—		内部 RAM 地址 63	内部 RAM 地址 63
96	内部 RAM 地址 64(TX 缓冲器)		—		内部 RAM 地址 64	内部 RAM 地址 64
↓	↓		↓		↓	↓
108	内部 RAM 地址 76(TX 缓冲器)		—		内部 RAM 地址 76	内部 RAM 地址 76
109	内部 RAM 地址 77(空闲)		—		内部 RAM 地址 77	内部 RAM 地址 77
110	内部 RAM 地址 78(空闲)		—		内部 RAM 地址 78	内部 RAM 地址 78
111	内部 RAM 地址 79(空闲)		—		内部 RAM 地址 79	内部 RAM 地址 79
112			—		(00H)	—
↓	↓		↓		↓	↓
127	(00H)		—		(00H)	—

2.1.4　BasicCAN 和 PeliCAN 模式的区别

SJA1000 可以在 BasicCAN 和 PeliCAN 两种协议下工作。在 SJA1000 复位模式下，设置寄存器 CDR.7 为"0"，即设置 CAN 控制器 SJA1000 工作于 BasicCAN 模式；设置寄存器 CDR.7 为"1"，即设置 CAN 控制器 SJA1000 工作于 PeliCAN 模式。相比较而言，PeliCAN 功能更强大一些。

SJA1000 被设计为全面支持 PeliCAN 协议，这就意味着在处理扩展帧信息的同时，扩展振荡器的误差被修正了。在 BasicCAN 模式下只可以发送和接收标准帧信息，11 字节长的识别码。在 PeliCAN 模式下 SJA1000 有很多新功能的重组寄存器。

在 PeliCAN 模式下 SJA1000 的主要新功能如下：
● PeliCAN 模式支持 CAN 2.0B 协议规定的所有功能，具有 29 字节的识别码。
● 标准帧和扩展帧信息的接收和传送。
● 接收 64 字节 FIFO。
● 在标准和扩展格式中都有单/双验收滤波器。
● 读/写访问的错误计数器。
● 可编程的错误限制报警。
● 最近一次的错误代码寄存器。
● 对每一个 CAN 总线错误的错误中断。
● 具有丢失仲裁定位功能的仲裁丢失中断。
● 一次性发送，当错误或仲裁丢失时不重发。
● 只听模式(CAN 总线监听、无应答、无错误标志)。
● 支持热插拔。
● 硬件禁止 CLKOUT 输出。

2.1.5　8051 系列单片机控制 SJA1000 的方式

对 SJA1000 的控制通过访问其内部寄存器来实现，不同操作模式的内部寄存器的分布是不同的，具体内容请参考 SJA1000 数据手册。例如在 PeliCAN 模式下，SJA1000 的内部寄存器分布于 0~127 的连续地址空间。对于单片机而言，SJA1000 就像是其外围的 RAM 器件。对其操作时，只需片选选中 SJA1000，按照 SJA1000 的内部寄存器地址，对其进行读取、写入控制即可。

SJA1000 有两种模式可以供 MCU 访问其内部寄存器：复位模式和工作模式。当硬件复位、置位复位请求位、总线传输错误导致总线关闭时，SJA1000 进入复位模式。当清除复位请求位时，SJA1000 进入工作模式。在这两种模式下可以访问的内部寄存器是不同的，具体内容可参考 SJA1000 数据手册。

SJA1000 支持 Inter 和 Freescale 时序特性。当 SJA1000 第 11 引脚为高时，使用 Intel 模式；为低时，使用 Freescale 模式。

SJA1000 的 AD0～AD7 地址/数据总线以及控制总线和单片机相连接,由单片机的程序对 SJA1000 进行功能配置和数据中断处理。单片机和 SJA1000 之间的数据交换经过一组控制寄存器和一个 RAM 报文缓冲器完成。

注意:SJA1000 内部寄存器有的只在 PeliCAN 模式有效,有的仅在 BasicCAN 模式里有效,有的用于 SJA1000 在复位模式下的初始化。

2.1.6 SJA1000 的滤波器设置

为什么要进行滤波器设置呢? CAN 总线通过滤波器设置自己的地址 ID,就像每个人选择自己的手机号一样,手机号是日常与其他人通信时的唯一标识,CAN 的地址 ID 也是总线节点和其他节点通信时的唯一标识。当然,通信的时候可以有 2 个手机号,双卡双待;CAN 总线通信也可以通过双滤波器设置,实现"双卡双待"功能。

在 CAN 总线上,CAN 帧总是由一个节点发送,其他节点同时接收,也就是说,CAN 总线上的一个节点总能收到总线上的所有 CAN 帧。标识符过滤即只接收符合一定条件的信息,对不符合条件的 CAN 帧只给出应答信号。

标识符过滤的作用主要体现在以下几个方面:
- 设置 CAN 总线通信节点的地址;
- 降低硬件中断频率;
- 简化软件实现的复杂度,提高运行时的效率。

CAN 总线的滤波器设置就像给总线上的节点设置了一层过滤网,只有符合要求的 CAN 信息帧才可以通过,其余的一概滤除。

在验收滤波器的帮助下,只有接收信息中的识别位和验收滤波器预定义的值相等时,CAN 控制器才允许将已接收信息存入 RXFIFO。

验收滤波器由验收代码寄存器(ACRn)和验收屏蔽寄存器 AMRn 定义,要接收的信息的位模式在验收代码寄存器中定义,相应的验收屏蔽寄存器允许定义某些位为"不影响",即可为任意值。

1. BasicCAN 模式下的 SJA1000 滤波器

在验收滤波器的帮助下,CAN 控制器能够允许 RXFIFO 只接收与识别码、验收滤波器中预设值一致的信息,验收滤波器通过验收代码寄存器 ACR(见表 2-4)和验收屏蔽寄存器 AMR(见表 2-5)来定义。

表 2-4 验收代码寄存器 ACR

位	BIT7	BIT6	BIT5	BIT4	BIT3	BIT2	BIT1	BIT0
位说明	AC.7	AC.6	AC.5	AC.4	AC.3	AC.2	AC.1	AC.0

复位请求位被置高时,验收代码寄存器 ACR 可以访问(读/写)。

复位请求位被置高时,验收屏蔽寄存器 AMR 可以访问(读/写)。验收屏蔽寄存器定义验收代码寄存器的相应位对验收滤波器是"相关的"或"无影响的"。

表 2 – 5　验收屏蔽寄存器 AMR

位	BIT7	BIT6	BIT5	BIT4	BIT3	BIT2	BIT1	BIT0
位说明	AM. 7	AM. 6	AM. 5	AM. 4	AM. 3	AM. 2	AM. 1	AM. 0

滤波的规则是:每一位验收屏蔽分别对应每一位验收代码,当该位验收屏蔽位为"1"的时候(即设为无关),接收的相应帧 ID 位无论是否和相应的验收代码位相同均会表示为接收;当验收屏蔽位为"0"的时候(即设为相关),只有相应的帧 ID 位和相应的验收代码位值相同时才会表示为接收。只有在所有的位都表示为接收的时候,CAN 控制器才会接收该报文。

例如:如何设置滤波器接收标识符为 0000 1010 的 CAN 帧?

在 SJA1000 复位模式下,设置寄存器 CDR. 7 为"0",即设置 CAN 控制器 SJA1000 工作于 BasicCAN 模式。

设置验收代码寄存器 ACR0＝0x0A。

根据滤波器信息帧与滤波器的位对应关系,将需要参与滤波的信息位对应的验收屏蔽寄存器位设置为 0,即设置 AMR＝0x00。

如此设置,SJA1000 接收标识符 ID. 10～ID. 3 为 0000 1010 的 CAN 帧。

2. PeliCAN 模式下的 SJA1000 滤波器

有两种不同的过滤模式可在模式寄存器中选择 MOD. 3 和 AFM,即

单滤波器模式:AFM 位是 1;

双滤波器模式:AFM 位是 0。

SJA1000 验收滤波器由 4 个验收码寄存器 ACR0、ACR1、ACR2、ACR3 和 4 个验收屏蔽寄存器 AMR0、AMR1、AMR2、AMR3 组成。ACR 的值是预设的验收代码值,AMR 值用于表征相对应的 ACR 值是否用作验收滤波,这 8 个寄存器在 SJA1000 的复位模式下设置。

滤波的规则和 BasicCAN 模式下的滤波规则相同。滤波的方式有两种,由模式寄存器中的 AFM(MOD. 3)位选择单滤波器模式(AFM 位是 1)或双滤波器模式(AFM 位是 0)。

(1) 单滤波器的配置

这种滤波器配置定义了一个长滤波器(4 字节、32 位),是由 4 个验收码寄存器和 4 个验收屏蔽寄存器组成的验收滤波器,滤波器字节和信息字节之间位的对应关系取决于当前接收帧格式。

1) 接收 CAN 标准帧结构报文时单滤波器配置(图 2 – 3)

① 对于标准帧,11 位标识符、RTR 位、数据场前 2 字节参与滤波。

② 对于参与滤波的数据,所有 AMR 为 0 的位所对应的 ACR 位和参与滤波数据的对应位必须相同才算验收通过。

③ 如果由于 RTR＝1 而没有数据字节,或因为设置相应的数据长度代码而没有

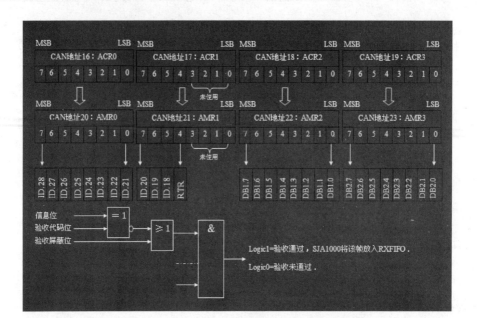

图 2 - 3　接收 CAN 标准结构报文时的单滤波器配置

或只有一个数据字节信息,报文也会被接收。对于一个成功接收的报文,所有单个位在滤波器中的比较结果都必须为"接收"。

④ 注意,AMR1 和 ACR1 的低 4 位是不用的,为了和将来的产品兼容,这些位可通过设置 AMR1.3、AMR1.2、AMR1.4 和 AMR1.0 为 1 而定为"不影响"。

例如:如何设置单滤波、接收标识符为 0000 1010 010 的 CAN 标准帧?

在 SJA1000 复位模式下,设置寄存器 CDR. 7 为"1",即设置 CAN 控制器 SJA1000 工作于 PeliCAN 模式。

设置模式寄存器的验收滤波器模式位(AFM)为 1,选择单滤波器模式;设置验收代码寄存器 ACR0＝0x0A、ACR1＝0x40、ACR2＝ACR3＝0x00;根据单滤波器时信息帧与滤波器的位对应关系,将需要参与滤波的信息位对应的验收屏蔽寄存器位设置为 0,设置 AMR0＝0x00,AMR1＝0x0F、AMR2＝AMR3＝0XFF;如此设置,则 SJA1000 接收标识符 ID. 28～ID. 18 为 0000 1010 010 的 CAN 标准帧。

2) 接收 CAN 扩展帧结构报文时单滤波器配置(图 2－4)

① 对于扩展帧,29 位标识符和 RTR 位参与滤波。

② 对于参与滤波的数据,所有 AMR 为"0"的位所对应的 ACR 位和参与滤波数据的对应位必须相同才验收通过滤波。

③ 必须注意的是 AMR3 和 ACR3 的最低两位是不用的。为了和将来的产品兼容,这些位应该通过置位 AMR3.1 和 AMR3.0 为"1"来定为"不影响"。

例如:如何设置单滤波、接收标识符 ID. 28～ID. 0 为 0000 1010 0100 1010 0110 1011 1110 1 的 CAN 扩展帧?

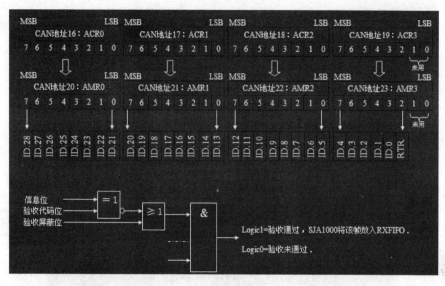

图 2 - 4　接收 CAN 扩展帧结构报文时的单滤波器配置

在 SJA1000 复位模式下,设置寄存器 CDR. 7 为"1",即设置 CAN 控制器 SJA1000 工作于 PeliCAN 模式。

设置模式寄存器的验收滤波器模式位(AFM)为 1,选择单滤波器模式;设置验收代码寄存器 ACR0=0x0A、ACR1=0x4A、ACR2=0x6B、ACR3=0XE8;根据单滤波器时信息帧与滤波器的位对应关系,将需要参与滤波的信息位对应的验收屏蔽寄存器位设置为 0,设置 AMR0=0x00、AMR1=0x00、AMR2=0x00、AMR3=0X03。

(2) 双滤波器的配置

这种配置可以定义两个短滤波器,其由 4 个 ACR 和 4 个 AMR 构成。总线上的信息只要通过任意一个滤波器就被接收。

滤波器字节和信息字节之间位的对应关系取决于当前接收的帧格式。

1) 接收 CAN 标准帧结构报文时的双滤波器配置(图 2 - 5)

如果接收的是标准帧信息,定义的两个滤波器是不一样的:第一个滤波器由 ACR0、ACR1、AMR0、AMR1 以及 ACR3、AMR3 低 4 位组成,11 位标识符、RTR 位和数据场第一字节参与滤波;第二个滤波器由 ACR2、AMR2 以及 ACR3、AMR3 高 4 位组成,11 位标识符和 RTR 位参与滤波。

为了成功接收信息,所有单个位的比较时至少有一个滤波器表示接收。RTR 位置位"1"或数据长度代码是"0",表示没有数据字节存在;只要从开始到 RTR 位的部分都被表示接收,信息就可以通过滤波器 1。

如果没有数据字节向滤波器请求过滤,AMR1 和 AMR3 的低 4 位必须被置为"1",即"不影响"。此时,两个滤波器的识别工作都是验证包括 RTR 位在内的整个标准识别码。

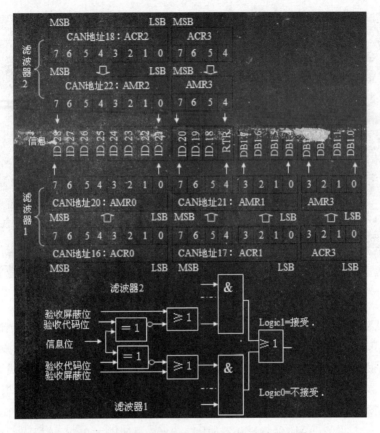

图 2-5　接收标准结构报文时的双滤波器配置

　　例如:如何设置双滤波、接收标识符 ID.28~ID.18 为 0000 1010 010 和 ID.28~ID.18 为 0110 1011 111 的两类 CAN 标准帧?

　　在 SJA1000 复位模式下,设置寄存器 CDR.7 为"1",即设置 CAN 控制器 SJA1000 工作于 PeliCAN 模式。

　　设置模式寄存器的验收滤波器模式位(AFM)为 0,选择双滤波器模式;设置验收代码寄存器 ACR0=0x0A、ACR1=0x40、ACR2=0x6B、ACR3=0xE0;根据双滤波器时信息帧与滤波器的位对应关系,将需要参与滤波的信息位对应的验收屏蔽寄存器位设置为 0,设置 AMR0=0x00,AMR1=0x0F,AMR2=0x00,AMR3=0X0F。

　　2) 接收 CAN 扩展帧结构报文时的双滤波器配置(图 2-6)

　　如果接收到扩展帧信息,定义的两个滤波器是相同的:第一个滤波器由 ACR0、ACR1 和 AMR0、AMR1 构成;第二个滤波器由 ACR2、ACR3 和 AMR2、AMR3 构成;两个滤波器都只比较扩展识别码的前 2 字节,即 29 位标识符中的高 16 位。

　　为了能成功接收信息,所有单个位的比较时至少有一个滤波器表示接收,如图 2-6 所示。

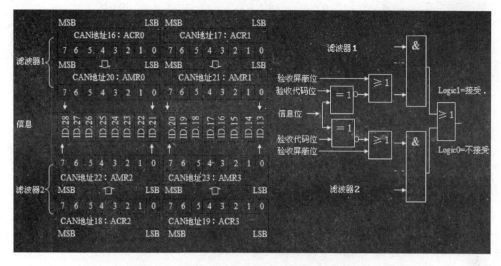

图 2-6　接收扩展结构报文时的双滤波器配置

例如:如何设置双滤波、接收标识符 ID.28～ID.13 为 0000 1010 0100 1010 和 ID.28～ID.13 为 0110 1011 1110 1001 的两类 CAN 扩展帧?

在 SJA1000 复位模式下,设置寄存器 CDR.7 为"1",即设置 CAN 控制器 SJA1000 工作于 PeliCAN 模式。

设置模式寄存器的验收滤波器模式位(AFM)为 0,选择双滤波器模式;设置验收代码寄存器 ACR0=0x0A、ACR1=0x4A、ACR2=0x6B、ACR3=0XE9;根据双滤波器时信息帧与滤波器的位对应关系,将需要参与滤波的信息位对应的验收屏蔽寄存器位设置为 0,设置 AMR0=0x00,AMR1=0x00、AMR2=0x00、AMR3=0X00。

2.1.7　CAN 总线通信波特率的计算

与 CAN 总线控制器芯片 SJA1000 通信波特率设置相关的寄存器是总线定时寄存器 0(BTR0)和总线定时寄存器 1(BTR1),这两个寄存器在复位模式下可以访问。

1. 总线定时寄存器 0(BTR0)

总线定时寄存器 0 定义了波特率预设值(BRP)和同步跳转宽度(SJW)的值,如表 2-6 所列。

表 2-6　总线定时寄存器 0

位	BIT7	BIT6	BIT5	BIT4	BIT3	BIT2	BIT1	BIT0
位说明	SJW.1	SJW.0	BRP.5	BRP.4	BRP.3	BRP.2	BRP.1	BRP.0

(1) 波特率预设值(BRP)

CAN 系统时钟 t_{SCL} 的周期是可编程的,而且其决定了相应的位时序。CAN 系统时钟由如下公式计算:

$$t_{\text{SCL}} = 2t_{\text{CLK}}(32\ \text{BRP.}5 + 16\ \text{BRP.}4 + 8\ \text{BRP.}3 + 4\ \text{BRP.}2 +$$
$$2\ \text{BRP.}1 + \text{BRP.}0 + 1) \tag{2-1}$$

式中,t_{CLK} 是 SJA1000 使用晶振的频率周期:

$$t_{\text{CLK}} = 1/f_{\text{XTAL}} \tag{2-2}$$

(2) 同步跳转宽度(SJW)

设置同步跳转宽度的目的是补偿在不同总线控制器的时钟振荡器之间的相位偏移,任何总线控制器必须在当前传送的相关信号边沿重新同步。

同步跳转宽度定义了每一位周期可以被重新同步缩短或延长的时钟周期的最大数目,其与位域 SJW 的关系是:

$$t_{\text{SJW}} = t_{\text{SCL}}(2\ \text{SJW.}1 + \text{SJW.}0 + 1) \tag{2-3}$$

2. 总线定时寄存器 1(BTR1)

总线定时寄存器 1 定义了每个位周期的长度、采样点的位置和在每个采样点的采样数目,如表 2-7、表 2-8 所列。

表 2-7 总线定时寄存器 1

位	BIT7	BIT6	BIT5	BIT4	BIT3	BIT2	BIT1	BIT0
位说明	SAM	TSEG2.2	TSEG2.1	TSEG2.0	TSEG1.3	TSEG1.2	TSEG1.1	TSEG1.0

表 2-8 采样数目

位	值	功　能
SAM	1	3 倍,总线采样 3 次;建议在低/中速总线(A 和 B 级)上使用,这对过滤总线上的毛刺波是有益的
	0	单倍,总线采样一次;建议使用在高速总线上(SAE C 级)

(1) 时间段 1(TSEG1)和时间段 2(TSEG2)

TSEG1 和 TSEG2 决定了每一位的时钟数目和采样点的位置,图 2-7 中:

$$t_{\text{SYNCSEG}} = 1 \times t_{\text{SCL}} \tag{2-4}$$

$$t_{\text{TSEG1}} = t_{\text{SCL}} \times (8 \times \text{TSEG1.}3 + 4 \times \text{TSEG1.}2 + 2 \times \text{TSEG1.}1 + \text{TSEG1.}0 + 1) \tag{2-5}$$

$$t_{\text{TSEG2}} = t_{\text{SCL}} \times (4 \times \text{TSEG2.}2 + 2 \times \text{TSEG2.}1 + \text{TSEG2.}0 + 1) \tag{2-6}$$

(2) SJA1000 通信波特率的计算

$$\text{通信波特率} = 1/t_{\text{bit}},\text{一个位周期 } t_{\text{bit}} = (t_{\text{SYNCSEG}} + t_{\text{TSEG1}} + t_{\text{TSEG2}}) \tag{2-7}$$

CAN 通信波特率的范围如下:

$$\text{CAN 最大通信波特率} = 1/(t_{\text{bit}} - t_{\text{SJW}}) \tag{2-8}$$

$$\text{CAN 最小通信波特率} = 1/(t_{\text{bit}} + t_{\text{SJW}}) \tag{2-9}$$

联立式(2-1)~式(2-9)就可以计算得出实际上的 CAN 通信波特率,如表 2-9 所列。

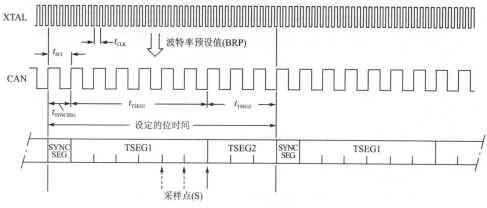

图 2-7　一个位周期的总体结构

表 2-9　12 MHz 晶振和 16 MHz 晶振下常用 CAN 通信波特率设置

波特率/(kbit/s)		20	50	100	125	250	500	800	1 000
12 MHz 晶振	BTR0	052H	047H	043H	042H	041H	040H	040H	040H
	BTR1	01cH	01cH	01cH	01cH	01cH	01cH	016H	014H
16 MHz 晶振	BTR0	053H	047H	043H	03H	01H	00H	00H	00H
	BTR1	02FH	02FH	02fH	01cH	01cH	01cH	016H	014H

2.1.8　SJA1000 初始化流程

SJA1000 初始化流程如图 2-8 所示。

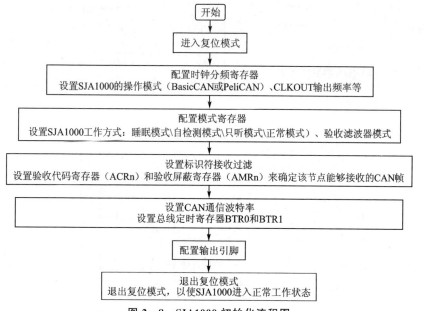

图 2-8　SJA1000 初始化流程图

2.2　CAN 总线驱动器

目前,主流的 CAN 总线驱动器有 PCA82C50、TJA1040、TJA1050、TJA1041、TJA1054 等,其中,TJA1041、TJA1054 具有容错功能,能够进行简单的总线故障诊断,如总线线路短路等。下面以 TJA1040 为例,对 CAN 总线驱动器进行介绍,其他种类的 CAN 总线驱动器可以查询相关的数据应用手册。

2.2.1　TJA1040 概述

TJA1040 是控制器局域网 CAN 协议驱动器和物理总线之间的接口,速度可达 1 Mbit/s。TJA1040 为总线提供差动的发送功能,为 CAN 控制器(如 SJA1000)提供差动的接收功能。在引脚和功能上,TJA1040 是 PCA82C250/251 高速 CAN 驱动器的后继产品。而且,它的引脚和 TJA1050 一致。TJA1040 有优秀的 EMC 性能,而且在不上电状态下有理想的无源性能;它还提供低功耗管理,支持远程唤醒功能。

TJA1040 的引脚配置及引脚描述说明分别如图 2－9 所示和表 2－10 所列,内部功能结构图如图 2－10 所示。

表 2－10　TJA1040 的引脚描述说明

标　记	引　脚	说　明
TXD	1	发送数据输入
GND	2	接地
V_{cc}	3	电源电压
RXD	4	接收数据输出,从总线读出数据
SPLIT	5	共模稳压输出
CANL	6	低电平 CAN 总线
CANH	7	高电平 CAN 总线
STB	8	待机模式控制输入

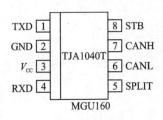

图 2－9　TJA1040 的引脚配置

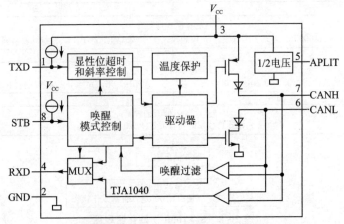

图 2－10　TJA1040 内部功能结构图

2.2.2　TJA1040 功能

1．工作模式

TJA1040 有两种工作模式，可以通过引脚 STB 选择。表 2 - 11 对这些操作模式有详细的描述。

表 2 - 11　TJA1040 工作模式

模式	引脚 STB	引脚 RXD	
		低	高
正常模式	L	总线显性	总线隐性
待机模式	H	检测到唤醒请求	没有检测到唤醒请求

2．正常模式

在这个模式中，驱动器可以通过总线 CANH 和 CANL 发送和接收数据。TJA1040 内部功能结构图中，差动接收器将总线上的模拟数据转换成数字数据，通过多路转换器（MUX）输出到 RXD 引脚，总线线路上输出信号的斜率是固定的，并进行了优化，保证有很低的电磁辐射（EME）。

3．待机模式

在这种模式中，发送器和接收器都关断，只用低功耗的差动接收器监控总线。V_{CC} 上的电源电流减少到最小，但仍保证抗电磁干扰的性能，并能识别出总线上的唤醒事件。

在这种模式中，总线都连接到地，将电源电流 I_{CC} 减到最小。在 RXD 的高端驱动器（high - side driver）上串联一个二极管，防止不上电状态下有反向电流从 RXD 流向 V_{CC}。在正常模式中，这个二极管被旁路，但它在待机模式中可以减少电流的消耗，所以没有被旁路。

4．分解网络

分解网络（Split Circuit）是一个 $0.5V_{CC}$ 的直流稳压源，只在正常模式中接通，待机模式时引脚 SPLIT 悬空。分解网络可以通过将引脚 SPLIT 连接到分裂终端的中心抽头来稳定隐性共模电压，如图 2 - 11 所示。由于网络中存在不上电的收发器，所以它们在总线和地之间有显著的漏电流，使隐性总线电压小于 $0.5V_{CC}$，分解网络会将这个隐性电压稳定为 $0.5V_{CC}$。因此，启动发送时不会在共模信号上产生阶跃，从而保证电磁辐射（EME）性能。

5．唤　醒

在待机模式中，总线由低功耗的差动比较器监控。一旦低功耗的差动比较器检测到一个持续时间大于 t_{BUS} 的显性总线电平，引脚 RXD 变为低电平。

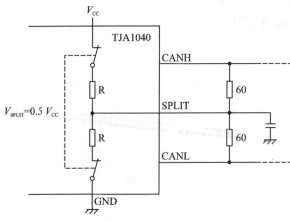

图 2 - 11   稳压电路举例

6. 过热检测

输出驱动器在过热时会受到保护。如果实际连接点温度超过了 165℃,输出驱动器会被禁能,直到实际连接点温度低于典型的 165℃后,TXD 才会再一次变成隐性。因此,输出驱动器的振幅不会受到温度漂移的影响。

7. TXD 显性超时功能

当引脚 TXD 由于硬件或软件程序的错误而被持续置为低电平时,"TXD 显性超时"定时器电路可以防止总线进入持续的显性状态(阻塞所有网络通信),这个定时器是由引脚 TXD 的负跳沿触发。

如果引脚 TXD 的低电平持续时间超过内部定时器的值(t_{dom}),收发器会被禁能,强制总线进入隐性状态。定时器用引脚 TXD 的正跳沿复位。TXD 显性超时时间(t_{dom})定义了允许的最小位速率是 40 kbit/s。

8. 自动防故障功能

引脚 TXD 提供了一个向 V_{CC} 的上拉,使引脚 TXD 在不使用时保持隐性电平。

引脚 STB 提供了一个向 V_{CC} 的上拉,当不使用引脚 STB 时使收发器进入待机模式。

如果 V_{CC} 掉电,引脚 TXD、STB 和 RXD 会变成悬空状态,以防止通过这些引脚产生反向电流。

2.3   CAN 总线 DC/DC 光电隔离技术

2.3.1   DC/DC 电源隔离模块

学习板的供电电源可能存在电压波动大、干扰信号多等缺点,因此采用 DC/DC

电源模块向学习板上 CAN 总线部分电路供应电源,从而有效抑制干扰,提高可靠性,如图 2 - 12 所示。DC/DC 电源隔离模块特点如下:

- 高效率,高可靠性。
- 隔离单电压输出。
- 隔离电压高,耐冲击性好。
- SIP 单列直插式小封装。
- $5V_{DC}$ 额定电压输入。
- 非稳压单输出 $5V_{DC}/1$ W。
- 高低温特性好,能满足工业级产品技术要求。
- 温升低,自然空冷,无须外加散热片。
- 无须外加元件可直接使用。

图 2 - 12　DC/DC 电源隔离模块

电源隔离模块选用 B0505D - 1W,或者输出功率更小的 B0505D - 0.5W、B0505D - 0.25W。其典型应用电路如图 2 - 13 所示。

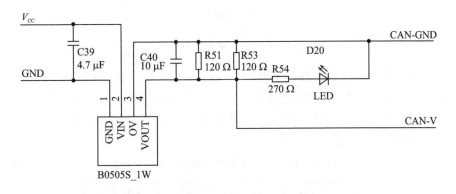

图 2 - 13　DC/DC 电源隔离模块典型应用图

B0505D - 1W 的输入电压范围是 $4.5\sim5.5V_{DC}$,输出电压标称值是 $5V_{DC}$,输出电流为 200 mA,隔离电压 $\geqslant 1\,000\ V_{DC}$。

值得注意的是:为了确保该模块能够高效可靠地工作,该类型的 DC/DC 转换器除了规定最大负载,即满负载,同时也规定了一个最小负载,使用时要确保在规定输入电压范围内其输出最小负载不能小于满负载的 20%,且该产品严禁空载使用! 若电路中负载实际输出功率确实较小,须在输出端并联一个适当阻值的电阻来增加负载,或选用额定输出功率较小的产品 B0505D - 0.5W 或者 B0505D - 0.25W。

对于 DC/DC 电源隔离模块在 CAN 总线电路中的应用,由于输出负载电路仅仅包括 TJA1040、6N137 电路,功率消耗很小,所以建议选用 B0505D - 0.25W。但是,市场上销售的常见最小功率 DC/DC 电源隔离模块就是 B0505D - 1W。为了满足其

最小输出负载不小于满负载的 20%,须在输出电压端并联两个 120 Ω 的电阻。每个电阻上消耗的功率为:

$$P = U^2/R = (25/10)\,\text{W} = 0.21\,\text{W}$$

由图 2-14 中 DC/DC 电源隔离模块典型负载曲线可知,输出负载 50% 时,输出电压最接近额定输出电压 $5V_{DC}$,因此需要在输出端并联两个 120 Ω 的电阻,消耗功率为 0.42 W。

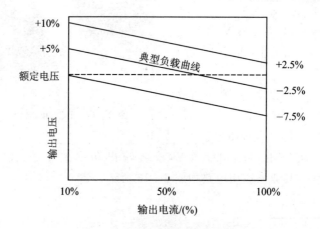

图 2-14 典型输出负载曲线

在一些对噪声和纹波敏感的电路中,可在 DC/DC 输出端和输入端外加滤波电容,以减少纹波值。但输出滤波电容器的容值要适当,电容太大很可能造成启动问题。对于每一路输出,在确保安全可靠工作的条件下,其滤波电容的最大容值不应超过 10μF。外接电容如表 2-12 所列。

表 2-12 DC/DC 电源隔离模块滤波电容典型值

输入电压	外接电容	输出电压	外接电容
$5V_{DC}$	4.7 μF	5 V	10 μF

为了获得非常低的纹波值,可在 DC/DC 转换器输入/输出端连接一个 LC 滤波网络,这样滤波的效果更明显。电感值的大小及 LC 滤波网络自身的频率应与 DC/DC 频率错开,避免相互干扰,如图 2-15 所示。

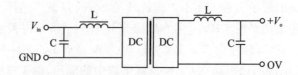

图 2-15 DC/DC 电源隔离模块 LC 滤波网络

2.3.2　高速光耦 6N137

采用高速光耦来实现收发器 TJA1040 与控制器 SJA1000 之间的电气隔离,保护控制系统电路。选用高速光耦器件 6N137,其触发时间达到 75 ns,完全满足 CAN 总线在最高通信速率 1 Mbit/s 下的电气响应,也可以选择高速光耦器件 TLP113。

高速光耦器件 6N137 芯片内部原理图如图 2-16 所示。

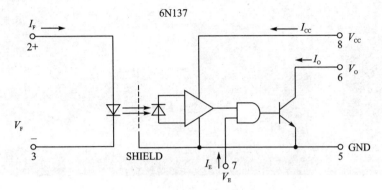

图 2-16　高速光耦器件 6N137 芯片内部原理图

高速光耦器件 6N137 在 CAN 总线电路中的具体电路图如图 2-17 所示。

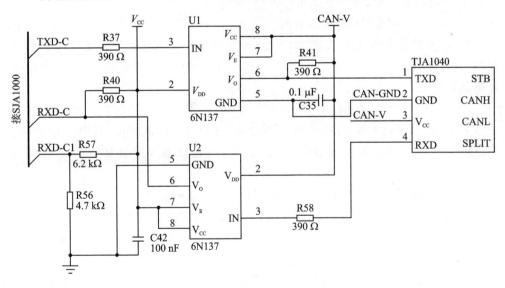

图 2-17　高速光耦 6N137 电路图

2.4　51 系列单片机 CAN 总线学习板实物图

51 系列单片机 CAN 总线学习板实物图如图 2-18 所示,特点如下:

图 2-18 51 系列单片机 CAN 总线学习板实物图

① 学习板采用 DC +5 V 供电。

② 学习板上面采用的主要芯片有

ⓐ 51 系列的单片机:可以选用 89C51、89C52、89S52;如果选用 STC51 系列的单片机,如 STC89C51、STC89C52、STC89C58,则可以实现串口下载程序,不需要编程器下载程序。

ⓑ CAN 总线控制器 SJA1000。

ⓒ CAN 总线收发器:可以选用 TJA1040、TJA1050、P82C250。其中,TJA1040、TJA1050 引脚兼容。如果选用 P82C250,则需要在其第 8 引脚加 47 kΩ 的斜率电阻。

③ 采用 DC/DC 电源隔离模块 B0505D-1W 实现电源隔离。

④ 支持 RS-232 串口与 CAN 总线之间数据的相互转换。

⑤ CAN 总线波特率可调为 20、40、50、80、100、125、200、250、400、500、666、800、1 000 kbit/s。

⑥ 程序支持 BasicCAN 和 PeliCAN 模式(CAN 2.0A 和 CAN 2.0B),提供 C 语言和汇编语言程序。

⑦ 成对学习板实现功能。

ⓐ A 开发板发送数据,B 开发板接收数据,并把接收到的数据通过串口上传到计算机显示。

ⓑ 单片机定时监测 A 开发板上的 4 个按键状态,可以通过 CAN 总线把按键的

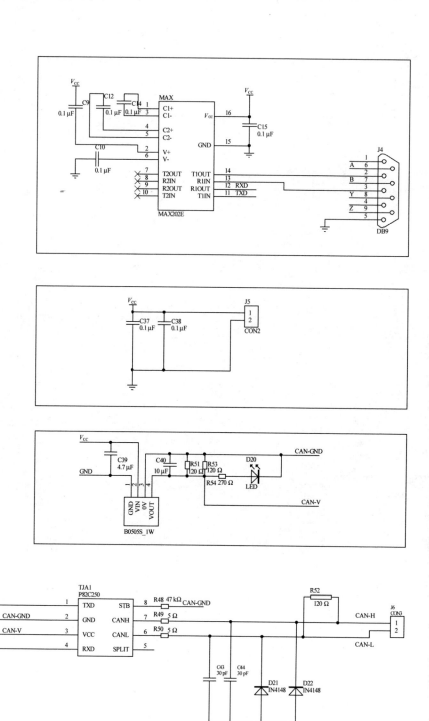

总线学习板的电路原理图

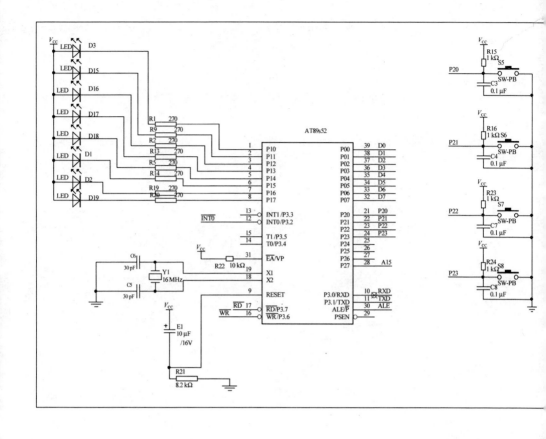

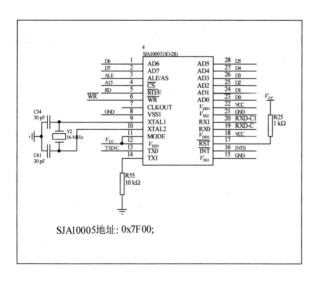

SJA10005地址: 0x7F00;

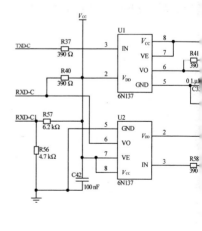

图 2-19　51 系列单片机 CAN

状态字发送给 B 开发板,可以在串口调试助手软件中看到该状态字。

ⓒ 可以实现由 A 板的按键控制 B 板上 LED 灯状态的功能。A 板上按键状态字通过 CAN 总线发送到 B 板,B 板接收到状态字后根据状态字控制其 LED 灯的亮灭状态。

2.5   51 系列单片机 CAN 总线学习板硬件电路设计

2.5.1   电路原理图

51 系列单片机 CAN 总线学习板的电路原理如图 2 - 19 所示,其采用 STC89C52RC 作为节点的微处理器。在 CAN 总线通信接口中采用 NXP 公司的"独立 CAN 总线通信控制器 SJA1000"和"高性能 CAN 总线收发器 TJA1040"芯片。从图中可以看出,电路主要由 7 部分构成:微控制器 STC89C52RC、独立 CAN 通信控制器 SJA1000、CAN 总线收发器 TJA1040、DC/DC 电源隔离模块、高速光电耦合器 6N137、串口芯片 MAX232 电路、按键及 LED 灯显示电路。

STC89C52RC 初始化 SJA1000 后,通过控制 SJA1000 实现数据的接收和发送等通信任务。SJA1000 的 AD0~AD7 连接到 STC89C52RC 的 P0 口,其 CS 引脚连接到 STC89C52RC 的 P2.7,P2.7 为低电平"0"时,单片机可选中 SJA1000,单片机通过地址可控制 SJA1000 执行相应的读/写操作。SJA1000 的 RD、WR、ALE 分别与 STC89C52RC 的对应引脚相连。SJA1000 的 INT 引脚接 STC89C52RC 的 INT0,STC89C52RC 可通过中断方式访问 SJA1000。

为了增强 CAN 总线的抗干扰能力,SJA1000 的 TX0 和 RX0 引脚通过高速光耦 6N137 与 TJA1040 的引脚 TXD 和 RXD 相连,这样能够实现总线上各 CAN 节点间的电气隔离。需要特别注意一点:光耦部分电路所采用的两个电源 V_{CC} 和 CAN_V 必须完全隔离,否则采用光耦也就失去了意义。电源的完全隔离可采用小功率电源隔离模块,51 系列单片机 CAN 总线学习板选用 B0505D - 1W 电源隔离模块。这些电路虽然增加了 CAN 节点的复杂程度,但是提高了 CAN 节点的稳定性和安全性。

TJA1040 与 CAN 总线的接口部分采用了一定的安全和抗干扰措施:TJA1040 的 CANH 和 CANL 引脚各自通过一个 5 Ω 的电阻与 CAN 总线相连,电阻可起到一定的限流作用,保护 TJA1040 免受过流的冲击。CANH、CANL 与地之间分别并联了一个 30 pF 的电容,可以起到滤除总线上高频干扰的作用,也具有一定的防电磁辐射的能力。另外,在两根 CAN 总线接入端与地之间分别反接了一个保护二极管 IN4148,当 CAN 总线有较高的负电压时,通过二极管的短路可起到一定的过压保护作用。

串口芯片 MAX232 电路用于 51 系列单片机 CAN 总线学习板下载程序,也可以实现 CAN 总线转 RS－232 串口数据转换功能。

按键及 LED 灯显示电路用于向 CAN 总线上发送不同的数据,以及显示接收到的数据状态。

2.5.2　SJA1000 晶振的电路设计

SJA1000 能用片内振荡器或片外时钟源工作。另外,可以使能 SJA1000 的 CLKOUT 引脚,向微控制器(例如 STC89C52 单片机)输出时钟频。在 CAN 总线节点设计中,有关 SJA1000 晶振的电路有 4 种设计方法,微控制器以 STC89C52 单片机为例,如图 2－20 所示。如果不需要 CLKOUT 信号,则可以通过置位时钟分频寄存器 Clock Off＝1 将其关断,这将改善 CAN 节点的 EME 性能。

CLKOUT 信号的频率可以通过时钟分频寄存器改变,公式如下:

$$f_{CLKOUT} = f_{XTAL} / \text{时钟分频因子}(1\ 2\ 4\ 6\ 8\ 10\ 12\ 14)$$

上电或硬件复位后,时钟分频因子的默认值由所选的接口模式(引脚 11)决定。如果使用 16 MHz 的晶振,Intel 模式下 CLKOUT 的频率是 8 MHz。Freescale 模式中,复位后的时钟分频因子是 12,这种情况 CLKOUT 会产生 1.33 MHz 的频率。

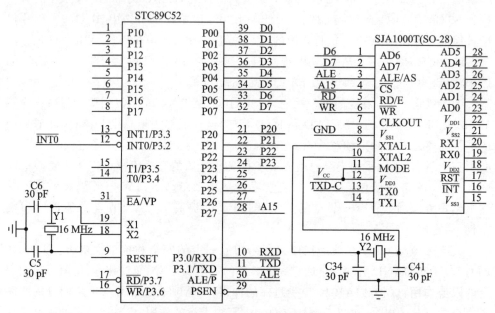

(a) 微控制器和SJA1000(Clock Off=1)采用独立的晶振

图 2－20　SJA1000 振荡器时钟设计

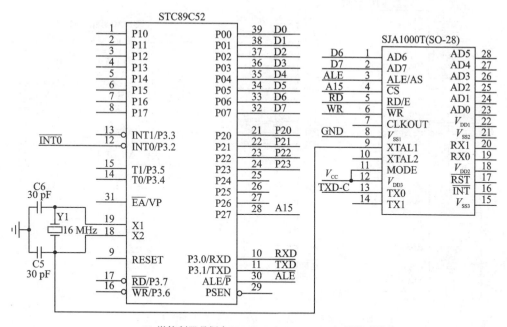

(b) 微控制器晶振向SJA1000（Clock Off=1）提供时钟

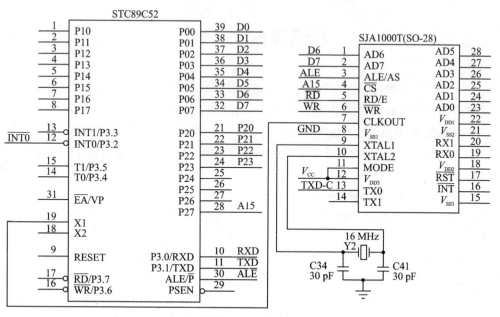

(c) SJA1000（Clock Off=0）通过CLKOUT向微控制器晶振提供时钟

图 2-20　SJA1000 振荡器时钟设计 (续)

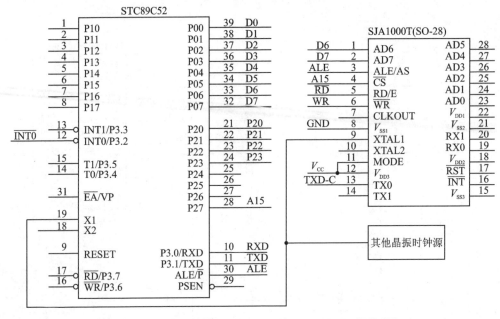

(d) 其他晶振时钟源同时向微型控制器和SJA1000(Clock Off=1)提供时钟

图 2 - 20 SJA1000 振荡器时钟设计(续)

2.6 双节点CAN总线通信

采用两块 CAN 总线学习板可以实现双节点 CAN 总线通信。A 节点 CAN 总线学习板负责产生发送数据,利用其定时器,每隔 1.5 s 向 B 节点 CAN 总线学习板发送一帧数据;B 节点 CAN 总线学习板负责接收 CAN 总线数据,并实现 CAN 转 232 串口功能,把接收到的数据通过计算机的串口上传到计算机,在计算机上面的串口调试助手可以看到具体的 CAN 总线数据。

用串口线将 CAN 转 232 学习板的串口和计算机串口连接,两块学习板之间的 CAN 总线要连接正确:两块学习板的 CAN_H 和 CAN_H、CAN_L 和 CAN_L 对应连接好。给两块学习板用 DC +5 V 同时供电,千万注意 V_{CC} 和 GND 不要接反了,否则将导致电路板烧毁! 正常上电后学习板左上方的 LED 指示灯点亮。

在启动串口调试助手软件之前,须关闭和计算机连接的其他串口应用程序,以防止其和串口调试助手软件发生冲突。打开串口调试助手软件,按照图 2 - 21 左侧所示设置好串口调试助手软件。注意,要选择"十六进制显示"选项。如果没有看到图 2 - 21 所示的数据,须选择"串口"下拉列表框中的"COM1 或 COM2 或 COM3 或 COM4",根据计算机的串口设置,本选项有所不同。

图 2 - 21 中接收数据格式说明如下。CAN 总线接收的一个数据帧包括 8 字节:第

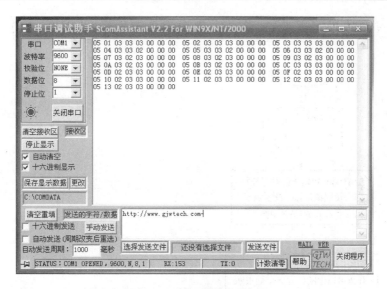

图 2-21　串口调试助手界面

一字节数据为 05H;第 2 字节数据由 01H 依次加 1;第 3、4、5 字节数据分别对应 A 节点 CAN 总线学习板的右侧 3 个按键状态,按键和 GND 短接为 02H,如果没有短接,则数据为 03H;第 6、7、8 字节数据为 00H;学习板下方的 3 个 LED 灯用于指示按键状态。

2.6.1　程序流程框图设计

1. CAN 总线学习板发送程序流程框图(图 2-22)

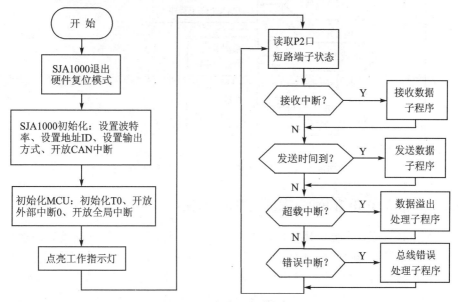

图 2-22　发送程序流程框图

2. CAN 总线学习板 CAN 转 232 串口程序流程框图(图 2 – 23)

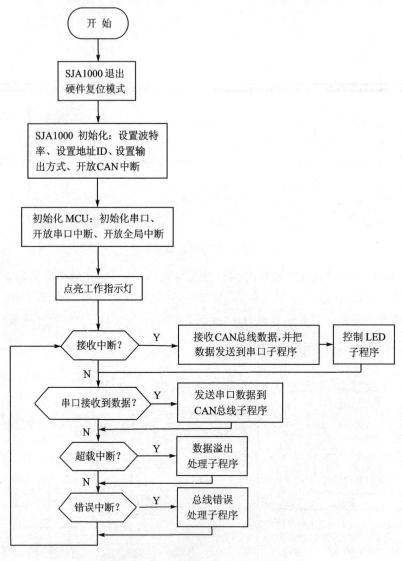

图 2 – 23　CAN 转 232 串口程序流程框图

2.6.2　SJA1000 的硬件接口地址定义

SJA1000 与微处理器的接口是以外部存储器的方式,基址是根据具体的硬件电路图来定义的,2.5 节的图 2 – 19 中将 SJA1000 的复位引脚 $\overline{\text{RST}}$ 加上拉电阻,使其退出复位状态,或者用单片机的 P2.0 通过三极管控制 SJA1000 的复位引脚 $\overline{\text{RST}}$,P2.7 接 SJA1000 的片选 CS。当控制 SJA1000 工作的时候,要保证 SJA1000 退出复位、片选有效。所以 P2.0＝0，经三极管 S8050 后，SJA1000 的复位引脚 $\overline{RST}$＝1，使 SJA1000 退出复位；P2.7＝0，SJA1000 的片选 $\overline{CS}$＝0，片选有效。因此，定义 SJA1000 的片选基址为 0x7e00。图 2-19 中，因为 SJA1000 的复位引脚 $\overline{RST}$ 加了上拉电阻，使其一直处于退出复位状态，因此，SJA1000 的地址为 0x7F00，用户应根据自己的实际电路来调整 SJA1000 的片选基址。

2.6.3 程序头文件定义说明

51 系列单片机 CAN 总线学习板配套的 CAN 总线程序有 BasicCAN 和 Peli-CAN 模式（CAN2.0A 和 CAN2.0B）的 C 语言和汇编语言程序。下面以 BasicCAN 模式的 C 语言为例进行详解。

头文件 SJA1000.h 中定义 SJA1000 相关的特殊功能寄存器，清单如下：

```
/*********************************************************
#define        SJA1000_BASE      0x7e00      //定义 SJA1000 的基址
说明:不带参数的宏定义也可以称为符号常量定义,一般格式为:
    #define   标识符   常量表达式
    其中,"标识符"是所定义的宏符号名,它的作用是在程序中使用所指定的标识符来代替
所指定的常量表达式。
*********************************************************/
/*********************************************************
    以下的定义为 SJA1000 的内部特殊功能寄存器的地址,各特殊功能寄存器的具体功能
请查阅 SJA1000 的数据手册
*********************************************************/
unsigned char xdata   CONTROL    _at_  SJA1000_BASE + 0x00;   //内部控制寄存器
unsigned char xdata   COMMAND    _at_  SJA1000_BASE + 0x01;   //命令寄存器
unsigned char xdata   STATUS     _at_  SJA1000_BASE + 0x02;   //状态寄存器
unsigned char xdata   INTERRUPT  _at_  SJA1000_BASE + 0x03;   //中断寄存器
unsigned char xdata   ACR        _at_  SJA1000_BASE + 0x04;   //验收代码寄存器
unsigned char xdata   AMR        _at_  SJA1000_BASE + 0x05;   //验收屏蔽寄存器
unsigned char xdata   BTR0       _at_  SJA1000_BASE + 0x06;   //总线定时寄存器 0
unsigned char xdata   BTR1       _at_  SJA1000_BASE + 0x07;   //总线定时寄存器 1
unsigned char xdata   OCR        _at_  SJA1000_BASE + 0x08;   //输出控制寄存器
unsigned char xdata   TEST       _at_  SJA1000_BASE + 0x09;   //测试寄存器
/*********************************************************
    以下为发送缓冲区寄存器定义
*********************************************************/
unsigned char xdata   TxBuffer1  _at_  SJA1000_BASE + 0x0A;   //发送缓冲区 1
unsigned char xdata   TxBuffer2  _at_  SJA1000_BASE + 0x0B;   //发送缓冲区 2
unsigned char xdata   TxBuffer3  _at_  SJA1000_BASE + 0x0C;   //发送缓冲区 3
unsigned char xdata   TxBuffer4  _at_  SJA1000_BASE + 0x0D;   //发送缓冲区 4
unsigned char xdata   TxBuffer5  _at_  SJA1000_BASE + 0x0E;   //发送缓冲区 5
```

```
unsigned char xdata   TxBuffer6  _at_   SJA1000_BASE + 0x0F;      //发送缓冲区 6
unsigned char xdata   TxBuffer7  _at_   SJA1000_BASE + 0x10;      //发送缓冲区 7
unsigned char xdata   TxBuffer8  _at_   SJA1000_BASE + 0x11;      //发送缓冲区 8
unsigned char xdata   TxBuffer9  _at_   SJA1000_BASE + 0x12;      //发送缓冲区 9
unsigned char xdata   TxBuffer10 _at_   SJA1000_BASE + 0x13;      //发送缓冲区 10
/ * * * * * * * * * * * * * * * * * * * * * * * * * * * * * * * * * * * * * *
以下为接收缓冲区寄存器定义:
* * * * * * * * * * * * * * * * * * * * * * * * * * * * * * * * * * * * * */
unsigned char xdata   RxBuffer1  _at_   SJA1000_BASE + 0x14;      //接收缓冲区 1
unsigned char xdata   RxBuffer2  _at_   SJA1000_BASE + 0x15;      //接收缓冲区 2
unsigned char xdata   RxBuffer3  _at_   SJA1000_BASE + 0x16;      //接收缓冲区 3
unsigned char xdata   RxBuffer4  _at_   SJA1000_BASE + 0x17;      //接收缓冲区 4
unsigned char xdata   RxBuffer5  _at_   SJA1000_BASE + 0x18;      //接收缓冲区 5
unsigned char xdata   RxBuffer6  _at_   SJA1000_BASE + 0x19;      //接收缓冲区 6
unsigned char xdata   RxBuffer7  _at_   SJA1000_BASE + 0x1A;      //接收缓冲区 7
unsigned char xdata   RxBuffer8  _at_   SJA1000_BASE + 0x1B;      //接收缓冲区 8
unsigned char xdata   RxBuffer9  _at_   SJA1000_BASE + 0x1C;      //接收缓冲区 9
unsigned char xdata   RxBuffer10 _at_   SJA1000_BASE + 0x1D;      //接收缓冲区 10
unsigned char xdata   CDR        _at_   SJA1000_BASE + 0x1F;      //时钟分频寄存器
/ * * * * * * * * * * * * * * * * * * * * * * * * * * * * * * * * * * * * * *
```

说明:单片机对 SJA1000 的操作就像其对外部存储器操作的方式一样。采用扩展关键字"_at_"来指定变量的存储器绝对地址,其一般的格式为:

数据类型　存储器类型　标识符　_at_　地址常数

其中,数据类型除了可以用 int、long、unsigned char、float 等基本类型外,还可以采用数组、结构等复杂的数据类型;存储器类型为 idata、data、xdata 等 Cx51 编译器能够识别的所有类型;标识符为定义的变量名;地址常数规定了变量的绝对地址,它必须位于有效的存储器空间之内。

利用扩展关键字"_at_"定义的变量称为绝对变量,对该变量的操作就是对指定存储器空间绝对地址的直接操作

```
* * * * * * * * * * * * * * * * * * * * * * * * * * * * * * * * * * * * * */
/ * * * * * * * * * * * * * * * * * * * * * * * * * * * * * * * * * * * * * *
                            定义 CAN 地址指针
* * * * * * * * * * * * * * * * * * * * * * * * * * * * * * * * * * * * * */
 unsigned         char      xdata     * SJA1000_Address;
/ * * * * * * * * * * * * * * * * * * * * * * * * * * * * * * * * * * * * * *
                         定义 SJA1000 操作的命令字
* * * * * * * * * * * * * * * * * * * * * * * * * * * * * * * * * * * * * */
# define          TR_order            0x01          //发送请求命令
# define          AT_order            0x02          //中止发送命令
# define          RRB_order           0x04          //释放接收缓冲区
# define          CDO_order           0x08          //清除数据溢出
# define          GTS_order           0x10          //进入睡眠状态命令
```

```
/*********************************************************
                   以下为 CAN 通信基本函数
 *********************************************************/
bit   enter_RST  (void);                      //进入复位工作模式函数
bit   quit_RST   (void);                      //退出复位工作模式函数
bit   set_rate   (unsigned char CAN_rate_num);  //设置 CAN 的通信波特率函数
bit   set_ACR_AMR(unsigned char ACR_DATA,unsigned char  AMR_DATA);
                                  //设置验收代码寄存器和接收屏蔽寄存器
bit   set_CLK    (unsigned char SJA_OUT_MODE, unsigned char  SJA_Clock_Out);
                                  //设置输出控制器和时钟分频寄存器
bit   SJA_send_data(unsigned char * senddatabuf);  //CAN 总线发送数据函数
bit   SJA_rcv_data (unsigned char * rcvdatabuf);   //CAN 总线接收数据函数
bit   SJA_command_control(unsigned char order);    //SJA1000 控制命令函数
```

想一想：

在定义 SJA1000 内部寄存器的时候是否也可以用"♯define　标识符　常量表达式"来实现？

答案是肯定的！

下面是采用"♯define　标识符　常量表达式"定义 SJA1000 内部寄存器的头文件清单：

```
/*********************************************************/
♯define        SJA1000_BASE        0x7e00      //定义 SJA1000 的片选基址
/*********************************************************
```

以下的定义为 SJA1000 的内部特殊功能寄存器的地址,各特殊功能寄存器的具体功能请查阅 SJA1000 的数据手册

```
*********************************************************/
♯define        CONTROL      SJA1000_BASE + 0x00          //内部控制寄存器
♯define        COMMAND      SJA1000_BASE + 0x01          //命令寄存器
♯define        STATUS       SJA1000_BASE + 0x02          //状态寄存器
♯define        INTERRUPT    SJA1000_BASE + 0x03          //中断寄存器
♯define        ACR          SJA1000_BASE + 0x04          //验收代码寄存器
♯define        AMR          SJA1000_BASE + 0x05          //验收屏蔽寄存器
♯define        BTR0         SJA1000_BASE + 0x06          //总线定时寄存器 0
♯define        BTR1         SJA1000_BASE + 0x07          //总线定时寄存器 1
♯define        OCR          SJA1000_BASE + 0x08          //输出控制寄存器
♯define        TEST         SJA1000_BASE + 0x09          //测试寄存器

/*********************************************************
以下为发送缓冲区寄存器定义
 *********************************************************/
♯define        TxBuffer1    SJA1000_BASE + 0x0A          //发送缓冲区 1
♯define        TxBuffer2    SJA1000_BASE + 0x0B          //发送缓冲区 2
♯define        TxBuffer3    SJA1000_BASE + 0x0C          //发送缓冲区 3
♯define        TxBuffer4    SJA1000_BASE + 0x0D          //发送缓冲区 4
```

```
#define        TxBuffer5       SJA1000_BASE + 0x0E        //发送缓冲区 5
#define        TxBuffer6       SJA1000_BASE + 0x0F        //发送缓冲区 6
#define        TxBuffer7       SJA1000_BASE + 0x10        //发送缓冲区 7
#define        TxBuffer8       SJA1000_BASE + 0x11        //发送缓冲区 8
#define        TxBuffer9       SJA1000_BASE + 0x12        //发送缓冲区 9
#define        TxBuffer10      SJA1000_BASE + 0x13        //发送缓冲区 10
/*******************************************************************
以下为接收缓冲区寄存器定义
*******************************************************************/
#define        RxBuffer1       SJA1000_BASE + 0x14        //接收缓冲区 1
#define        RxBuffer2       SJA1000_BASE + 0x15        //接收缓冲区 2
#define        RxBuffer3       SJA1000_BASE + 0x16        //接收缓冲区 3
#define        RxBuffer4       SJA1000_BASE + 0x17        //接收缓冲区 4
#define        RxBuffer5       SJA1000_BASE + 0x18        //接收缓冲区 5
#define        RxBuffer6       SJA1000_BASE + 0x19        //接收缓冲区 6
#define        RxBuffer7       SJA1000_BASE + 0x1A        //接收缓冲区 7
#define        RxBuffer8       SJA1000_BASE + 0x1B        //接收缓冲区 8
#define        RxBuffer9       SJA1000_BASE + 0x1C        //接收缓冲区 9
#define        RxBuffer10      SJA1000_BASE + 0x1D        //接收缓冲区 10
#define        CDR             SJA1000_BASE + 0x1F        //时钟分频寄存器
/*******************************************************************
                      定义 CAN 地址指针
*******************************************************************/
unsigned       char       xdata    * SJA1000_Address;
/*******************************************************************
                   定义 SJA1000 操作的命令字
*******************************************************************/
#define        TR_order        0x01        //发送请求命令
#define        AT_order        0x02        //中止发送命令
#define        RRB_order       0x04        //释放接收缓冲区
#define        CDO_order       0x08        //清除数据溢出
#define        GTS_order       0x10        //进入睡眠状态命令
/*******************************************************************
                  以下为 CAN 通信基本函数
*******************************************************************/
bit    enter_RST   (void);                      //进入复位工作模式函数
bit    quit_RST    (void);                      //退出复位工作模式函数
bit    set_rate    (unsigned char CAN_rate_num);    //设置 CAN 的通信波特率函数
bit    set_ACR_AMR(unsigned char  ACR_DATA,unsigned char  AMR_DATA);
                               //设置验收代码寄存器和接收屏蔽寄存器
bit    set_CLK     (unsigned char SJA_OUT_MODE, unsigned char  SJA_Clock_Out);
                               //设置输出控制器和时钟分频寄存器
```

```
bit    SJA_send_data(unsigned char * senddatabuf);      //CAN 总线发送数据函数
bit    SJA_rcv_data (unsigned char * rcvdatabuf);        //CAN 总线接收数据函数
bit    SJA_command_control(unsigned char order);         //SJA1000 控制命令函数
```

2.6.4 子函数详解

```
/**************************************************
函数原型：bit   create_communication(void)
函数功能：该函数用于 SJA1000 在复位模式下,检测 CAN 控制器 SJA1000 的通信是否正常,
         只用于产品的测试,如果在正常的操作模式下使用这个寄存器进行测试,将导
         致设备不可预测的结果。
返回值说明：
         0：表示 SJA1000 建立通信正常
         1：表示 SJA1000 与处理器通信异常
**************************************************/
bit    create_communication(void)
{
SJA1000_Address = TEST;          //访问 SJA1000 的测试寄存器
   * SJA1000_Address = 0xaa;     //写入测试值 0xaa
   if( * SJA1000_Address == 0xaa)
     {return    0;}              //读测试寄存器,如果和写入数值相同返回 0,否则返回 1
   else
     {return    1;}
}
/**************************************************
函数原型：bit   enter_RST(void)
函数功能：该函数用于 SJA1000 进入复位模式
返回值说明：
         0：表示 SJA1000 成功进入复位工作模式
         1：表示 SJA1000 进入复位工作模式失败
**************************************************/
bit    enter_RST(void)
{  unsigned char MID_DATA;//定义一个字节变量,用于存储从 SJA1000 控制寄存器读出的数据
   SJA1000_Address = CONTROL;          //访问地址指向 SJA1000 的控制寄存器
   MID_DATA = * SJA1000_Address;       //保存原始值
   * SJA1000_Address = (MID_DATA|0x01); //置位复位请求
   if(( * SJA1000_Address&0x01) == 1)   //读取 SJA1000 的控制寄存器数值
                                       //判断复位请求是否有效
     {return    0;}
   else
     {return    1;}
}
```

```
/ * * * * * * * * * * * * * * * * * * * * * * * * * * * * * * * * * * * * * * * *
好习惯:
    * SJA1000_Address = (MID_DATA|0x01);                //置位复位请求
    此条语句也可以替换为:
    * SJA1000_Address = 0x01;
```

但是,替换后的语句在实现"置位复位请求"的同时,也会把控制寄存器中的其他功能位"清零",影响了 SJA1000 制功能寄存器的其他功能,所以用"或"语句;置位复位请求,其他位保持原来状态。

```
* * * * * * * * * * * * * * * * * * * * * * * * * * * * * * * * * * * * * * * * *
```

想一想:

还有什么方法可以实现置位复位请求,而不影响 SJA1000 控制寄存器的其他位状态?

可以把字节变量 MID_DATA 定义为可以"位寻址"的字节变量,然后再定义 SJA1000 复位的位变量,就可以实现只对某一"位变量"进行操作,不影响其他位变量的状态。即

```
unsigned char bdata  RST_DATA ;    //定义一个字节变量,用于存储从 SJA100 控
                                   //制寄存器读出的数据

    sbit  RST_flag = RST_DATA^0;    //定义第 0 位为 SJA1000 的复位控制位
bit    enter_RST(void)
{
    SJA1000_Address = CONTROL;          //访问地址指向 SJA1000 的控制寄存器
    RST_DATA = * SJA1000_Address;       //保存原始值
    RST_flag = 1;                       //置位复位请求
    * SJA1000_Address = RST_DATA;       //向 SJA1000 的控制寄存器写入改变后的数据
    if(( * SJA1000_Address&0x01) == 1)
                            //读取 SJA1000 的控制寄存器数值,判断复位请求是否有效
    {return    0;}
    else
    {return    1;}
}
```

```
* * * * * * * * * * * * * * * * * * * * * * * * * * * * * * * * * * * * * * * * *
```

进阶(表 2 - 13):

表 2 - 13   Keil Cx51 编译器能识别的存储器字节变量类型

存储器类型	使用说明
Data	直接寻址的片内数据存储器,CPU 访问速度快
Bdata	可以位寻址的片内数据存储器,允许字节和位混合访问
Idata	间接寻址的片内数据存储器,允许访问全部的片内地址
Pdata	分页寻址的片外数据存储器
Xdata	片外数据存储器
Code	程序存储器

```
/*****************************************************
函数原型：bit    quit_RST(void)
函数功能：该函数用于 SJA1000 退出复位模式
返回值说明：
                0：表示 SJA1000 成功退出复位工作模式
                1：表示 SJA1000 退出复位工作模式失败
*****************************************************/
bit    quit_RST(void)
 {
    unsigned char MID_DATA;  //定义一个字节变量,用于存储从 SJA1000 控制寄存器读出的数据
    SJA1000_Address = CONTROL;                    //访问地址指向 SJA1000 的控制寄存器
    MID_DATA = * SJA1000_Address;                 //保存原始值
    * SJA1000_Address = (MID_DATA&0xfe);          //清除复位请求
    if(( * SJA1000_Address&0x01) == 0)            //读取 SJA1000 的控制寄存器数值
                                                  //判断清除复位请求是否有效

      {return    0;}
    else
      {return    1;}
 }
/*****************************************************
```

数组原型：unsigned char   code   rate_tab[]

数组功能：用于存储预设的 CAN 通信波特率设置寄存器 BTR0 和 BTR1 的数值。下面列表中
　　　　　的数值是按照 SJA1000 的晶振为 16 MHz 的前提下计算而来,其他晶体下的 CAN 通
　　　　　信波特率的数值,需根据 SJA1000 数据手册中的计算公式计算。

参数说明：

序列号	波特率(kbit/s)	BTR0	BTR1
0	20	53H,	02FH
1	40	87H,	0FFH
2	50	47H,	02FH
3	80	83H,	0FFH
4	100	43H,	02fH
5	125	03H,	01cH
6	200	81H,	0faH
7	250	01H,	01cH
8	400	80H,	0faH
9	500	00H,	01cH
10	666	80H,	0b6H
11	800	00H,	016H
12	1000	00H,	014H

```
*****************************************************/
unsigned  char    code    rate_tab[ ] = {
    0x53,0x2F,                          //20 kbit/s 的预设值
```

```
        0x87,0xFF,                      //40 kbit/s 的预设值
        0x47,0x2F,                      //50 kbit/s 的预设值
        0x83,0xFF,                      //80 kbit/s 的预设值
        0x43,0x2f,                      //100 kbit/s 的预设值
        0x03,0x1c,                      //125 kbit/s 的预设值
        0x81,0xfa,                      //200 kbit/s 的预设值
        0x01,0x1c,                      //250 kbit/s 的预设值
        0x80,0xfa,                      //400 kbit/s 的预设值
        0x00,0x1c,                      //500 kbit/s 的预设值
        0x80,0xb6,                      //666 kbit/s 的预设值
        0x00,0x16,                      //800 kbit/s 的预设值
        0x00,0x14,                      //1000 kbit/s 的预设值
    };
/ * * * * * * * * * * * * * * * * * * * * * * * * * * * * * * * * * * * * * * * *
函数原型：bit    set_rate(unsigned char CAN_rate_num)
函数功能：该函数用于设置 CAN 总线的通信波特率,只能在 SJA1000 进入复位模式后有效。
参数说明：参数 CAN_rate_num 用于存放 CAN 通信波特率的数组列表中的序列号,范围为 0~12。
返回值说明：
        0：波特率设置成功
        1：波特率设置失败
 * * * * * * * * * * * * * * * * * * * * * * * * * * * * * * * * * * * * * * * */
bit    set_rate(unsigned char CAN_rate_num)
{
    bit wrong_flag = 1;                 //定义错误标志
    unsigned char BTR0_data,BTR1_data;  //这两个字节的变量用于存储从波特率数组中读
                                        //出的数值
    unsigned char wrong_count = 32;     //32 次报错次数
        if(CAN_rate_num>12)             //设置 CAN 通信波特率的数组列表中的序列号范围在 0~12
    {wrong_flag = 1;}                   //如果超出范围,则报错,波特率设置失败
        else{
            while( -- wrong_count)//最多 32 次设置 SJA1000 内部寄存器 BTR0 和 BTR1 的数值
                {
                    BTR0_data = rate_tab[CAN_rate_num * 2];
                    BTR1_data = rate_tab[CAN_rate_num * 2 + 1];        //将波特率的预设值
                                                                      //从数组中读出
                        SJA1000_Address = BTR0;     //访问地址指向 CAN 总线定时寄存器 0
                    * SJA1000_Address = BTR0_data;                    //写入参数
                    if( * SJA1000_Address ! = BTR0_data)continue;     //校验写入值

                    SJA1000_Address = BTR1;         //访问地址指向总线定时寄存器 0
                    * SJA1000_Address = BTR1_data;                    //写入参数
```

```
            if( * SJA1000_Address ! = BTR1_data)continue;     //校验写入值
                wrong_flag = 0;
            break;
            }                                                 //while 结束
        }
    return    wrong_flag;
}
```

/ ***

想一想：

本函数中为何应用 continue 语句？

continue 语句通常和条件语句一起用在由 while、do_while、for 语句构成的循环结构的程序中，它的功能是结束本次循环，跳过循环体中下面还没有执行的语句，把程序流程转移到当前循环语句的下一个循环周期，并根据循环控制条件决定是否重复执行循环体。

本函数中共有 32 次机会，依次设置 SJA1000 内部寄存器 BTR0 和 BTR1 的数值，中间如果任意一个寄存器数值设置失败，则结束本次循环，不再执行下面还没有执行的语句，程序跳转到 while 循环语句中。在设置多个函数变量的数值的时候，经常用到 continue 语句，直至设置成功。

/ ***/
/ ***

函数原型：bit　set_ACR_AMR(unsigned char　ACR_DATA,unsigned char　AMR_DATA)

函数功能：该函数用于设置验收代码寄存器(ACR)的参数值、屏蔽寄存器(AMR)的参数值,只
　　　　　在 SJA1000 进入复位模式后设置有效。

参数说明：

　　ACR_DATA：用于存放验收代码寄存器(ACR)的参数值

　　AMR_DATA：用于存放接收屏蔽寄存器(AMR)的参数值

返回值说明：

　　　　0：通信对象设置成功

　　　　1：通信对象设置失败

*** */

```
bit set_ACR_AMR(unsigned char ACR_DATA,unsigned char AMR_DATA)
  {
  SJA1000_Address = ACR;                    //访问地址指向 SJA1000 验收代码寄存器
  * SJA1000_Address = ACR_DATA;             //写入设置的 ACR 参数值
  if( * SJA1000_Address ! = ACR_DATA)       //校验写入值
    {return   1;}
  SJA1000_Address = AMR;                    //访问地址指向 SJA1000 验收屏蔽寄存器
  * SJA1000_Address = AMR_DATA;             //写入设置的 AMR 参数值
  if( * SJA1000_Address ! = AMR_DATA)       //校验写入值
    {return   1;}
  return    0;
}
```

```
/*************************************************************
函数原型：bit   set_CLK (unsigned char SJA_OUT_MODE, unsigned char   SJA_Clock_Out)
函数功能：该函数用于设置输出控制寄存器（OC）的参数、时钟分频寄存器（CDR）的参数，只
         在 SJA1000 进入复位模式后设置有效。
参数说明：
     SJA_OUT_MODE：存放 SJA1000 输出控制寄存器（OC)的参数设置
     SJA_Clock_Out：存放 SJA1000 时钟分频寄存器（CDR)的参数设置
返回值说明：
         0：设置(OC)和(CDR)寄存器成功
         1：设置(OC)和(CDR)寄存器失败
*************************************************************/
bit   set_CLK (unsigned char SJA_OUT_MODE, unsigned char SJA_Clock_Out)
{
  SJA1000_Address = OCR ;                //访问地址指向 SJA1000 输出控制寄存器
  * SJA1000_Address = SJA_OUT_MODE;      //写入设置的输出控制寄存器（OC）的参数
  if( * SJA1000_Address != SJA_OUT_MODE) //校验写入值
  {return   1;}
  SJA1000_Address = CDR;                 //访问地址指向 SJA1000 输出控制寄存器
  * SJA1000_Address = SJA_Clock_Out;     //写入设置的时钟分频寄存器(CDR)的参数
  return    0;
}

/*************************************************************
函数原型：bit   SJA_send_data(unsigned char * senddatabuf)
函数功能：该函数用于发送 CAN 总线一帧数据（数据帧或者远程帧）到 SJA1000 的发送缓冲
         区，数据帧的长度不大于 8 字节。
参数说明：senddatabuf 为指向的用于存放发送数据的数组的首址。
返回值说明：
         0：表示将发送数组的数据成功的送至 SJA1000 的发送缓冲区
         1：表示 SJA1000 正在接收信息，或者 SJA1000 的发送缓冲区被锁定，或者上一
         次发送的一帧数据还没有完成发送。
*************************************************************/
bit   SJA_send_data(unsigned char * senddatabuf)
{
  unsigned char send_num,STATUS_data;
  SJA1000_Address = STATUS;              //访问地址指向 SJA1000 的状态寄存器
  STATUS_data = * SJA1000_Address;       //读取 SJA1000 状态寄存器数值到 STATUS_data
  if(STATUS_data & 0x10)
  {return 1;}                            //STATUS_data^4 = 1,表示 SJA1000 在接收信息
  if((STATUS_data&0x04) == 0)            //判断 SJA1000 发送缓冲区是否为锁定状态
  {return 1;}
  if((STATUS_data&0x08) == 0)            //判断上次发送是否完成
  { return     1;}
```

```
SJA1000_Address = TxBuffer1;            //访问地址指向 SJA1000 的发送缓冲区 1
  if((senddatabuf[1]&0x10) == 0)        //判断 RTR 位,是数据帧还是远程帧判定
    {
      send_num = (senddatabuf[1]&0x0f) + 2;    //是数据帧,则取一帧 CAN 数据的第 2 字
                                          //节的低 4 位,计算得出发送数据的长度
    }                                     //最后加 2 表示数据帧的 2 字节的描述符
  else
    {
      send_num = 2;                       //是远程帧,则发送数据长度为 2
    }
  memcpy(SJA1000_Address,senddatabuf,send_num);   //从 senddatabuf 中复制 send_num
                                          //个字节数据到 SJA1000_Address 所指的数组
  return 0;
}
```

/***

进阶:
　　语句 memcpy(SJA1000_Address,senddatabuf,send_num);
　　功能相当于:
　　TxBuffer0 = senddatabuf[0];
　　TxBuffer1 = senddatabuf[1];
　　TxBuffer2 = senddatabuf[2];
　　TxBuffer3 = senddatabuf[3];
　　TxBuffer4 = senddatabuf[4];
　　TxBuffer5 = senddatabuf[5];
　　TxBuffer6 = senddatabuf[6];
　　TxBuffer7 = senddatabuf[7];
　　TxBuffer8 = senddatabuf[8];
　　TxBuffer9 = senddatabuf[9];

　　Cx51 编译器的运行库中包含有丰富的库函数,使用库函数可以大大简化用户的程序设计工作,提高编译效率,如果需要使用某个库函数,需要在源程序的开始处,采用预处理命令 #include 将有关的头文件包含进来。如果省略了头文件,将不能保证函数的正确运行。

　　void * memcpy(void * dest,void * src,int len) 的函数原型存在于字符串函数库 STRING.H 中,函数功能是从 src 所指的内存中复制 len 个字符到 dest 中,返回指向 dest 中最后一个字符的指针。因此在调用此函数之前,先采用预处理命令 #include<string.h>,将字符串函数库包含到程序中。

　　***/
/***

函数原型: bit   SJA_rcv_data(unsigned char * rcvdatabuf)
函数功能:该函数用于 SJA1000 接收 CAN 的一帧数据。
参数说明:rcvdatabuf 用于存放微处理器接收到的 CAN 总线的一帧数据
返回值说明:
　　　　　 0:成功接收 CAN 总线的一帧数据

```
                    1:接收 CAN 总线的一帧数据失败
    ***********************************************************/
    bit    SJA_rcv_data(unsigned char * rcvdatabuf)
    {
      unsigned char rcv_num,STATUS_data;      //接收数据计数变量、读取状态寄存器变量
      SJA1000_Address = STATUS;               //访问地址指向 SJA1000 状态寄存器
      STATUS_data = * SJA1000_Address;        //读取 SJA1000 状态寄存器数值到 STATUS_data

      if((STATUS_data&0x01) == 0)             //判断接收缓冲器中是否有信息,为 0 表示无信息
      {return 1;}

      SJA1000_Address = RxBuffer2;            //访问地址指向 SJA1000 接收缓冲区 2
      if(( * SJA1000_Address&0x10) == 0)      //如果是数据帧,计算数据的长度
        {
        rcv_num = ( * SJA1000_Address&0x0f) + 2; //加 2 表示加两个 CAN 数据帧的描述符字节
        }
      else
        {rcv_num = 2;}
      SJA1000_Address = RxBuffer1;            //访问地址指向 SJA1000 接收缓冲区 1
      memcpy(rcvdatabuf,SJA1000_Address,rcv_num); //从 SJA1000_Address 所指数组中读取
                                              //rcv_num 个字节数据到 rcvdatabuf 所指的数组
      return   0;
    }
    /* ***********************************************************
    函数原型:bit   SJA_command_control(unsigned char order)
    函数功能:该函数用于设置命令寄存器(CMR)中的特定位,执行相应的命令。
    参数说明:order 是 SJA1000 命令寄存器(CMR)中的特定位,
            TR_order   (0x01):发送请求命令
            AT_order   (0x02):中止发送命令
            RRB_order (0x04):释放接收缓冲区
            CDO_order (0x08):清除数据溢出状态
            GTS_order (0x10):SJA1000 进入睡眠状态

    返回值说明:
            0 :表示执行命令成功
            1 :表示执行命令失败
    ***********************************************************/
    bit SJA_command_control(unsigned char order)
    {
      unsigned char STATUS_data;              //读取状态寄存器变量
      SJA1000_Address = COMMAND;              //访问地址指向 SJA1000 命令寄存器
      * SJA1000_Address = order;              //写入命令字到 SJA1000 命令寄存器
```

```
switch(order)
{
    case  TR_order:                           //发送请求命令
        return    0;
        break;
    case  AT_order:                           //中止发送命令
        SJA1000_Address = STATUS;             //访问地址指向 SJA1000 状态寄存器
        STATUS_data = * SJA1000_Address;      //读 SJA1000 的状态寄存器数值到 STATUS_data
        if((STATUS_data & 0x20) == 0)         //判断 SJA1000 是否正在发送信息
            {return   0;}
        else
            {return   1;}
        break;
    case  RRB_order:                          //释放接收缓冲区命令
        SJA1000_Address = STATUS;             //访问地址指向 SJA1000 状态寄存器
        STATUS_data = * SJA1000_Address;      //读 SJA1000 的状态寄存器数值到 STATUS_data
        if((STATUS_data & 0x01) == 1)         //判断 SJA1000 是否释放接收缓冲器
            {return   1;}
        else
            {return   0;}
        break;
    case  CDO_order:                          //清除数据溢出状态位
        SJA1000_Address = STATUS;             //访问地址指向 SJA1000 状态寄存器
        STATUS_data = * SJA1000_Address;      //读 SJA1000 的状态寄存器数值到 STATUS_data
        if((STATUS_data & 0x02) == 0)         //判断清除数据溢出状态位是否成功
            {return   0;}
        else
            {return   1;}
        break;

    case  GTS_order:                          //进入睡眠状态命令
        return    0;
        break;
    default:
        return   1;
        break;
}
}
```

2.6.5 完整的 CAN 总线学习板发送源程序

```
# include<REG52.H>
# include<intrins.h>              //包含 8051 内部函数
# include<SJA1000.h>              //包含 SJA1000 头文件
# include<SJA1000.c>              //包含 SJA1000 函数库
/******************函数声明*************************/
void    Init_T0(void);            //定时器 0 初始化
bit     Sja_1000_Init(void);      //SJA1000 初始化
void    Delay(unsigned int x);    //延时程序
void    read_p2(void);            //读取 P2 口短路端子状态
void    InitCPU(void);            //初始化 CPU
void    Can_DATA_Rcv(void);       //CAN 总线数据接收后处理
void    Can_DATA_Send(void);      //CAN 发送数据
void    Can_error(void);          //发现错误后处理
void    Can_DATA_OVER(void);      //数据溢出处理
//*************************************************
bit send_flag;                    //CAN 总线发送标志
unsigned char data   send_data[10],rcv_data[10];  //CAN 总线发送和接收数组
unsigned char        TIME_data;   //定时器时间长度控制变量
unsigned char        DATA_CHANGE; //每次定时时间到,CAN 的一帧数据中的第二个字节
                                  //数据变量
unsigned char bdata Can_INT_DATA; //本变量用于存储 SJA1000 的中断寄存器数据
//下面接收中断标志位、错误中断标志位、总线超载标志位的定义,依据读入的 SJA1000 中
//断寄存器的位顺序
sbit rcv_flag = Can_INT_DATA^0;   //接收中断标志
sbit err_flag = Can_INT_DATA^2;   //错误中断标志
sbit Over_Flag = Can_INT_DATA^3;  //CAN 总线超载标志

sbit CAN_RESET = P2^0;            //SJA1000 硬件复位控制位,如果用单片机的 P2.0 通过三极管
                                  //控制 SJA1000 的复位引脚 RST,则用该条语句定义;如果 RST 通
                                  //过上拉电阻上拉,则不用该条语句
sbit LED0 = P1^0;                 //定义 LED 控制引脚
sbit LED1 = P1^1;
sbit LED2 = P1^2;
sbit LED3 = P1^3;
sbit LED4 = P1^4;
sbit LED5 = P1^5;
sbit LED6 = P1^6;
sbit LED7 = P1^7;
sbit P2_0 = P2^0;                 //定义按键控制引脚
```

```
sbit P2_1 = P2^1;
sbit P2_2 = P2^2;
sbit P2_3 = P2^3;
```

/ *

函数原型：void Delay(unsigned int x)

函数功能：该函数用于程序中的延时。

参数说明：unsigned int x 是设置的延时时间变量，数值越大，延时越长

 */

```
void Delay(unsigned int x)
{
    unsigned int j;
    while(x -- )
      {
        for(j = 0;j<125;j ++ )
          {;}
      }
}
```

/ *

函数原型：void ex0_int(void) interrupt 0 using 1

函数功能：外部中断 0 用于响应 SJA1000 的中断。

　　说明：

　　　　① "using 1"表中断服务程使用一组寄存器，典型的 8051C 程序不需要选择或切换寄存器组，默认使用寄存器 0，寄存器组 1、2、3 用在中断服务程序中，以避免用堆栈保存和恢复寄存器。

　　　　② 8051 的 CPU 各中断源的中断服务程序入口地址如表 2 - 14 所列。

表 2 - 14　8051 单片机中断服务程序入口地址

编　号	中断源	中断入口地址
0	外部中断 0	0003H
1	定时器/计数器 0	000BH
2	外部中断 1	0013H
3	定时器/计数器 1	001BH
4	串口中断	0023H

 */

// *

```
void ex0_int(void) interrupt 0 using 1
{
    SJA1000_Address = INTERRUPT;          //指向 SJA1000 的中断寄存器地址
    Can_INT_DATA = * SJA1000_Address;     //读入中断寄存器状态
}
```

```
/*******************************************************
函数原型：void T0_int(void) interrupt 1 using 2
函数功能：定时器 T0 中断，用于控制通过 CAN 总线发送数据的时间间隔。
    说明：定时器 T0 中断使用第二组寄存器
*******************************************************/
//*******************************************************
void T0_int(void) interrupt 1 using 2
{
    TR0 = 0;                        //定时器 0 停止
    TIME_data--;                    //时间长度变量减一
    if(TIME_data == 0)              //如果时间长度控制变量为零，则重新装入计数初值
    {
        TIME_data = 30;
        TH0 = 0x80;
        TL0 = 0x60;
        send_flag = 1;              //定时时间到，置位 CAN 总线发送标志
        DATA_CHANGE++;              //一帧 CAN 数据中的第二字节变量加一
    }
    TR0 = 1;                        //定时器 0 启动
}
/*******************************************************
```

函数原型：void Init_T0(void)

函数功能：定时器 T0 初始化，设置 CAN 总线发送数据的时间间隔。

定时器的时间长度计算：

十六进制 0X8060 换算为十进制数值为 32864，采用 11.0592 MHz 晶振，T0 工作在方式 1，故一次时钟中断的时间间隔是：

$$(65536 - 32864) \times 12/11.0592 = 35.451 \text{ ms}$$

再考虑到定时时间长度变量的数值 TIME_data = 30，则发送一帧 CAN 数据的时间间隔为 $35.451\text{ms} \times 30 = 1.064$ s

```
*******************************************************/
void Init_T0(void)
{
TMOD = 0x01;            //定时器 0 设置为工作方式 1:16 位定时器
TH0 = 0x80;
TL0 = 0x60;             //装入定时器 0 的定时初值
TR0 = 1;               //定时器 0 启动
TIME_data = 30;        //定时时间长度赋初值
DATA_CHANGE = 0x00;    //一帧 CAN 数据中的第 2 字节变量初值
ET0 = 1;               //中断 T0 开放
}
/*******************************************************
```

函数原型：void read_p2(void)

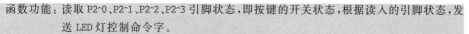

函数功能：读取 P2~0、P2~1、P2~2、P2~3 引脚状态，即按键的开关状态，根据读入的引脚状态，发送 LED 灯控制命令字。

说明：用 can 总线发送数组中的 send_data[4]、send_data[5]、send_data[6]
数据内容发送 LED 灯控制命令字，0x02 为亮灯控制命令字，0x03 为关灯控制命令字

```
********************************************************/
void read_p2(void)
{
    if(P2_0 == 0)                      //如果 P2~0 为低电平(对地短路)，则发送亮 LED 命令
      {send_data[4] = 0X02;}
    else{send_data[4] = 0X03;} //否则，如果 P2~0 为高电平(开路状态)，则发送关 LED 命令

    if(P2_1 == 0)
      {send_data[5] = 0X02;}
    else{send_data[5] = 0X03;}

    if(P2_2 == 0)
      {send_data[6] = 0X02;}
    else{send_data[6] = 0X03;}

    if(P2_3 == 0)
      {send_data[7] = 0X02;}
    else{send_data[7] = 0X03;}
}
/*******************************************************
```

函数原型：bit　Sja_1000_Init(void)

函数功能：SJA1000 初始化，用于建立通信、设置通信波特率、设置己方的 CAN 总线地址、设置时钟输出方式、设置 SJA1000 的中断控制。

返回值说明：

　　　　　0：表示 SJA1000 初始化成功

　　　　　1：表示 SJA1000 初始化失败

说明：

① 注意"建立通信、设置通信波特率、设置己方的 CAN 总线地址、设置时钟输出方式"之前，需要进入复位，设置完毕后，退出复位。

② CAN 节点之间实现正常通信，节点之间通信波特率需要设置一致，学习板的通信波特率设置为 200 kbit/s。

③ SJA1000 特殊功能寄存器 ACR、AMR 用于设置自己节点的 CAN 总线地址。就像您告诉朋友您自己的通信地址一样，用于朋友给您邮寄信件之用。如果其他的 CAN 节点发送信息帧给您，需要在描述符字节写明您所在节点详细的 CAN 总线地址

```
********************************************************/
bit   Sja_1000_Init(void)
```

```c
{
    if(enter_RST())                     //进入复位
      { return    1;}
    if(create_communication())          //检测 CAN 控制器的接口是否正常
      { return    1;}
    if(set_rate(0x06))                  //设置波特率 200 kbit/s
      { return    1;}
    if(set_ACR_AMR(0xac,0x00))          //设置地址 ID:560
      { return    1;}
    if(set_CLK(0xaa,0x48))              //设置输出方式,禁止 COLOCKOUT 输出
      { return    1;}
    if(quit_RST())                      //退出复位模式
      { return    1;}
    SJA1000_Address = CONTROL;          //地址指针指向控制寄存器
    * SJA1000_Address| = 0x1e;          //开放错误\接收\发送中断
    return      0;
}
/************************************************************
函数原型: void   InitCPU(void)
函数功能:该函数用于初始化 CPU
*************************************************************/
void   InitCPU(void)
{
 EA = 1;                                //开放全局中断
 IT0 = 1;                               //下降沿触发
 EX0 = 1;                               //外部中断 0 开放
 PX0 = 1;                               //外部中断 0 高优先级
 Init_T0();                             //初始化 T0
}
/************************************************************
函数原型:  void Can_error()
函数功能:该函数用于 CAN 总线错误中断处理。
*************************************************************/
void Can_error()
{ bit sja_status1;
do{
    Delay(6);                           //小延时
    sja_status1 = Sja_1000_Init();      //读取 SJA1000 初始化结果
  }while(sja_status1);                  //初始化 SJA1000,直到初始化成功
}
/************************************************************
函数原型: void   Can_DATA_OVER(void)
```

函数功能:该函数用于 CAN 总线溢出中断处理。溢出中断产生原因:CAN 总线传输数据时存在"竞争",标识符(ID)越低,优先级越高。低优先级的被仲裁掉,但错误计数器不会累加,会在总线空闲时重新发送。但当高优先级发送密度太大时,无法重发,产生溢出
**/

```
void    Can_DATA_OVER(void)
{
  SJA_command_control(CDO_order);       //清除数据溢出状态
  SJA_command_control(RRB_order);       //释放接收缓冲区
}
```
/***
函数原型:void   Can_DATA_Rcv(void)
函数功能:该函数用于接收 CAN 总线数据到 rcv_data 数组
**/

```
void Can_DATA_Rcv()
{
SJA_rcv_data(rcv_data);               //接收 CAN 总线数据到 rcv_data 数组
SJA_command_control(0x04);            //释放接收缓冲区
}
```
/***
函数原型:void   Can_DATA_Send(void)
函数功能:该函数用于通过 CAN 总线发送 send_data 数组中的数据
**/

```
void Can_DATA_Send()
{
send_data[0] = 0xAA;
send_data[1] = 0x08;                  //填写发送 CAN 数据帧的描述符
send_data[2] = 0x05;                  //CAN 数据帧的第一个字节数值固定为 0x05
send_data[3] = DATA_CHANGE;           //CAN 数据帧的第二个字节数值随 T0 中断而变化
SJA_send_data(send_data);             //把 send_data 数组中的数据写入到发送缓冲区
SJA_command_control(0x01);            //调用发送请求
}
```
/***

函数原型:void main(void)
函数功能:主函数
　　说明:
　　bit _testbit_(bit x)函数原型存在于内部函数库 INTRINS.H 中,_testbit_函数功能是产生一条 8051 单片机的 JBC 指令,该函数对字节中的一位进行测试,如果该位置位,则函数返回 1,同时将该位复位为 0,否则返回 0。_testbit_函数只能用于可直接寻址的位,不允许在表达式中使用。

　　在调用此函数之前,先采用预处理命令 #include <intrins.h>,将字符串函数库包含到程序中

```
    ***************************************************************/
void main(void)
{   bit sja_status;
    Delay(1);                              //小延时
    CAN_RESET = 0;        //SJA1000 退出硬件复位模式,如果单片机的 P2.0 通过三极管控制
    //SJA1000 的复位引脚RST,则用该条语句;如果RST 通过上拉电阻上拉,则不用该条语句
    do{
          Delay(6);
          sja_status = Sja_1000_Init();
      }while(sja_status);                  //初始化 SJA1000
    InitCPU();                             //初始化 CPU
    LED0 = 0;                              //点亮指示灯
    Can_INT_DATA = 0x00;                   //CAN 中断变量清零
    while(1)
    {
          read_p1();                       //读取短路端子状态
          if(_testbit_(rcv_flag))          //是接收中断标志,判断并清零标志位
            { Can_DATA_Rcv();}             //接收 CAN 总线数据
          if(_testbit_(send_flag))         //是发送中断标志,判断并清零标志位
            {
            Can_DATA_Send();               //发送 CAN 总线数据
            LED1 = ~LED1;                  //LED1 状态取反
            }
          if(_testbit_(Over_Flag))         //是超载中断标志,判断并清零标志位
            { Can_DATA_OVER();}            //数据溢出处理
          if(_testbit_(err_flag))          //是错误中断标志,判断并清零标志位
            {
                LED0 = 1;
            Can_error();                   //错误中断处理
            LED0 = 0;
            }
      }
}
```

2.6.6 完整的 CAN 总线学习板 CAN 转 RS-232 串口源程序

```
# include<REG52.H>
# include<intrins.h>              //包含 8051 内部函数
# include<SJA1000.h>              //包含 SJA1000 头文件
# include<SJA1000.c>              //包含 SJA1000 函数库
//***********************函数声明***************************//
void   Init_uart(void);          //初始化串口
```

```
void    Init_T0(void);                    //定时器 0 初始化
bit     Sja_1000_Init(void);              //SJA1000 初始化
void    Delay(unsigned int x);            //延时程序
void    read_p1(void);                    //读取 P1 口短路端子状态
void    InitCPU(void);                    //初始化 CPU
void    Can_DATA_Rcv(void);               //CAN 总线数据接收后处理
void    Can_DATA_Send(void);              //CAN 发送数据
void    Can_error(void);                  //发现错误后处理
void    Can_DATA_OVER(void);              //数据溢出处理
///////////////串口状态定义///////////////////////////////////
#define    CAN_1data        0      //CAN 描述符第 1 字节数据,即描述符的高 8 位
#define    CAN_2data        1      //CAN 描述符第 2 字节数据,即描述符的低 8 位
#define    CAN_else_DATA    2      //CAN 数据
//*******************变量定义*************************//
unsigned char data    send_data[10],rcv_data[10];       //发送和接收数组定义
unsigned char        uart_rcv_Status = 0;               //串口接收状态字节
unsigned char        uart_rcv_Point = 0;                //串口接收计数
unsigned char        uart_send_Point = 0;               //串口发送计数
//下面接收中断标志位、错误中断标志位、总线超载标志位的定义依据读入的 SJA1000 中断
//寄存器的位顺序
unsigned char bdata Can_INT_DATA;            //本变量用于存储 SJA1000 的中断寄存器数据
sbit rcv_flag = Can_INT_DATA^0;              //接收中断标志
sbit err_flag = Can_INT_DATA^2;              //错误中断标志
sbit Over_Flag = Can_INT_DATA^3;             //CAN 总线超载标志
bit  uart_rcv_flag;                          //串口接收数据标志位
sbit CAN_RESET = P2^0;                       //SJA1000 硬件复位控制位
sbit LED0 = P1^0;
sbit LED1 = P1^1;
sbit LED2 = P1^2;
sbit LED3 = P1^3;
/***************************************************************
函数原型: void Delay(unsigned int x)
函数功能:该函数用于程序中的延时。
参数说明:unsigned int x 是设置的延时时间变量,数值越大,延时越长
***************************************************************/
void Delay(unsigned int x)
{
    unsigned int j;
    while(x -- )
      {
        for(j = 0;j<125;j ++ )
          {;}
```

```
              }
          }
/* ************************************************************
函数原型: void open_close_led(void)
函数功能:该函数用于接收发送节点发送过来的 CAN 数据帧,根据数据帧的第 5 字节内容,
         控制 LED 灯的亮灭。
    说明:如果 rcv_data[5]为 0x02,则点亮 LED,如果为 0x03,则关闭 LED
 ************************************************************/
void open_close_led(void)
{
    if(rcv_data[4] == 0X02)
            {LED0 = 0;}                //点亮 LED0 灯
    else if(rcv_data[4] == 0X03)
            {LED0 = 1;}                //关闭 LED0 灯
    if(rcv_data[5] == 0X02)
            {LED1 = 0;}
    else if(rcv_data[5] == 0X03)
            {LED1 = 1;}
    if(rcv_data[6] == 0X02)
            {LED2 = 0;}
    else if(rcv_data[6] == 0X03)
            {LED2 = 1;}
    if(rcv_data[7] == 0X02)
            {LED3 = 0;}
    else if(rcv_data[7] == 0X03)
            {LED3 = 1;}
}
/* ************************************************************
函数原型: void ex0_int(void) interrupt 0 using 1
函数功能:外部中断 0 用于响应 SJA1000 的中断。
 ************************************************************/
void ex0_int(void) interrupt 0 using 1
{
    SJA1000_Address = INTERRUPT;              //指向 SJA1000 的中断寄存器地址
    Can_INT_DATA = * SJA1000_Address;
}
/* ************************************************************
函数原型: void   Init_uart(void)
函数功能:初始化串口
 ************************************************************/
void Init_uart(void)
{
```

```
    TMOD = 0x20;                //定时器 1 设为方式 2,初值自动重装
    TL1 = 0xFD;                 //定时器初值      9.6k@11.0592M
    TH1 = 0xFD;
    SCON = 0x50;                //串口设为方式 1,REN = 1 允许接收
    TR1 = 1;                    //启动定时器 1
    ES = 1;                     //串口中断开放
}
/*******************************************************
函数原型: void InitCPU(void)
函数功能:该函数用于初始化 CPU
********************************************************/
void InitCPU(void)
{
 EA = 1;                        //开放全局中断
 IT0 = 1;
 EX0 = 1;                       //外部中断 0 开放
 PX0 = 1;                       //外部中断 0 高优先级
 Init_uart();                   //初始化串口
}
/*******************************************************
函数原型: bit   Sja_1000_Init(void)
函数功能:SJA1000 初始化,用于建立通信、设置通信波特率、设置己方的 CAN 总线地址、设
        置时钟输出方式、设置 SJA1000 的中断控制。
返回值说明:
        0:表示 SJA1000 初始化成功
        1:表示 SJA1000 初始化失败
    说明:注意"建立通信、设置通信波特率、设置己方的 CAN 总线地址、设置时钟输出方式"
        之前,需要进入复位,设置完毕后,退出复位
********************************************************/
bit   Sja_1000_Init(void)
{
    if(enter_RST())               //进入复位
      { return    1;}
    if(create_communication())    //检测 CAN 控制器的接口是否正常
      { return    1;}
    if(set_rate(0x06))            //设置波特率 200 kbit/s
      { return    1;}
    if(set_ACR_AMR(0xaa,0x00))    //设置地址 ID:550
      { return    1;}
    if(set_CLK(0xaa,0x48))        //设置输出方式,禁止 COLOCKOUT 输出
      { return    1;}
    if(quit_RST())                //退出复位模式
```

```
    { return     1;}
    SJA1000_Address = CONTROL;        //地址指针指向控制寄存器
    * SJA1000_Address | = 0x1e;       //开放错误\接收\发送中断
    return      0;
}
/* * * * * * * * * * * * * * * * * * * * * * * * * * * * * * * * * * * * * * *
函数原型: void  Uart_INT(void)  interrupt 4   using 3
函数功能:串口中断函数,用于 CAN 数据和 232 串口数据转换的中断程序
 * * * * * * * * * * * * * * * * * * * * * * * * * * * * * * * * * * * * * */
void  Uart_INT(void)  interrupt 4   using 3
{
  unsigned char   uart_Data;                      //临时变量
  if(_testbit_(RI))                               //如果是接收中断
  {
    uart_Data = SBUF;                             //读入串口数据
    switch(uart_rcv_Status)
    {
      case CAN_1data:                             //如果是描述符的高 8 位
          send_data[0] = uart_Data;               //将数据写入发送数组
          uart_rcv_Status ++ ;                    //串口接收状态变量加 1
          break;
      case CAN_2data:                             //如果是描述符的低 8 位
          send_data[1] = uart_Data;
          if((send_data[1]&0x10)! = 0)            //如果是远程帧
            {
              uart_rcv_Status = 0;                //串口接收状态变量复位
              uart_rcv_flag = 1;                  //串口接收标志置位
            }
          else                                    //数据帧
            {
                uart_rcv_Point = 2;     //发送数组指针赋初值 2,因为发送
                                        //数组的前 2 字节是 CAN 数据帧的描述符
            uart_rcv_Status ++ ;
            }
          break;
      case CAN_else_DATA:             //CAN 数据
          send_data[uart_rcv_Point ] = uart_Data; //将 CAN 数据写入发送数组
          uart_rcv_Point ++ ;             //发送数组指针变化
          if((uart_rcv_Point - 2) = = (send_data[1]&0x0f))
                                        //send_data[1]&0x0f 是发送 CAN 数据长度
            {
              uart_rcv_Point = 0;       //写入 CAN 数据到发送数组完毕后,复位各变量
```

```
                    uart_rcv_Status = 0;
                    uart_rcv_flag = 1;
              }
          break;
      default:
          break;
  }
}                                   //结束 if(_testbit(RI))
if(_testbit_(TI))
{
  uart_send_Point ++ ;              //发送指针加 1
  if(uart_send_Point＜rcv_TempCount)//如果串口发送指针小于接收 CAN 总线字节数
                                    //据长度,表示串口未发送完毕,继续发送
    { SBUF = rcv_data[uart_send_Point];}    //将接收到的 CAN 数据发送到串口
  else
  {
    uart_send_Point = 0;           //串口发送指针复位
  }
}                                   //结束 if(_testbit(TI))
}
/************************************************************
函数原型: void    Can_DATA_Rcv(void)
函数功能: 该函数用于接收 CAN 总线数据到 rcv_data 数组,并把接收到的第一字节写入
         串口
*************************************************************/
void Can_DATA_Rcv()
{
SJA_rcv_data(rcv_data);            //接收 CAN 数据
SJA_command_control(RRB_order);    //释放接收缓冲区
uart_send_Point = 0;
SBUF = rcv_data[0];                //把接收到的第一字节写入串口
}
/************************************************************
函数原型: void    Can_DATA_Send(void)
函数功能: 该函数用于通过 CAN 总线发送 send_data 数组中的数据
*************************************************************/
void Can_DATA_Send()
{
SJA_send_data(send_data);          //写入信息帧和数据帧到缓冲区函数
SJA_command_control(TR_order);     //调用发送请求
}
/************************************************************
```

```
函数原型：void Can_error()
函数功能：该函数用于 CAN 总线错误中断处理
********************************************************/
void Can_error()
{ bit sja_status1;
do{
    Delay(6);
    sja_status1 = Sja_1000_Init();        //初始化 SJA1000
  }while(sja_status1);
}
/*******************************************************
函数原型：void   Can_DATA_OVER(void)
函数功能：该函数用于 CAN 总线溢出中断处理
********************************************************/
void    Can_DATA_OVER(void)
{
    SJA_command_control(CDO_order);        //清除数据溢出状态
    SJA_command_control(RRB_order);        //释放接收缓冲区
}
//*******************主函数*****************************//
void main(void)
{
    bit sja_status;
    Delay(1);
    CAN_RESET = 0;                         //SJA1000 退出硬件复位模式
     do{
      Delay(6);
      sja_status = Sja_1000_Init();
      }while(sja_status);                  //初始化 SJA1000
    InitCPU();                             //初始化 CPU
    LED0 = 0;
    Can_INT_DATA = 0x00;                   //CAN 中断变量清零
      while(1)
      {
          if(_testbit_(rcv_flag))          //是接收中断标志,判断并清零标志位
            {
              Can_DATA_Rcv();              //接收 CAN 总线数据
              open_close_led();            //控制 LED 灯
            }
          if(_testbit_(uart_rcv_flag))     //是发送标志,判断并清零标志位
            {   Can_DATA_Send(); }         //发送 CAN 总线数据
          if(_testbit_(Over_Flag))         //是超载中断标志,判断并清零标志位
```

```
        { Can_DATA_OVER();}              //数据溢出处理
      if(_testbit_(err_flag))            //是错误中断标志,判断并清零标志位
        {
            LED0 = 1;
            Can_error();                 //错误中断处理
            LED0 = 0;
        }
    }
}
```

2.6.7　STC89C52 单片机串口下载程序

一般常用的 51 系列单片机程序的下载需要用到编程器,比如 ATMEL 公司的 AT89C＊＊系列的单片机、NXP 公司的 51 系列单片机等。虽然 ATMEL 公司的 AT89S＊＊系列的单片机支持 ISP 下载,但是需要专门做 ISP 下载线,使用不是很方便。STC 系列单片机不需要专门的 ISP 下载线,利用串口即可实现程序的下载,使用方便。因此,学习板的单片机选用 STC89C52,单片机的串口不仅可以实现程序下载功能,而且还可以实现串口通信功能。

STC 系列单片机的下载软件是 STC 公司免费提供的,并且在不断更新中,可以到其公司网站下载,如图 2-24 所示。到公司网站 http://www.MCU-Memory.com 下载 stc-isp-v3.91-not-setup,该软件是免安装的,直接单击软件包中的 STC_ISP.exe,启动下载程序软件。

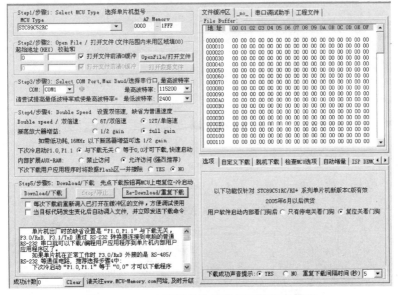

图 2-24　STC 系列单片机串口下载程序界面

注意:在启动该软件之前,须关闭其他串口应用程序,以免其他串口程序和下载软件共用 COM 口而引起冲突! 如果计算机上没有串口,也可以购买一根 USB 转 232 串口的线解决此问题。

STC 系列单片机串口下载程序步骤如下:

① 双击软件包中的 STC_ISP.exe,启动串口下载程序软件。

② 软件启动后,出现如图 2－24 所示的界面。

③ 在 MCU Type 下拉列表框中选择使用单片机的型号,例如 STC89C52RC。具体选用的型号须根据电路板上选用的实际单片机型号来选择。

④ 单击"OpenFile/打开文件"按钮,选择需要下载程序的十六进制或二进制文件,则弹出如图 2－25 所示的界面,单击"打开"按钮。

图 2－25　选择需要下载的程序界面

⑤ 在 Select COM Port 选项组中根据自己计算机串口连接的实际情况,选择"串口"下拉列表框中的"COM1 或 COM2 或 COM3 或 COM4"选项。

⑥ 单击"Download/下载"按钮,就可以进行程序下载了。需要注意的是:在单击"Download/下载"按钮之前不要给电路板供电,单击该按钮之后弹出如图 2－26 所示的界面。

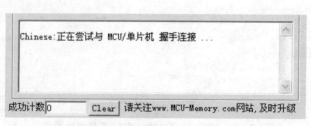

图 2－26　单击"Download/下载"按钮后的界面

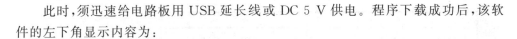

此时,须迅速给电路板用 USB 延长线或 DC 5 V 供电。程序下载成功后,该软件的左下角显示内容为:

```
正在进入正式编程阶段 ...
内部时钟频率:11.05768 MHz.
外部时钟频率:11.05768 MHz.
Now baud is:/当前波特率为: 115 200 bit/s.
We are erasing application flash...
正在擦除应用程序区... (00:00)
正在下载... (开始时间: 10:12:06)
Program OK/下载 OK
```

2.7　多节点 CAN 总线系统的程序设计

2.7.1　多节点 CAN 总线系统的连接

下面以 CAN 总线线性网络拓扑结构为例(如图 2 - 27 所示,两端为终端 120 Ω 电阻),介绍多节点 CAN 总线系统设计。

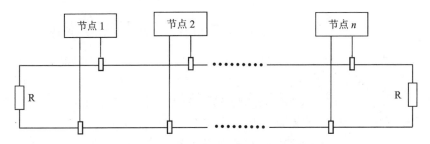

图 2 - 27　CAN 总线线性网络拓扑结构

应用 3 块 51 系列单片机 CAN 总线学习板搭建多节点 CAN 总线通信实验平台,多于 3 节点的 CAN 总线通信与此类似。

按照 CAN 总线线性网络拓扑结构将 3 块 51 系列单片机 CAN 总线学习板连接起来,每个节点的 CAN_H 连接到 CAN 总线的 CAN_H,每个节点的 CAN_L 连接到 CAN 总线的 CAN_L,如图 2 - 28 所示。注意:CAN 总线两端分别有一个 120 Ω 的终端电阻,3 块电路板连接在一条 CAN 总线上的时候需要去掉一块电路板上的终端电阻(120 Ω)。

一块 CAN 节点起到 CAN 转 232 功能,通过计算机串口控制其余两个 CAN 节点。在计算机上的串口调试助手发送控制指令,控制其余两个地址的 CAN 节点(从节点)上传其按键状态信息,在串口调试助手上可以看到从节点电路板上按键状态信息。

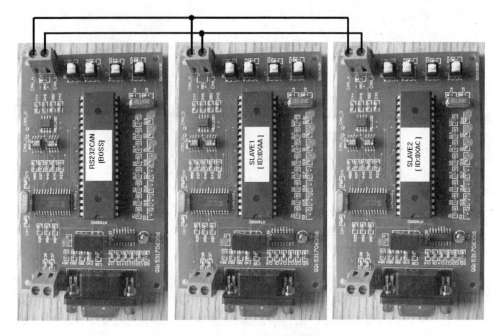

图 2-28 3 个 CAN 节点连接示意图

2.7.2 多节点 CAN 总线系统地址的定义及功能实现

多个 CAN 总线节点通信需要定义好各自的节点地址,节点地址是在 SJA1000 初始化程序中定义的。本例中 CAN 转 232 作为主节点(BOSS),地址定义为 540;其余两个为从节点(SLAVE),地址分别为 550 和 560。图 2-28 中 CAN 总线节点单片机上面标有主节点、从节点,单片机中烧写不同的功能程序。

作为主节点的 CAN 转 232 在发送询问从节点状态信息的时候,信息帧的描述信息中要写明目的地址,从节点收到主节点的询问信息命令后,及时读取电路板上的按键状态并反馈给主节点。

主节点地址设置为 540,这就需要不同的从节点向主节点回馈 CAN 信息帧的时候在其描述符中都要写明主节点地址信息为 540,因为主节点只接收发到此地址的 CAN 信息帧。

为了区分不同从机地址回馈的 CAN 信息帧,利用 CAN 信息帧中的数据字节的第一个字节数据代表回馈从机的地址。

2.7.3 多节点 CAN 总线系统通信数据含义

图 2-29 的下方是 CAN 总线主节点(地址为 540)通过串口调试助手界面发送数据:

ac 08 dd 00 00 00 00 00 00 00

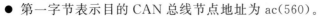

- 第一字节表示目的 CAN 总线节点地址为 ac(560)。
- 第 2 字节表示本次发送的 CAN 数据帧信息包括 8 字节。
- 第 3 字节表示要求从机 CAN 总线节点上传其电路板上的按键状态信息,DD 为命令字。
- 第 4~10 字节数据没有用到,设置其为 00。

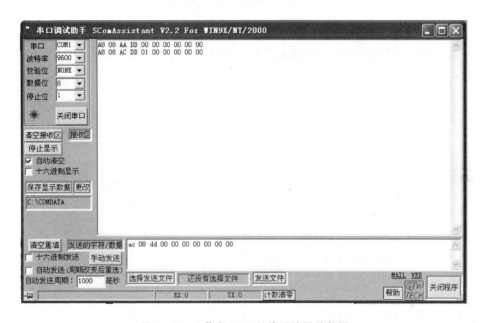

图 2-29　3 节点 CAN 总线系统通信数据

地址为 ac(560)的 CAN 节点接收到 CAN 总线数据后,依据上传命令 DD 读取本节点上按键的状态,向主机回馈 CAN 总线数据:

$$A8\quad 08\quad AC\quad DD\quad 00\quad 00\quad 00\quad 00\quad 00\quad 00$$

- 前 2 字节是 CAN 数据帧的描述信息,表示向 CAN 总线地址为 A8(540)的主节点发送 8 字节的数据。
- 第 3 字节数据 AC 表示从机地址(560),即表明是该从机回馈的 CAN 总线数据信息。
- 第 4 字节数据 DD 表示接收到的是命令字。
- 第 5 字节的第 0、1、2、3 位分别对应从机地址(560)的节点电路板上 4 个按键状态,如果有按键按下,对应位置"1";否则,对应位置"0"。
- 第 6~10 字节数据没有用到,设置其为 00。

同理,CAN 总线主节点(地址为 540)通过串口调试助手界面向从节点(地址为 550)发送数据:

$$aa\quad 08\quad dd\quad 00\quad 00\quad 00\quad 00\quad 00\quad 00\quad 00$$

地址为 aa(550)的 CAN 节点向主机回馈 CAN 总线数据：

A8　08　AA　DD　01　00　00　00　00　00

第 5 字节的第 0 位置"1"，表明从机地址(550)的节点电路板上的一个按键处于按下状态。

2.7.4　多节点 CAN 总线系统程序流程图

CAN 转 RS-232 作为主节点的程序流程图、完整的源程序和 2.6.1 小节相同，图 2-30 着重介绍从机节点的程序流程图和程序。

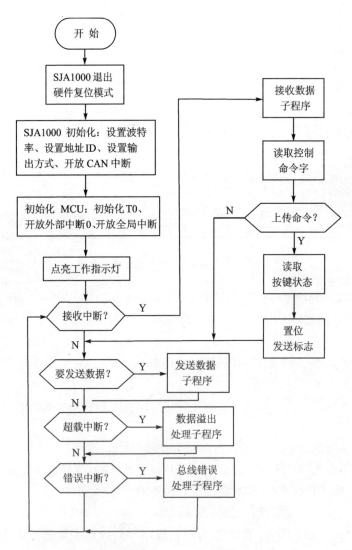

图 2-30　从机节点的程序流程图和程序

2.7.5　多节点 CAN 总线通信中的从节点源程序

```
# include<REG52.H>
# include <intrins.h>                    //包含 8051 内部函数
# include<SJA1000.h>                     //包含 SJA1000 头文件
# include<SJA1000.c>                     //包含 SJA1000 函数库
/*********************函数声明*********************/

bit     Sja_1000_Init(void);             //SJA1000 初始化
void    Delay(unsigned int x);           //延时程序
void    read_p1(void);                   //读取 P1 口短路端子状态
void    InitCPU(void);                   //初始化 CPU
void    Can_DATA_Rcv(void);              //CAN 总线数据接收后处理
void    Can_DATA_Send(void);             //CAN 发送数据
void    Can_error(void);                 //发现错误后处理
void    Can_DATA_OVER(void);             //数据溢出处理
//**************************************************
bit send_flag;                           //CAN 总线发送标志
unsigned char bdata    send_data[10];    //CAN 总线发送数组
unsigned char          rcv_data[10] ;    //CAN 总线接收数组
unsigned char          oder;             //接收命令字
unsigned char          address_self;     //自己的 CAN 地址字节

unsigned char bdata    Can_INT_DATA;     //本变量用于存储 SJA1000 的中断寄存器数据
/* 下面接收中断标志位、错误中断标志位、总线超载标志位的定义依据读入的 SJA1000 中
    断寄存器的位顺序 */
sbit rcv_flag = Can_INT_DATA^0;          //接收中断标志
sbit err_flag = Can_INT_DATA^2;          //错误中断标志
sbit Over_Flag = Can_INT_DATA^3;         //CAN 总线超载标志

sbit CAN_RESET = P2^0;                   //SJA1000 硬件复位控制位
sbit LED0 = P1^0;
sbit LED1 = P1^1;

sbit AJ0 = P2^0;                         //定义按键接口
sbit AJ1 = P2^1;
sbit AJ2 = P2^2;
sbit AJ3 = P2^3;

sbit J0 = send_data[4]^0;                //定义按键 1 状态位
sbit J1 = send_data[4]^1;                //定义按键 2 状态位
sbit J2 = send_data[4]^2;                //定义按键 3 状态位
sbit J3 = send_data[4]^3;                //定义按键 4 状态位
```

```
/ ************************************************************
 * 函数原型: void Delay(unsigned int x)                      *
   函数功能: 该函数用于程序中的延时。
 * 参数说明: unsigned int x 是设置的延时时间变量,数值越大,延时越长  *
   ************************************************************/
void Delay(unsigned int x)
{
    unsigned int j;
    while(x -- )
      {
        for(j = 0;j<125;j ++ )
          {;}
      }
}
/ ************************************************************
 * 函数原型: void ex0_int(void) interrupt 0 using 1          *
   函数功能: 外部中断 0 用于响应 SJA1000 的中断
   ************************************************************/
void ex0_int(void) interrupt 0 using 1
{
    SJA1000_Address = INTERRUPT;        //指向 SJA1000 的中断寄存器地址
    Can_INT_DATA = * SJA1000_Address;
}


/ ************************************************************
 * 函数原型: void read_p1(void)                              *
   函数功能: 读取 P2^0、P2^1、P2^2、P2^3 引脚状态,即按键的开关状态,根据读取的引脚状
            态,置位按键状态位。
 *    说明: 用 CAN 总线发送数组中的 send_data[4]的第 0、1、2、3 位,对应 4 个按键状态,
            如果有按键按下,对应位置"1",否则,对应位置"0"
   ************************************************************/
void read_p1(void)
{
    if(AJ0 == 0)              //如果 P2^0 为低电平(按键对地短路),按键信息状态位置"1"
      {J0 = 1;}
    else{J0 = 0;}            //否则,如果 P2^0 为高电平(开路状态),按键信息状态位置"0"

    if(AJ1 == 0)
      {J1 = 1;}
    else{J1 = 0;}

    if(AJ2 == 0)
      {J2 = 1;}
    else{J2 = 0;}
```

```c
    if(AJ3 == 0)
      {J3 = 1;}
    else{J3 = 0;}
}
/* ********************************************************
 * 函数原型：bit  Sja_1000_Init(void)                      *
   函数功能：SJA1000 初始化，用于建立通信、设置通信波特率、设置己方的 CAN 总线地址、
            设置时钟输出方式、设置 SJA1000 的中断控制。
 * 返回值说明：                                            *
 *            0：表示 SJA1000 初始化成功                    *
 *            1：表示 SJA1000 初始化失败                    *
 *     说明：注意"建立通信、设置通信波特率、设置己方的 CAN 总线地址、设置时钟输出方
            式"之前，需要进入复位，设置完毕后，退出复位
 * ********************************************************/
bit  Sja_1000_Init(void)
{
    if(enter_RST())                 //进入复位
      { return    1;}
    if(create_communication())      //检测 CAN 控制器的接口是否正常
      { return    1;}
    if(set_rate(0x06))              //设置波特率 200 kbit/s
      { return    1;}
    if(set_ACR_AMR(0xaa,0x00))      //设置地址 ID：550
      {
      address_self = 0xaa;          //写入自己的地址信息，用于回馈主节点信息
      return    1;
      }
    if(set_CLK(0xaa,0x48))          //设置输出方式，禁止 COLOCKOUT 输出
      { return    1;}
    if(quit_RST())                  //退出复位模式
      { return    1;}
    SJA1000_Address = CONTROL;      //地址指针指向控制寄存器
    *SJA1000_Address| = 0x1e;       //开放错误\接收\发送中断
    return    0;
}
/* ********************************************************
 * 函数原型：void  InitCPU(void)                           *
   函数功能：该函数用于初始化 CPU
 * ********************************************************/
void  InitCPU(void)
{
 EA = 1;                            //开放全局中断
 IT0 = 1;                           //下降沿触发
 EX0 = 1;                           //外部中断 0 开放
```

```
    PX0 = 1;                            //外部中断 0 高优先级
}
/***********************************************************
 * 函数原型: void Can_error()                               *
   函数功能:该函数用于 CAN 总线错误中断处理
 ***********************************************************/
void Can_error()
{ bit sja_status1;
do{
    Delay(6);                          //小延时
    sja_status1 = Sja_1000_Init();     //读取 SJA1000 初始化结果
  }while(sja_status1);                 //初始化 SJA1000,直到初始化成功
}
/***********************************************************
 * 函数原型: void    Can_DATA_OVER(void)                    *
   函数功能:该函数用于 CAN 总线溢出中断处理
 ***********************************************************/
void    Can_DATA_OVER(void)
{
  SJA_command_control(CDO_order);      //清除数据溢出状态
  SJA_command_control(RRB_order);      //释放接收缓冲区
}
/***********************************************************
 * 函数原型: void    Can_DATA_Rcv(void)                     *
   函数功能:该函数用于接收 CAN 总线数据到 rcv_data 数组
 ***********************************************************/
void Can_DATA_Rcv()
{
SJA_rcv_data(rcv_data);                //接收 CAN 总线数据到 rcv_data 数组
SJA_command_control(0x04);             //释放接收缓冲区
oder = rcv_data[2];                    //接收到的 CAN 数据帧第 3 字节是命令字节
}
/***********************************************************
 * 函数原型: void    Can_DATA_Send(void)                    *
   函数功能:该函数用于通过 CAN 总线发送 send_data 数组中的数据
 ***********************************************************/
void Can_DATA_Send()
{
send_data[0] = 0xA8;
send_data[1] = 0x08;                   //填写发送 CAN 数据帧的描述符
send_data[2] = address_self;           //CAN 第 3 字节,上传自己节点地址
send_data[3] = oder;                   //CAN 第 4 字节,上传接收到的命令
SJA_send_data(send_data);              //把 send_data 数组中的数据写入到发送缓冲区
SJA_command_control(0x01);             //调用发送请求
```

```c
}
/**************************************************************
 * 函数原型：void main(void)                                  *
   函数功能：主函数
 **************************************************************/
void main(void)
{   bit sja_status;

    Delay(1);                       //小延时
    CAN_RESET = 0;                  //SJA1000 退出硬件复位模式
     do{
          Delay(6);
          sja_status = Sja_1000_Init();
      }while(sja_status);           //初始化 SJA1000
    InitCPU();                      //初始化 CPU
    LED0 = 0;                       //点亮指示灯
    Can_INT_DATA = 0x00;            //CAN 中断变量清零
    while(1)
    {

          if(_testbit_(rcv_flag))   //是接收中断标志,判断并清零标志位
            {
            Can_DATA_Rcv();         //接收 CAN 总线数据
            if(oder == 0xdd)        //如果是 0xDD,读取按键状态
              {
                  read_p1();        //读取按键状态
                send_flag = 1;      //置位发送标志位
              }
            }
          if(_testbit_(send_flag))  //是发送中断标志,判断并清零标志位
            {
            Can_DATA_Send();        //发送 CAN 总线数据
            LED1 = ～LED1;           //LED1 状态取反
            }
          if(_testbit_(Over_Flag))  //是超载中断标志,判断并清零标志位
            { Can_DATA_OVER();}     //数据溢出处理
          if(_testbit_(err_flag))   //是错误中断标志,判断并清零标志位
            {
                LED0 = 1;
            Can_error();            //错误中断处理
            LED0 = 0;
            }
    }
}
```

2.8 CAN 总线地址设置详解

在前文的 CAN 总线通信程序中,发送子程序中需要设置目的 CAN 节点地址。例如,描述符的前 2 字节为:

```
send_data[0] = 0xAA;
send_data[1] = 0x08;              //填写发送 CAN 数据帧的描述符
```

表示向地址为 550 的 CAN 节点发送 8 个字节的数据。

CAN 转 232 串口程序中的 SJA1000 初始化程序中需要设置自己的 CAN 节点地址,也是允许接收其他通信节点发送过来的 CAN 总线数据信息。例如:

```
if(set_ACR_AMR(0xaa,0x00))      //设置自己的地址 ID:550
```

相互通信的两个 CAN 节点之间的地址必须对应,否则通信不成功。

BasicCAN 和 PeliCAN 两种协议 CAN 地址的设置方法不同,下面进行具体介绍。

2.8.1 BasicCAN 的 ID 设置方法

BasicCAN 的 ID 设置方法由 ACR 和 AMR 两个 8 位寄存器决定:

ACR:	ID10	ID9	ID8	ID7	ID6	ID5	ID4	ID3	ID2	ID1	ID0
二进制:	1	0	1	0	1	0	1	0			

十六进制:　　　　　　　　　　0xAAH

AMR:	0	0	0	0	0	0	0	0

十六进制:　　　　　　　　　　0x00H

最后 3 位"ID2 ID1 ID0"与 ACR 无关。AMR 对应 ACR 各位,AMR 位为"0",表示 CAN 接收滤波器接收数据时地址必须和 ACR 各位设置的数字相等。AMR 位为"1",则表明滤波器设置无效。

但是,计算 CAN 的 ID 地址的时候,需要把"ID2 ID1 ID0"这 3 个与 ACR 无关的位计算在内,例如:

ID10	ID9	ID8	ID7	ID6	ID5	ID4	ID3	ID2	ID1	ID0	
1	0	1	0	1	0	1	0	0	0	0	CAN 地址为:550
1	0	1	0	1	0	1	0	1	1	1	CAN 地址为:557

根据后 3 位的不同值计算不同的 ID 地址。

2.8.2 PeliCAN 的 ID 设置方法

CAN 的 ID 设置由 ACR0~ACR3 和 AMR0~AMR3 这 8 个寄存器设置决定,AMR 的功能和 BasicCAN 的 ID 设置方法中介绍的相同,下面着重介绍 ACR0~ACR3 的设置。对于 PeliCAN 而言:

	ID28	ID27	ID26	ID25	ID24	ID23	ID22	ID21
二进制:	0	0	0	0	0	0	0	0
十六进制:				0x00H				

	ID20	ID19	ID18	ID17	ID16	ID15	ID14	ID13
二进制:	0	0	0	0	0	0	0	0
十六进制:				0x00H				

	ID12	ID11	ID10	ID9	ID8	ID7	ID6	ID5
二进制:	0	0	1	0	1	0	1	0
十六进制:				0x2AH				

	ID4	ID3	ID2	ID1	ID0	X	X	X
二进制:	0	0	0	0	0	0	0	0
十六进制:				0x00H				

其中,x 表示任意值,和 CAN 的 ID 无关。计算 CAN 的 ID 的时候需要计算 ID0~ID28 的值,也就是从 ID0 算起,因此:

ID28	ID27	ID26	ID25	ID24	ID23	ID22	ID21	ID20
0	0	0	0	0	0	0	0	0
0			0				0	

ID19	ID18	ID17	ID16	ID15	ID14	ID13	ID12
0	0	0	0	0	0	0	0
		0				0	

ID11	ID10	ID9	ID8	ID7	ID6	ID5	ID4
0	1	0	1	0	1	0	0
		5			4		

ID3	ID2	ID1	ID0
0	0	0	0
	0		

CAN 地址为 00000540。

2.9　如何监测 CAN 网络节点的工作状态

2.9.1　问题的引出

在 CAN 总线研发项目的具体应用中,有的项目相对简单,不需要运用 CAN 总线的应用层协议来开发;在网络节点的状态监控方面,需要实时诊断其是处于正常通信状态还是故障状态。

2.9.2 只有两个节点的简单 CAN 总线网络

例如,一个 CAN 总线网络中只有主节点和一个子节点,如图 2 - 31 所示。这时,主节点可以通过两种方式诊断子节点是处于正常通信状态还是故障状态。

图 2 - 31 两个节点构成的简单 CAN 总线网络

方式一:主节点中设置一个定时器,例如,主节点间隔 2 s 向子节点发送一次询问(可以单独询问子节点的状态,也可以令子节点上传数据),设定 0.5 s 时间限制,如果 0.5 s 内没有收到子节点的应答,则判定子节点故障,主节点可以通过蜂鸣器、显示屏、LED 等报警;同样的,子节点设定 6 s 时间限制,如果 6 s 内没有收到主节点的询问,则判定主节点故障,同样子节点可以通过蜂鸣器、显示屏、LED 等报警。

方式二:主节点在有人值守的情况下,如煤矿风机运转状态的监控时,主节点一般是有人值守的计算机(主节点通过 USB、串口、PCI 连接在计算机上),此时可以不用再通过嵌入式系统判定主节点是否工作正常了。可以让子节点定时(如 0.5 s)向主节点发送一组数据帧,在主节点上设定 1 s 时间限制,如果 1 s 内没有收到子节点的应答,则判定子节点故障。此处 0.5 s 向主节点发送的一组数据帧就是我们常说的"心跳信息"——就像人的心脏跳动一样,证明子节点还"活着"。

设置"心跳信息"有个技巧,让子节点发送的数据帧中的一个字节内容要有所变化,例如:

数据流传输方向:子节点 ⟹ 主节点

	目标地址(主节点地址)	数据帧内容(数据长度 3)		
第一次	0X28A	0X00	0XAA	0XBB
第二次	0X28A	0X01	0XAA	0XBB
第三次	0X28A	0X00	0XAA	0XBB
第四次	0X28A	0X01	0XAA	0XBB
第五次	0X28A	0X00	0XAA	0XBB

数据帧内容中的第一个字节是 0X00 和 0X01 交替出现。假如保持 0X00 不变会有什么麻烦呢?

	目标地址(主节点地址)	数据帧内容(数据长度 3)		
第一次	0X28A	0X00	0XAA	0XBB
第二次	0X28A	0X00	0XAA	0XBB
第三次	0X28A	0X00	0XAA	0XBB
第四次	0X28A	0X00	0XAA	0XBB
第五次	0X28A	0X00	0XAA	0XBB

如果某一段时间内 CAN 总线网络上没有其他的数据传输,只有这些内容不变

的"心跳信息"占满整个显示屏,那么就不容易及时判定子节点出现故障了,因为有视觉疲劳。

所以,使用"心跳信息"时,要让子节点发送的数据帧中的一个字节内容有所变化。变化的形式由程序员根据实际情况设定,如图 2-32 右侧的 8 个字节的数据帧中的第 2 个字节是"心跳信息",该"心跳信息"连续 50 个为 0X00,然后连续 50 个为 0X01,交替出现。至于数据帧中的数据长度,只要满足 1~8 个字节就可以;但是数据越长则占用 CAN 总线网络传输数据的时间越长,这需要工程师根据项目的实际情况灵活运用。

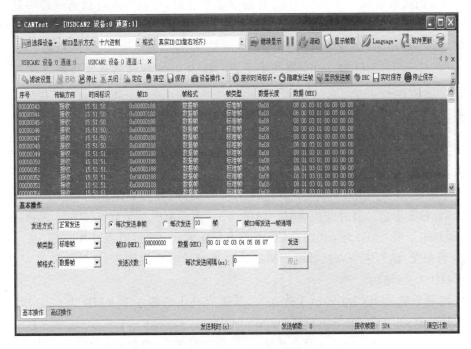

图 2-32　CAN 总线数据传输中的心跳信息

2.9.3　大于两个节点的 CAN 总线网络

4 个节点构成的 CAN 网络示意图如图 2-33 所示。

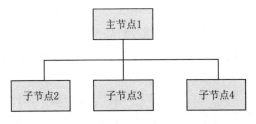

图 2-33　4 个节点构成的 CAN 网络

主节点通过 CAN 网络实现对 3 个子节点的控制和信息交换,此时主节点如何判断子节点的工作状态是否正常呢?

首先,设置各节点在 CAN 网络中的 ID,即地址。设置如下:

主节点的 ID 设为 0x01,3 个子节点的 ID 分别设为 0x02、0x03、0x04。

方法一:主节点逐个轮询子节点状态

主节点中设置一个定时器,例如,主节点间隔 2 s 逐一向子节点发送一次询问(可以单独询问子节点的状态,也可以令子节点上传数据),设定 0.5 s 时间限制,如果 0.5 s 内没有收到子节点的应答,则判定子节点故障,主节点可以通过蜂鸣器、显示屏、LED 等报警;同样的,子节点设定 6 s 时间限制,如果 6 s 内没有收到主节点的询问,则判定主节点故障,同样子节点可以通过蜂鸣器、显示屏、LED 等报警。

例如,主节点(ID 为 0x01)询问子节点(ID 为 0x02),其数据流传输方向:主节点 ⟹ 子节点。

　　　目标地址(子节点地址)　　　数据帧内容(数据长度 2)
　　　　　　0X02　　　　　　　　0X01　0XDD

其中,0X01 表示此帧数据来自主节点(ID 为 0x01);0XDD 表示命令标志,告诉子节点 0X02 上传其状态或者采集的数据。

主节点(ID 为 0x01)询问子节点(ID 为 0x02)的数据帧发出后,主节点(ID 为 0x01)设置一个定时器并开始计时。如果 0.5 s 内没有收到子节点(ID 为 0x02)的应答,则判定子节点(ID 为 0x02)故障,主节点(ID 为 0x01)可以通过蜂鸣器、显示屏、LED 等报警;然后主节点就可以重新把计时器的计时数值清零,开始询问下一个子节点(ID 为 0x03)了。

如果子节点(ID 为 0x02)工作正常,其需要马上应答主节点(ID 为 0x01),其数据流传输方向:子节点 ⟹ 主节点。

　　　目标地址(主节点地址)　　　数据帧内容(数据长度 3)
　　　　　　0X01　　　　　　　0X02　0XCC　0X06

其中,0X02 表示此帧数据来自子节点(ID 为 0x02),0XCC 表示应答标志,0X06 表示子节点(ID 为 0x02)采集的开关量数据。

主节点(ID 为 0x01)收到子节点(ID 为 0x02)的应答数据帧后,其定时器停止计时并把计时数值清零。

子节点(ID 为 0x02)设定 6 s 时间限制,如果 6 s 内没有收到主节点(ID 为 0x01)的询问,就判定主节点故障;同样,子节点(ID 为 0x02)可以通过蜂鸣器、显示屏、LED 等报警。

通过上述方法,主节点(ID 为 0x01)可以在 2 s 内逐个询问子节点,本例中的2 s、0.5 s、6 s 是可以根据通信距离、通信速率、轮询周期要求调整的,具体项目具体分析。

主节点逐个轮询子节点状态的方法的弊端是耗费时间长,试想一个 CAN 网络中有 50 个节点,轮询一次耗费时间是比较长的。

方法二:子节点通过"心跳信息"定时上传数据

3 个子节点(ID 分别为 0x02、0x03、0x04)定时 2 s 分别向主节点上传数据,如果 3 个子节点同时传输数据,则通过总线竞争,地址低的子节点(ID0x02)优先级别高,先于其他节点上传数据,其他 2 个节点自动在总线空闲的时候上传数据。如果定时 2 s 的时间太短,则可能出现这种情况:其他 2 个节点还没有来得及上传数据,子节点(ID0x02)又开始了新一轮的上传数据——这就是我们所说的总线网络过载!

例如:

数据流传输方向:子节点⟹主节点

子节点 ID	目标地址(主节点地址)	数据帧内容(数据长度 4)			
ID 为 0x02	0X01	0X00	0X02	0XCC	0X06
ID 为 0x03	0X01	0X00	0X03	0XCC	0X16
ID 为 0x04	0X01	0X00	0X04	0XCC	0X08

以子节点(ID 为 0x02)为例说明:

其中,0X00 表示"心跳信息",下一个 2 s 发送数据时就变为 0X01,"心跳信息"数据由 0X00 和 0X01 交变出现;0X02 表示此帧数据来自子节点(ID 为 0x02);0XCC 表示应答标志;0X06 表示子节点(ID 为 0x02)采集的开关量数据。

相对于"主节点逐个轮询子节点状态"方法,此方法的优点是节省了时间,弊端是需要规划好 CAN 网络,否则可能造成 CAN 总线超载,从而造成数据丢失。

假定该 CAN 网络上传输的是扩展帧、数据帧,通信距离 60 m,则可以通过查阅资料获知允许的最大通信波特率是 800 kbit/s。

则由扩展数据帧结构图(见图 2－34)可知,每个子节点报文的帧长度为 $64+8\times4=96$ 位。

波特率是 800 kbit/s,其传输一位时间是 1.25 μs。

3 个子节点传输报文花费的时间是 $3\times96\times1.25$ $\mu s=0.36$ ms。

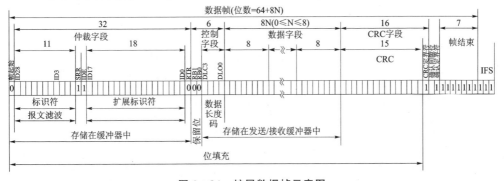

图 2－34　扩展数据帧示意图

构建 CAN 总线网络时,应该将系统的总线负载控制在合理的范围内,在一般应用中,建议 CAN 网络的平均负载不能够大于 60%,所以该网络最小的传输数据周期为 0.36 ms/(60%)=0.6 ms,即理论上只要 3 个子节点(ID 分别为 0x02、0x03、0x04)分别定时不小于 0.6 ms 向主节点上传数据,就不会造成总线超载。实际中这么短的定时周期是不可取的,因为嵌入式系统响应中断(定时器中断、CAN 总线中断等)是要消耗 定时间的,本例中可以把时间周期定为 10 ms,足以解决问题。

可见,在节点数量较少的 CAN 网络中,发生总线网络过载现象的概率很低。假如本例有 60 个子节点,要求 10 ms 内各个子节点上报一次数据,还能否保证总线工作正常?那么在最坏情况下总线大约被占用 $60 \times 96 \times 1.25$ μs= 7.2 ms。对应的平均总线负载为:

$$7.2 \text{ ms}/10 \text{ ms}=72\%>60\%$$

该 CAN 网络的平均负载大于 60%,不能正常工作。

在实际的工程项目研发中,还会遇到事件触发传输数据的模式。例如,酒店各个房间内灯、空调、电视的开关状态变化时,可以通过 CAN 总线将变化的开关量信息上传到酒店前台的主节点,服务员就可以通过前台的计算机显示屏看到房间电器的状态。此时,同样需要考虑到最坏情况下总线负载问题。

有时候为了防止重要数据不慎丢失,需要在 CAN 总线嵌入式系统中加上存储单元(EEPROOM、FLASH),先存储采集的重要数据,待总线空闲时再上报数据。例如,大学里的食堂收费系统,万一某位学生刚刷完饭卡就停电了,这时候主节点还没有收到刷卡信息,此时存储单元就显得至关重要了。

2.9.4 CAN 总线应用层协议中的节点状态监测

CAN 总线应用层协议在检测子节点状态方面比较完善,例如,周立功公司推行的 iCAN 协议中就有连接定时器、循环传送定时器、事件触发时间管理等。

第 **3** 章

CAN 控制器 MCP2515 与 8051 系列单片机接口设计

3.1 CAN 控制器 MCP2515

3.1.1 MCP2515 概述

　　MCP2515 是 Microchip 公司推出的一款独立 CAN 协议控制器,完全支持 CAN 2.0B 技术规范,能发送并接收标准、扩展数据帧及远程帧。MCP2515 自带的两个验收屏蔽寄存器和 6 个验收滤波寄存器可以过滤掉不想要的报文,因此减少了主单片机(MCU)的开销。MCP2515 与 MCU 的连接是通过 SPI 接口来实现的,从而放宽了 MCU 的选择范围,使得所有单片机都有接入的可能:带有 SPI 接口的 MCU 可以直接连接,不带有 SPI 接口的 MCU 可以用 I/O 模拟实现其功能。

　　独立 CAN 控制器 MCP2515 的主要功能如下

- 完全支持 CAN 2.0B 技术规范,通信速率可达 1 Mbit/s;包含 0~8 字节长的数据字段;能接收和发送标准、扩展数据帧及远程帧。
- 包含两个接收缓冲器,可优先存储报文;两个 29 位验收滤波寄存器;6 个 29 位验收屏蔽寄存器,可以滤除不想要的报文。
- 对头两个数据字节进行滤波(针对标准数据帧)。
- 包含 3 个发送缓冲器,具有优先级设定及发送中止功能。
- 包含高速 SPI 接口(10 MHz):支持 0,0 和 1,1 的 SPI 模式。
- 处于单触发模式,确保报文发送只尝试一次。
- 带有可编程预分频器的时钟输出引脚,可用作其他器件的时钟源。
- 帧起始(SOF)信号输出功能可在确定的系统中(如时间触发 CAN - TTCAN)执行时隙功能,或在 CAN 总线诊断中决定早期总线性能退化。
- 带有可选使能设定的中断输出引脚。

● "缓冲器满"输出引脚可配置为各接收缓冲器的中断引脚和通用数字输出引脚。

● "请求发送(Request-to-Send,RTS)"输入引脚可各自配置为各发送缓冲器的控制引脚,用于请求立即发送报文,通用数字输入引脚。

● 低功耗的 CMOS 技术:工作电压范围为 $2.7 \sim 5.5$ V,5 mA 典型工作电流,$1\ \mu$A 典型待机电流(休眠模式)。

● 工作温度范围:工业级(I)为$-40 \sim +85$℃,扩展级(E)为$-40 \sim +125$℃。

独立 CAN 控制器 MCP2515 的引脚排列如图 3-1 所示,独立 CAN 控制器 MCP2515 的引脚说明如表 3-1 所列。

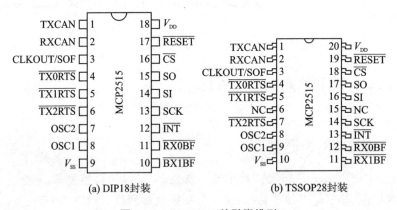

(a) DIP18封装 (b) TSSOP28封装

图 3-1   MCP2515 的引脚排列

表 3-1   独立 CAN 控制器 MCP2515 的引脚说明

名 称	DIP/SO 引脚号	TSSOP 引脚号	说 明	备选引脚功能
TXCAN	1	1	连接到 CAN 总线的发送输出引脚	—
RXCAN	2	2	连接到 CAN 总线的接收输入引脚	—
CLKOUT	3	3	带可编程预分频器的时钟输出引脚	起始帧信号
$\overline{\text{TX0RTS}}$	4	4	发送缓冲器 TXB0 请求发送引脚或通用数字输入引脚。V_{DD} 上连 100 kΩ 内部上拉电阻	数字输入引脚。V_{DD} 上连 100 kΩ 内部上拉电阻
$\overline{\text{TX1RTS}}$	5	5	发送缓冲器 TXB1 请求发送引脚或通用数字输入引脚。V_{DD} 上连 100 kΩ 内部上拉电阻	数字输入引脚。V_{DD} 上连 100 kΩ 内部上拉电阻
$\overline{\text{TX2RTS}}$	6	7	发送缓冲器 TXB2 请求发送引脚或通用数字输入引脚。V_{DD} 上连 100 kΩ 内部上拉电阻	数字输入引脚。V_{DD} 上连 100 kΩ 内部上拉电阻
OSC2	7	8	振荡器输出	—

续表 3 - 1

名　称	DIP/SO 引脚号	TSSOP 引脚号	说　　明	备选引脚功能
OSC1	8	9	振荡器输入	外部时钟输入引脚
V_{SS}	9	10	逻辑和 I/O 引脚的参考地	—
$\overline{RX1BF}$	10	11	接收缓冲器 RXB1 中断引脚或通用数字输出引脚	通用数字输出引脚
$\overline{RX0BF}$	11	12	接收缓冲器 RXB0 中断引脚或通用数字输出引脚	通用数字输出引脚
$\overline{INT}$	12	13	中断输出引脚	—
SCK	13	14	SPI 接口的时钟输入引脚	—
SI	14	16	SPI 接口的数据输入引脚	—
SO	15	17	SPI 接口的数据输出引脚	—
$\overline{CS}$	16	18	SPI 接口的片选输入引脚	—
$\overline{RESET}$	17	19	低电平有效的器件复位输入引脚	—
V_{DD}	18	20	逻辑和 I/O 引脚的正电源	—
NC	—	6,15	—	

图 3 - 2 为 MCP2515 的功能框图,该器件主要由 3 个部分组成:

① CAN 模块包括 CAN 协议引擎、验收滤波寄存器、验收屏蔽寄存器、发送和接收缓冲器,功能是处理所有 CAN 总线上的报文接收和发送。

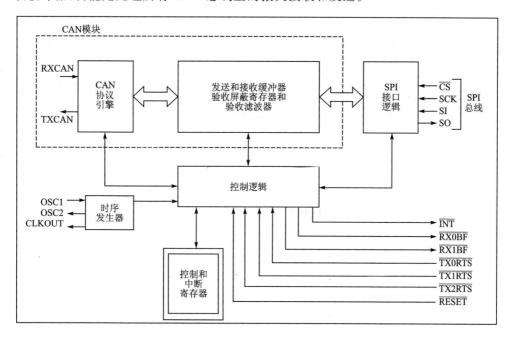

图 3 - 2　MCP2515 的功能框图

② 用于配置该器件及其运行的控制逻辑和寄存器、设置芯片及其操作模式、控制逻辑模块控制 MCP2515 的设置和运行,以便传输信息与控制。

③ SPI 协议模块,主要负责与 MCU 的数据传输。MCU 通过 SPI 接口与该器件连接,使用标准的 SPI 读/写指令以及专门的 SPI 命令来读/写所有的寄存器。

3.1.2　MCP2515 的内部寄存器

MCP2515 共有 128 个寄存器,地址由高 3 位和低 4 位确定,有效寻址范围为 0～0x7F,如表 3-2 所列。

表 3-2　MCP2515 的内部寄存器说明表

CAN 地址	工作模式		配置模式	
	读	写	读	写
0x00～0x03	验收代码 0		验收代码 0	验收代码 0
0x04～0x07	验收代码 1		验收代码 1	验收代码 1
0x08～0x0B	接收屏蔽 2		接收屏蔽 2	接收屏蔽 2
0x0C	BF 引脚配置	BF 引脚配置	BF 引脚配置	BF 引脚配置
0x0D	发送请求控制	发送请求控制	发送请求控制	发送请求控制
0xXE①	状态寄存器	状态寄存器	状态寄存器	状态寄存器
0xXF②	控制寄存器	控制寄存器	控制寄存器	控制寄存器
0x10～0x13	验收代码 3		验收代码 3	验收代码 3
0x14～0x17	验收代码 4		验收代码 4	验收代码 4
0x18～0x1B	验收代码 5		验收代码 5	验收代码 5
0x1C	发送错误计数		发送错误计数	
0x1D	接收错误计数		接收错误计数	
0x20～0x23	验收屏蔽 0		验收屏蔽 0	验收屏蔽 0
0x24～0x27	验收屏蔽 1		验收屏蔽 1	验收屏蔽 1
0x28	位定时 3		位定时 3	位定时 3
0x29	位定时 2		位定时 2	位定时 2
0x2A	位定时 1		位定时 1	位定时 1
0x2B	中断使能	中断使能	中断使能	中断使能
0x2C	中断标志	中断标志	中断标志	中断标志
0x2D	错误标志	错误标志	错误标志	
0x30～0x3D	发送缓冲器 0	发送缓冲器 0	发送缓冲器 0	发送缓冲器 0
0x40～0x4D	发送缓冲器 1	发送缓冲器 1	发送缓冲器 1	发送缓冲器 1
0x50～0x5D	发送缓冲器 2	发送缓冲器 2	发送缓冲器 2	发送缓冲器 2
0x60～0x6D	接收缓冲器 0	接收缓冲器 0	接收缓冲器 0	接收缓冲器 0
0x70～0x7D	接收缓冲器 1	接收缓冲器 1	接收缓冲器 1	接收缓冲器 1

注:①、②中的 X 取值为 0～7。

3.1.3　8051 系列单片机怎样控制 MCP2515

　　MCP2515 可与任何带有 SPI 接口的单片机直接相连,并且支持 SPI 1,1 和 SPI 0,0 模式。单片机通过 SPI 接口可以读取接收缓冲器数据。MCP2510 对 CAN 总线的数据发送则没有限制,只要用单片机通过 SPI 接口将待发送的数据写入 MCP2510 的发送缓存器,然后再调用 RTS(发送请求)命令即可将数据发送到 CAN 总线上。MCP2515 的 SPI 指令集如表 3 - 3 所列。

表 3 - 3　MCP2515 的 SPI 指令集

指令名称	指令格式	说　　明
RESET	1100 0000	复位,将内部寄存器复位为默认状态,并将器件设定为配置模式
READ	0000 0011	从寄存器中读出数据
READ_RX	1001 0nm0	读 RX 缓冲器指令,从"nm"组合指定的接收缓冲器中读取数据,在"n,m"所指示的 4 个地址中的一个放置地址指针可以减轻一般读命令的开销
WRITE	0000 0010	向寄存器中写入数据
WRITE_TX	0100 0abc	装载 TX 缓冲器指令,向"abc"组合指定的发送缓冲器中写入数据,在"a,b,c"所指示的 6 个地址中的一个放置地址指针可以减轻一般写命令的开销
RTS	1000 0nnn	发送请求,指示控制器开始发送任一发送缓冲器中的报文发送序列
READ_STATE	1010 0000	读取寄存器状态,允许单条指令访问常用的报文接收和发送状态位
RX_STATE	1011 0000	RX 状态指令,用于快速确定与报文和报文类型(标准帧、扩展帧或远程帧)相匹配的滤波器
BIT_CHANGE	0000 0101	位修改指令,可对特定状态和控制寄存器中单独的位进行置 1 或清零,该命令并非对所有寄存器有效

　　在 SCK 时钟信号的上升沿,外部命令和数据通过 SI 引脚送入 MCP2515,在 SCK 的下降沿通过 SO 引脚传送出去。操作中片选引脚 $\overline{CS}$ 保持低电平。

3.2　CAN 总线学习板(MCP2515)实物图

　　CAN 总线学习板(MCP2515)实物图如图 3 - 3 所示,特点如下:

　　① 学习板采用 DC+5 V 供电或 USB 供电。

　　② 学习板采用的主要芯片如下:

　　ⓐ 51 系列的单片机,可以选用 89C51、89C52、89S52。如果选用 STC51 系列的单片机,如 STC89C51、STC89C52、STC89C58,则可以实现串口下载程序,不需要编程器下载程序。

　　ⓑ CAN 总线控制器 MCP2515,并预留 SJA1000 芯片位置。

　　ⓒ CAN 总线收发器,可以选用 TJA1040、TJA1050、P82C250。其中,TJA1040、

图 3-3 CAN 总线学习板(MCP2515)实物图

TJA1050 引脚兼容,如果选用 P82C250,则需要在其第 8 引脚加 47 kΩ 的斜率电阻。

③ 支持 RS-232 串口与 CAN 总线之间数据的相互转换。

④ CAN 总线波特率可调为 20、40、50、80、100、125、200、250、400、500、666、800、1 000 kbit/s。

⑤ 程序支持 PeliCAN 模式(CAN 2.0B),提供 C 语言程序。

⑥ 成对学习板实现功能:

ⓐ A 开发板发送数据,B 开发板接收数据,并把接收到的数据通过串口上传到计算机显示。

ⓑ 单片机定时监测 A 开发板上的 I/O 状态,可以通过 CAN 总线把 I/O 状态字发送给 B 开发板,可以在串口调试助手软件中看到该状态字。

3.3 CAN 总线学习板(MCP2515)硬件电路设计

3.3.1 电路原理图

图 3-4 是 CAN 总线学习板(MCP2515)的电路原理图,采用 STC89C52RC 作为节点的微处理器。其中,微控制器 STC89C52RC 负责 MCP2515 的初始化,以及通过控制 MCP2515 实现数据的接收和发送。

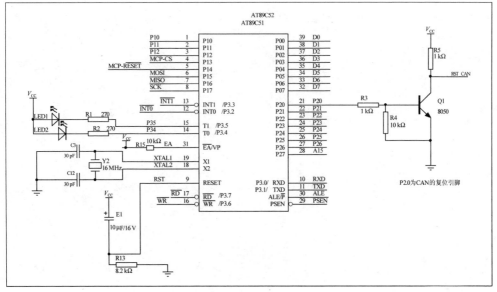

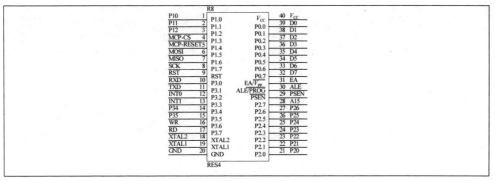

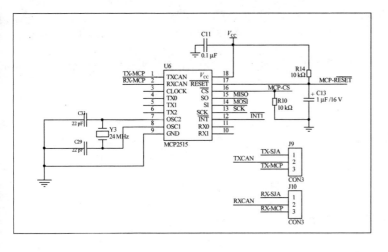

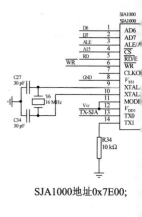

SJA1000地址0x7E00;

图 3-4 51系列单片机 CAN 总线

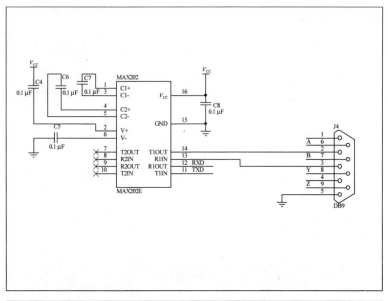

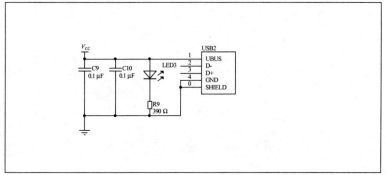

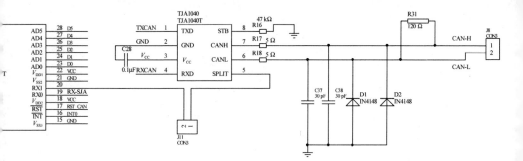

学习板的电路原理图(MCP2515)

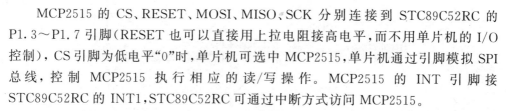

　　MCP2515 的 CS、RESET、MOSI、MISO、SCK 分别连接到 STC89C52RC 的 P1.3～P1.7 引脚(RESET 也可以直接用上拉电阻接高电平,而不用单片机的 I/O 控制),CS 引脚为低电平"0"时,单片机可选中 MCP2515,单片机通过引脚模拟 SPI 总线,控制 MCP2515 执行相应的读/写操作。MCP2515 的 INT 引脚接 STC89C52RC 的 INT1,STC89C52RC 可通过中断方式访问 MCP2515。

　　CAN 总线通信接口中采用 TJA1040 作为总线驱动器。TJA1040 与 CAN 总线的接口部分采用了一定的安全和抗干扰措施:TJA1040 的 CANH 和 CANL 引脚各自通过一个 5 Ω 的电阻与 CAN 总线相连,电阻可起到一定的限流作用,保护 TJA1040 免受过流的冲击。CANH 和 CANL 与地之间分别并联了一个 30 pF 的电容,可以起到滤除总线上的高频干扰的作用,也具有一定的防电磁辐射的能力。另外,在两根 CAN 总线接入端与地之间分别反接了一个保护二极管 IN4148,当 CAN 总线有较高的负电压时,通过二极管的短路可起到一定的过压保护作用。

　　如果需要增强 CAN 总线节点的抗干扰能力,可以依照第 2 章中介绍的内容,采用 DC/DC 电源隔离模块、高速光耦 6N137 来连接 MCP2515 和 TJA1040。

　　串口芯片 MAX232 电路用于 CAN 总线学习板(MCP2515)下载程序,也可以实现 CAN 总线转 RS－232 串口数据转换功能。

3.3.2　晶振的选择及 CAN 通信波特率的计算

1. MCP2515 晶振的选择

　　MCP2515 能用片内振荡器或片外时钟源工作。另外,可以使能 MCP2515 的 CLKOUT 引脚向微控制器(例如 STC89C52 单片机)输出时钟频率:CLKOUT 引脚供系统设计人员用作主系统时钟,或作为系统中其他器件的时钟输入。CLKOUT 有一个内部预分频器,可将晶振频率除以 1、2、4 和 8。可通过设定 CANCNTRL 寄存器来使能 CLKOUT 功能和选择预分频比。

　　这些功能和 SJA1000 的功能类似,本书仅给出 MCP2515 接外部时钟源的工作原理图(图 3－5)、MCP2515 接晶振的工作原理图(图 3－6)以及其典型的电容选择列表(表 3－4)。

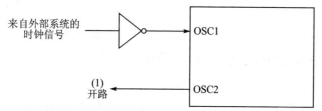

注 1. 在此引脚接入一个接地电阻可减少系统噪声,但同时会加大系统电流,
应注意占空比的限制。

图 3－5　MCP2515 接外部时钟源工作原理图

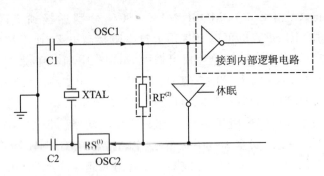

注 (1) 采用AT 条形切割晶体时，可如图接入一个串联电阻（RS）。
　　(2) 图中的反馈电阻（RF）典型值为2~10 mΩ。

图 3 - 6　MCP2515 接晶振的工作原理图

表 3 - 4　MCP2515 接晶振时的电容选择

晶体频率	电容典型值	
	C1	C2
4 MHz	27 pF	27 pF
8 MHz	22 pF	22 pF
20MHz	15pF	15pF

　　上述电容值仅供设计参考:

　　这些电容均已采用相应的晶体通过了对基本起振和运行的测试,但这些电容值未经优化。

　　为产生可接收的振荡器工作频率,用户可以选用其他数值的晶振,可能要求不同的电容值。用户应在期望的应用环境(V_{DD} 和温度范围)下对振荡器的性能进行测试。

注 ① 电容值越大,振荡器就越稳定,但起振时间会越长。

　② 由于每个晶体都有其固有特性,用户应向晶体厂商咨询外围元件的适当值。

　③ 可能需要 RS 来避免对低驱动规格的晶体造成过驱动。

　　CAN 总线学习板(MCP2515)选用 24 MHz 的晶振,C1＝C2＝22 pF。

2. MCP2515 的 CAN 通信波特率的计算

　　CAN 总线上的所有器件都必须使用相同的波特率,否则无法实现正常通信。然而,并非所有 CAN 总线节点都具有相同的主振荡器时钟频率。因此,对于采用不同时钟频率的 CAN 总线节点,应通过适当设置波特率预分频比以及每一时间段中的时间份额的数量来对波特率进行调整,使它们的通信波特率相同。

CAN 总线的通信波特率是由 CAN 位时间决定的（CAN 位时间由互不重叠的时间段组成，每个时间段又由时间份额（TQ）组成，详见 MCP2515 数据手册），CAN 总线接口的位时间由配置寄存器 CNF1、CNF2 和 CNF3 控制；只有当 MCP2515 处于配置模式时，才能对这些寄存器进行修改。寄存器 CNF1、CNF2 和 CNF3 中各位的具体含义请参阅 MCP2515 数据手册，表 3 - 5 列出了 CAN 总线学习板（MCP2515）选用 24 MHz 的晶振（C1＝C2＝22 pF）时的几个典型通信波特率数值以及相关寄存器的设置值。

表 3 - 5　MCP2515 在 24 MHz 的晶振下的通信波特率设置

寄存器 CNF1 数值	寄存器 CNF2 数值	寄存器 CNF3 数值	CAN 总线的通信波特率/(kbit/s)
0x49			20
0x39			25
0x19			50
0x09			100
0x04	0xa1	0x43	200
0x03			250
0x01			500
0x00			1 000

3.4　双节点通信系统的程序设计

3.4.1　程序头文件定义说明

　　头文件 MCP2515.h 中定义了 MCP2515 相关的特殊功能寄存器，清单如下：

```
#ifndef _MCP2515_H_
#define _MCP2515_H_
#define MCP2515_BASE      0x00               //定义 MCP2515 的基址
/**********************************************************
      以下定义为 MCP2515 的内部特殊功能寄存器的地址，各特殊功能寄存器的具体功
能请查阅 MCP2515 的数据手册
      **********************************************************/
#define TXB0CTRL     MCP2515_BASE + 0x30     //发送缓冲区 0 控制寄存器
#define TXB1CTRL     MCP2515_BASE + 0x40     //发送缓冲区 1 控制寄存器
#define TXB2CTRL     MCP2515_BASE + 0x50     //发送缓冲区 2 控制寄存器
#define TXRTSCTRL    MCP2515_BASE + 0x0d     //发送请求引脚配置寄存器
#define TXB0SIDH     MCP2515_BASE + 0x31     //标准标识符高字节
#define TXB0SIDL     MCP2515_BASE + 0x32     //标准标识符低字节
```

```
# define TXB1SIDH      MCP2515_BASE + 0x41    //标准标识符高字节
# define TXB1SIDL      MCP2515_BASE + 0x42    //标准标识符低字节
# define TXB2SIDH      MCP2515_BASE + 0x51    //标准标识符高字节
# define TXB2SIDL      MCP2515_BASE + 0x52    //标准标识符低字节
# define TXB0EID8      MCP2515_BASE + 0x33    //扩展标识符高字节
# define TXB0EID0      MCP2515_BASE + 0x34    //扩展标识符低字节
# define TXB1EID8      MCP2515_BASE + 0x43    //扩展标识符高字节
# define TXB1EID0      MCP2515_BASE + 0x44    //扩展标识符低字节
# define TXB2EID8      MCP2515_BASE + 0x53    //扩展标识符高字节
# define TXB2EID0      MCP2515_BASE + 0x54    //扩展标识符低字节
# define TXB0DLC       MCP2515_BASE + 0x35    //发送缓冲区 0 数据长度寄存器
# define TXB1DLC       MCP2515_BASE + 0x45    //发送缓冲区 1 数据长度寄存器
# define TXB2DLC       MCP2515_BASE + 0x55    //发送缓冲区 2 数据长度寄存器
# define TXB0D_BASE    MCP2515_BASE + 0x36    //发送缓冲区 0 数据寄存器起始地址
# define TXB1D_BASE    MCP2515_BASE + 0x46    //发送缓冲区 1 数据寄存器起始地址
# define TXB2D_BASE    MCP2515_BASE + 0x56    //发送缓冲区 2 数据寄存器起始地址
# define RXB0CTRL      MCP2515_BASE + 0x60    //接收缓冲器 0 控制寄存器
# define RXB1CTRL      MCP2515_BASE + 0x70    //接收缓冲器 1 控制寄存器
# define BFPCTRL       MCP2515_BASE + 0x0c    //接收引脚控制和状态寄存器
# define RXB0SIDH      MCP2515_BASE + 0x61    //接收缓冲器 0 标准标识符高字节
# define RXB0SIDL      MCP2515_BASE + 0x62    //接收缓冲器 0 标准标识符低字节
# define RXB1SIDH      MCP2515_BASE + 0x71    //接收缓冲器 1 标准标识符高字节
# define RXB1SIDL      MCP2515_BASE + 0x72    //接收缓冲器 1 标准标识符低字节
# define RXB0EID8      MCP2515_BASE + 0x63    //接收缓冲区 0 扩展标识符高字节
# define RXB0EID0      MCP2515_BASE + 0x64    //接收缓冲区 0 扩展标识符低字节
# define RXB1EID8      MCP2515_BASE + 0x73    //接收缓冲区 1 扩展标识符高字节
# define RXB1EID0      MCP2515_BASE + 0x74    //接收缓冲区 1 扩展标识符低字节
# define RXB0DLC       MCP2515_BASE + 0x65    //接收缓冲区 0 数据码长度
# define RXB1DLC       MCP2515_BASE + 0x75    //接收缓冲区 0 数据码长度
# define RXB0D_BASE    MCP2515_BASE + 0x66    //接收缓冲区 0 数据寄存器起始地址
# define RXB1D_BASE    MCP2515_BASE + 0x76    //接收缓冲区 1 数据寄存器起始地址
# define RXF0SIDH      MCP2515_BASE + 0x00    //验收滤波器 0 标准标识符高字节
# define RXF0SIDL      MCP2515_BASE + 0x01    //验收滤波器 0 标准标识符低字节
# define RXF1SIDH      MCP2515_BASE + 0x04    //验收滤波器 1 标准标识符高字节
# define RXF1SIDL      MCP2515_BASE + 0x05    //验收滤波器 1 标准标识符低字节
# define RXF2SIDH      MCP2515_BASE + 0x08    //验收滤波器 2 标准标识符高字节
# define RXF2SIDL      MCP2515_BASE + 0x09    //验收滤波器 2 标准标识符低字节
# define RXF3SIDH      MCP2515_BASE + 0x10    //验收滤波器 3 标准标识符高字节
# define RXF3SIDL      MCP2515_BASE + 0x11    //验收滤波器 3 标准标识符低字节
# define RXF4SIDH      MCP2515_BASE + 0x14    //验收滤波器 4 标准标识符高字节
# define RXF4SIDL      MCP2515_BASE + 0x15    //验收滤波器 4 标准标识符低字节
# define RXF5SIDH      MCP2515_BASE + 0x18    //验收滤波器 5 标准标识符高字节
```

```
# define RXF5SIDL      MCP2515_BASE + 0x19      //验收滤波器 5 标准标识符低字节
# define RXF0EID8      MCP2515_BASE + 0x02      //验收滤波器 0 扩展标识符高字节
# define RXF0EID0      MCP2515_BASE + 0x03      //验收滤波器 0 扩展标识符低字节
# define RXF1EID8      MCP2515_BASE + 0x06      //验收滤波器 1 扩展标识符高字节
# define RXF1EID0      MCP2515_BASE + 0x07      //验收滤波器 1 扩展标识符低字节
# define RXF2EID8      MCP2515_BASE + 0x0a      //验收滤波器 2 扩展标识符高字节
# define RXF2EID0      MCP2515_BASE + 0x0b      //验收滤波器 2 扩展标识符低字节
# define RXF3EID8      MCP2515_BASE + 0x12      //验收滤波器 3 扩展标识符高字节
# define RXF3EID0      MCP2515_BASE + 0x13      //验收滤波器 3 扩展标识符低字节
# define RXF4EID8      MCP2515_BASE + 0x16      //验收滤波器 4 扩展标识符高字节
# define RXF4EID0      MCP2515_BASE + 0x17      //验收滤波器 4 扩展标识符低字节
# define RXF5EID8      MCP2515_BASE + 0x1a      //验收滤波器 5 扩展标识符高字节
# define RXF5EID0      MCP2515_BASE + 0x1b      //验收滤波器 5 扩展标识符低字节
# define RXM0SIDH      MCP2515_BASE + 0x20      //验收屏蔽寄存器 0 标准标识符高字节
# define RXM0SIDL      MCP2515_BASE + 0x21      //验收屏蔽寄存器 0 标准标识符低字节
# define RXM1SIDH      MCP2515_BASE + 0x24      //验收屏蔽寄存器 1 标准标识符高字节
# define RXM1SIDL      MCP2515_BASE + 0x25      //验收屏蔽寄存器 1 标准标识符低字节
# define RXM0EID8      MCP2515_BASE + 0x22      //验收屏蔽寄存器 0 扩展标识符高字节
# define RXM0EID0      MCP2515_BASE + 0x26      //验收屏蔽寄存器 0 扩展标识符低字节
# define RXM1EID8      MCP2515_BASE + 0x23      //验收屏蔽寄存器 1 扩展标识符高字节
# define RXM1EID0      MCP2515_BASE + 0x27      //验收屏蔽寄存器 1 扩展标识符低字节
# define CNF1          MCP2515_BASE + 0x2a      //配置寄存器 1
# define CNF2          MCP2515_BASE + 0x29      //配置寄存器 2
# define CNF3          MCP2515_BASE + 0x28      //配置寄存器 3
# define TEC           MCP2515_BASE + 0x1c      //发送错误计数器
# define REC           MCP2515_BASE + 0x1d      //接收错误计数器
# define EFLG          MCP2515_BASE + 0x2d      //错误标志寄存器,最高两位必须由 MCU 复位
# define CANINTE       MCP2515_BASE + 0x2b      //中断使能寄存器
# define CANINTF       MCP2515_BASE + 0x2c      //中断标志寄存器,写 0 则清除相应的中断
# define CANCTRL       MCP2515_BASE + 0x0f      //CAN 控制寄存器
# define CANSTAT       MCP2515_BASE + 0x0e      //CAN 状态寄存器
/ * * * * * * * * * * * * * * * * * * * * * * * * * * * * * * * * * * * * * * * * *
              定义 EFLG 错误标志寄存器的命令字
   * * * * * * * * * * * * * * * * * * * * * * * * * * * * * * * * * * * * * * * */
# define EWARN         0x01<<0                  //错误警告寄存器,当 TEC
                                                //或 REC 大于等于 96 时置 1
# define RXWAR         0x01<<1                  //当 REC 大于等于 96 时置 1
# define TXWAR         0x01<<2                  //当 TEC 大于等于 96 时置 1
# define RXEP          0x01<<3                  //当 REC 大于等于 128 时置 1
# define TXEP          0x01<<4                  //当 TEC 大于等于 128 时置 1
# define TXBO          0x01<<5                  //当 TEC 大于等于 255 时置 1
# define RX0OVR        0x01<<6                  //接收缓冲区 0 溢出
```

```
# define RX1OVR        0x01<<7              //接收缓冲区 1 溢出
/* * * * * * * * * * * * * * * * * * * * * * * * * * * * * * * * * * * * * * *
                     定义 TXBnCTRL 寄存器的命令字
  * * * * * * * * * * * * * * * * * * * * * * * * * * * * * * * * * * * * * */
# define TXREQ         0x08                 //报文发送请求位
# define ABTF          0x40                 //报文发送中止标志位
* * * * * * * * * * * * * * * * TXBnDLC 寄存器和 RXBnDLC 寄存器 * * * * * * * * * * * * *
# define RTR           0x40                 //远程发送请求位
* * * * * * * * * * * * * * * * * TXBnSIDL 寄存器和 RXFnSIDL 寄存器 * * * * * * * * * * *
# define EXIDE         0x08                 //扩展标识符使能位
* * * * * * * * * * * * * * * * RXBnSIDL 寄存器 * * * * * * * * * * * * * * * * * * * *
# define IDE           0x08
               //扩展标识符标志位,该位表明收到的报文是标准帧还是扩展帧
# define SRR           0x10                 //远程发送请求位（只有当 IDE 位＝0 时有效）
/* * * * * * * * * * * * * * * * * * * * * * * * * * * * * * * * * * * * * * *
                     定义 MCP2515 的中断使能寄存器命令字
  * * * * * * * * * * * * * * * * * * * * * * * * * * * * * * * * * * * * * */
# define MERRF         0x80                 //报文错误中断使能位
# define WAKIF         0x40                 //唤醒中断使能位
# define ERRIF         0x20                 //错误中断使能位
# define TX2IF         0x10                 //发送缓冲器 2 空中断使能位
# define TX1IF         0x08                 //发送缓冲器 1 空中断使能位
# define TX0IF         0x04                 //发送缓冲器 0 空中断使能位
# define RX1IF         0x02                 //接收缓冲器 1 满中断使能位
# define RX0IF         0x01                 //接收缓冲器 0 满中断使能位
/* * * * * * * * * * * * * * * * * * * * * * * * * * * * * * * * * * * * * * *
                     定义 MCP2515 操作的命令字
  * * * * * * * * * * * * * * * * * * * * * * * * * * * * * * * * * * * * * */
# define CAN_RESET     0xc0                 //复位命令
# define CAN_W         0x02                 //写命令＋（地址＋数据）
# define CAN_W_BUFFER  0x40                 //装载发送缓冲区命令[0-2]
                            //000 指针起始于 TXB0SIDH;001 指针起始于 TXB0D0
                            //010 指针起始于 TXB1SIDH;011 指针起始于 TXB0D1
                            //100 指针起始于 TXB2SIDH;101 指针起始于 TXB0D2
# define CAN_R         0x03                 //读命令＋（地址）
# define CAN_R_BUFFER  0x90
               //读缓冲区命令[1-2] 00 指针起始于 RXB0SIDH;01 指针起始于 RXB0D0
               //10 指针起始于 RXB1SIDH;11 指针起始于 RXB1D0
# define CAN_R_STATE   0xa0                 //读状态命令
# define CAN_RX        0xb0                 //读出接收缓冲区的状态
# define CAN_M_BIT     0x01                 //位修改命令＋地址＋屏蔽字节＋数据字节
# define CAN_RTS       0x80 //请求发送命令[0-3] 000 无发送;001 TX0;010;TX1;100 TX2
```

```
/*********************************************************
                  定义 MCP2515 的 CAN 工作模式
  ********************************************************/
#define CAN_Config_Mode      0x80          //配置模式
#define CAN_Listen_Only_Mode 0x60          //仅监听模式
#define CAN_LoopBack_Mode    0x40          //环回模式
#define CAN_Sleep_Mode       0x20          //休眠模式
#define CAN_Normal_Mode      0x00          //正常工作模式
/*********************************************************
                  定义 MCP2515 的 SPI 操作的 CAN 指令
  ********************************************************/
#define CAN_I_RESET          0xc0          //复位
#define CAN_I_READ           0x03          //从寄存器中读出数据
#define CAN_I_READ_RX        0x90          //读 RX 缓冲器指令
#define CAN_I_WRITE          0x02          //向寄存器中写入数据
#define CAN_I_WRITE_TX       0x40          //装载 TX 缓冲器指令
#define CAN_I_RTS            0x80          //发送请求
#define CAN_I_READ_STATE     0xa0          //读取寄存器状态
#define CAN_I_RX_STATE       0xb0          //快速确定与报文和报文类型相匹配的滤波器
#define CAN_I_BIT_CHANGE     0x05          //位修改指令
#endif
```

说明：

```
#ifndef   _MCP2515_H_
#define   _MCP2515_H_
...
#endif
```

上述 3 句属于条件编译，一般情况下对 C 语言程序进行编译时，所有的程序都参加编译，但是有时候希望对其中一部分内容在满足一定条件下进行编译，这就是条件编译。条件编译可以选择不同的编译范围，从而产生不同的编译代码。在 Keil Cx51 编译器的预处理器中，提供了以下条件编译命令：#if、#elif、#ifdef、#ifndef、#else、#endif，这些命令有 3 种使用方法。

条件编译使用方法一：

#ifdef　标识符

　　　程序段 1

#else

　　　程序段 2

#endif

其功能是：如果定义指定的标识符，那么程序段 1 参加编译，并产生有效的程序代码;否则,程序段 2 参加编译并产生有效的程序代码。

条件编译使用方法二:

```
#ifndef    标识符
            程序段 1
#else
            程序段 2
#endif
```

其功能是:如果没有定义指定的标识符,那么程序段 1 参加编译,并产生有效的程序代码;否则,程序段 2 参加编译并产生有效的程序代码。其与第一种使用方法刚好相反。

条件编译使用方法三:

```
#if    常量表达式 1
            程序段 1
#elif    常量表达式 2
            程序段 2
...
            #elif    常量表达式 n-1
                      程序段 n-1
#else
            程序段 n
#endif
```

其功能类似于分支程序:顺序判断常量表达式是否为真,如果为真,则执行相应的程序段编译;如果所有常量表达式都为假,那么编译#else 后面的程序段 n。

使用条件编译可以事先给定某一条件,以使程序在不同的条件下完成不同的功能,这对于提高 C 语言程序的通用性有好处。

3.4.2　子函数详解

```
//-------------------------------------------------
// MCP2515.C
//-------------------------------------------------
#include <REG52.H>
#include "MCP2515.h"
#include <intrins.h>
/*************************************************
                定义 I/O 口,用于模拟 SPI 总线

*************************************************/
sbit CAN_SCK    = P1^7;
```

```
sbit CAN_MISO  = P1^6;
sbit CAN_MOSI  = P1^5;
sbit CAN_CS    = P1^3;
sbit CAN_RST   = P1^4;
/******************** 函数声明 ********************/
void      Set_CAN_Baudrate(unsigned int baudrate);        //设置 CAN 的通信波特率
void      CAN_Init(void);                                 //CAN 的初始化
void      CAN_Write(unsigned char address,unsigned char num);  //向寄存器地址写入数据
unsigned char      CAN_Read(unsigned char address);       //从寄存器地址读取数值
void      Pro_CAN_ERROR(void);                            //CAN 总线错误
static void      SPI_Write(unsigned char num);            //SPI 写函数
static unsigned char  SPI_Read(void);                     //SPI 读函数
/***************************************************
** 函数名称: CAN_Init()
** 功能描述: CAN 初始化,设置波特率、验收滤波器、屏蔽滤波器、中断、发送描述符、引脚
            输出配置等
***************************************************/
void CAN_Init(void)
{
    unsigned char num = 0;           //定义局部变量
    CAN_RST = 1;
    CAN_SCK = 1;
    CAN_CS = 1;
    CAN_MISO = 1;
    CAN_MOSI = 1;
    CAN_CS = 0;                      //选中 MCP2515
    SPI_Write(CAN_I_RESET);         //复位,进入配置模式,以便配置寄存器
    CAN_CS = 1;
    do
    {
        num = CAN_Read(CANSTAT) & CAN_Config_Mode;
    }
    while(num != CAN_Config_Mode);  //判断是否进入配置模式
    CAN_Write(CNF1, 0x09);          //配置寄存器 1,默认 CAN 波特率为 100 kbit/s
    CAN_Write(CNF2, 0xa1);          //配置寄存器 2,位时间为 12T_Q,同步段——1T_Q,
                                    //传播段——2T_Q,PS1 = 5T_Q,PS2 = 4T_Q
    CAN_Write(CNF3, 0x43);          //配置寄存器 3,唤醒滤波器使能
    CAN_Write(TXRTSCTRL, 0x00);     //TXnRST 作为数字引脚,非发送请求引脚
    /**************** 配置验收滤波器 0 ****************/
    CAN_Write(RXF0SIDH, 0x00);      //标准标识符高字节
    CAN_Write(RXF0SIDL, 0x00 | EXIDE); //标准标识符低字节"|EXIDE"仅容许接收扩展帧
    CAN_Write(RXF0EID8, 0x00);      //扩展标识符高字节
```

```
CAN_Write(RXF0EID0, 0x00);            //扩展标识符低字节
/******************** 配置验收滤波器 1 ********************/
CAN_Write(RXF1SIDH, 0x00);
CAN_Write(RXF1SIDL, 0x00);
CAN_Write(RXF1EID8, 0x00);
CAN_Write(RXF1EID0, 0x00);
/******************** 配置验收滤波器 2 ********************/
CAN_Write(RXF2SIDH, 0x00);
CAN_Write(RXF2SIDL, 0x00 | EXIDE);
CAN_Write(RXF2EID8, 0x00);
CAN_Write(RXF2EID0, 0x00);
/******************** 配置验收滤波器 3 ********************/
CAN_Write(RXF3SIDH, 0x00);
CAN_Write(RXF3SIDL, 0x00);
CAN_Write(RXF3EID8, 0x00);
CAN_Write(RXF3EID0, 0x00);
/******************** 配置验收滤波器 4 ********************/
CAN_Write(RXF4SIDH, 0x00);
CAN_Write(RXF4SIDL, 0x00 | EXIDE);
CAN_Write(RXF4EID8, 0x00);
CAN_Write(RXF4EID0, 0x00);
/******************** 配置验收滤波器 5 ********************/
CAN_Write(RXF5SIDH, 0x00);
CAN_Write(RXF5SIDL, 0x00);
CAN_Write(RXF5EID8, 0x00);
CAN_Write(RXF5EID0, 0x00);
/******************** 配置验收屏蔽滤波器 0 ********************/
CAN_Write(RXM0SIDH, 0x00);            //为 0 时,对应的滤波位不起作用
CAN_Write(RXM0SIDL, 0x00);
CAN_Write(RXM0EID8, 0x00);
CAN_Write(RXM0EID0, 0x00);
/******************** 配置验收屏蔽滤波器 1 ********************/
CAN_Write(RXM1SIDH, 0x00);
CAN_Write(RXM1SIDL, 0x00);
CAN_Write(RXM1EID8, 0x00);
CAN_Write(RXM1EID0, 0x00);
CAN_Write(CANCTRL, CAN_Normal_Mode);  //进入正常模式
do{
    num = CAN_Read(CANSTAT)&CAN_Normal_Mode;
    }
while(num! = CAN_Normal_Mode);        //判断是否进入正常工作模式
CAN_Write(BFPCTRL,0x00);              //RXnRST 禁止输出
```

```
    CAN_Write(CANINTE,RXOIE);          //中断容许
    /************配置发送缓冲区 0,发送标准数据帧到 ID:0x000 的 CAN 节点***/
    CAN_Write(TXB0SIDH, 0x00);         //标准标识符高字节
    CAN_Write(TXB0SIDL, 0x00);         //标准标识符低字节,"EXIDE"为 1 即发送扩展帧
    CAN_Write(TXB0EID8, 0x00);         //扩展标识符高字节
    CAN_Write(TXB0EID0, 0x00);         //扩展标识符低字节
    /********************配置发送缓冲区 1*********************/
    CAN_Write(TXB1SIDH, 0x00);         //标准标识符高字节
    CAN_Write(TXB1SIDL, 0x00);         //标准标识符低字节,"EXIDE"为 1 即发送扩展帧
    CAN_Write(TXB1EID8, 0x00);         //扩展标识符高字节
    CAN_Write(TXB1EID0, 0x00);         //扩展标识符低字节
    /******************配置发送缓冲区 2**********************/
    CAN_Write(TXB2SIDH, 0x00);         //标准标识符高字节
    CAN_Write(TXB2SIDL, 0x00);         //标准标识符低字节,"EXIDE"为 1 即发送扩展帧
    CAN_Write(TXB2EID8, 0x00);         //扩展标识符高字节
    CAN_Write(TXB2EID0, 0x00);         //扩展标识符低字节
    CAN_Write(RXB0CTRL, 0x00);         //输入缓冲器 0 控制寄存器,接收所有符合滤波条
                                       //件的报文,滚存禁止,使能验收滤波寄存器 0
    CAN_Write(RXB1CTRL, 0x00);         //输入缓冲器 0 控制寄存器,接收所有符合滤波条
                                       //件的报文
}
/*****************************************************************
** 函数名称: Pro_CAN_ERROR()
** 功能描述: CAN 总线错误处理
****************************************************************** /
void Pro_CAN_ERROR(void)
{
    unsigned char num;
    num = CAN_Read(EFLG);      //读错误标志寄存器,判断错误类型
    if(num & EWARN)            //错误警告寄存器,当 TEC 或 REC 大于等于 96 时置 1
    {
        CAN_Write(TEC, 0);
        CAN_Write(REC, 0);
    }
    if(num & RXWAR)            //当 REC 大于等于 96 时置 1
    { ;    }
    if(num & TXWAR)            //当 TEC 大于等于 96 时置 1
    { ;    }
    if(num & RXEP)             //当 REC 大于等于 128 时置 1
    { ;    }
    if(num & TXEP)             //当 TEC 大于等于 128 时置 1
    { ;    }
```

```
    if(num & TXBO)              //当 TEC 大于等于 255 时置 1
    { ;    }
    if(num & RXOOVR)            //接收缓冲区 0 溢出
    {
        ;      //根据实际情况处理,一种处理办法是发送远程桢,请求数据重新发送
    }
    if(num & RX1OVR)            //接收缓冲区 1 溢出
    {
        ;
    }
}
/* ***********************************************************
** 函数名称: Set_CAN_Baudrate(unsigned int baudrate)
** 功能描述: 设置 CAN 总线波特率
** 备注:      晶振 24MHz
**            baudrate = [1000,500,250,200,100,50,25,20]K
*********************************************************** /
void Set_CAN_Baudrate(unsigned int baudrate)
{
    unsigned char BRP;
    unsigned char num;
    switch(baudrate)
    {
        case 1000:    BRP = 0; break;
        case 500:     BRP = 1; break;
        case 250:     BRP = 3; break;
        case 200:     BRP = 4; break;
        case 100:     BRP = 9; break;
        case 50:      BRP = 19; break;
        case 25:      BRP = 39; break;
        case 20:      BRP = 49; break;
        default:      break;
    }
    CAN_Write(CANCTRL, CAN_Config_Mode);          //进入配置模式
    do
    {
        num = CAN_Read(CANSTAT) & CAN_Config_Mode;
    }
    while(num != CAN_Config_Mode);                //判断是否进入配置模式
    CAN_Write(CNF1, BRP);                         //配置寄存器 1
    CAN_Write(CANCTRL, CAN_Normal_Mode);          //进入正常模式
    do
```

```
    {
        num = CAN_Read(CANSTAT) & CAN_Normal_Mode;
    }
    while(num ! = CAN_Normal_Mode);                    //判断是否进入正常工作模式
}
/* **********************************************************
函数名称：CAN_Read()
功能描述：CAN 读函数
返回值   ：读取地址的数据内容
********************************************************** */
unsigned char CAN_Read(unsigned char address) reentrant
{
    unsigned char num;
    CAN_CS = 0;                                        //选中 MCP2515
    SPI_Write(CAN_I_READ);                             //发送读命令
    SPI_Write(address);                               //读取的地址
    num = SPI_Read();                                 //读取目的地址的内容
    CAN_CS = 1;                                        //退出 MCP2515
    return (num);                                      //返回读取的数据
}
/* **********************************************************
** 函数名称：CAN_Write()
** 功能描述：CAN 写函数
********************************************************** /
void CAN_Write(unsigned char address, unsigned char num) reentrant
{
    CAN_CS = 0;
    SPI_Write(CAN_I_WRITE);                           //发送写命令
    SPI_Write(address);                               //要写入的地址
    SPI_Write(num);                                   //要写入的内容
    CAN_CS = 1;
}
/* **********************************************************
** 函数名称：
void CAN_TX_D_Frame(unsigned char buffer_num,unsigned char data_num,unsigned char * Ptr)
** 功能描述：CAN 发送数据信息帧
** 参数说明：buffer_num - 发送缓冲器编号,data_num - 数据量,* Ptr - 待发送数据指针
********************************************************** /
void CAN_TX_D_Frame(unsigned char buffer_num,unsigned char data_num,unsigned char * Ptr)
{
    unsigned char i;
    if(data_num>8)
```

```
    {
        return ;
    }
    else
    {
        switch(buffer_num)                              //判断发送缓冲器编号
        {
            case 0:
                CAN_Write(TXB0DLC,data_num);            //数据量
                for(i = 0;i<data_num;i++)
                {
                    CAN_Write(TXB0D_BASE + i, *(Ptr + i));    //写入数据
                }
                CAN_Write(TXB0CTRL, TXREQ | 0x03);   //最高优先级,请求发送数据
                break;
            case 1:
                CAN_Write(TXB1DLC,data_num);            //数据量
                for(i = 0;i<data_num;i++)
                {
                    CAN_Write(TXB1D_BASE + i, *(Ptr + i));    //写入数据
                }
                CAN_Write(TXB1CTRL, TXREQ | 0x03);   //最高优先级,请求发送数据
                break;
            case 2:
                CAN_Write(TXB2DLC,data_num);            //数据量
                for(i = 0;i<data_num;i++)
                {
                    CAN_Write(TXB2D_BASE + i, *(Ptr + i));    //写入数据
                }
                CAN_Write(TXB2CTRL, TXREQ | 0x03);   //最高优先级,请求发送数据
                break;
            default:
                break;
        }
    }
}
/************************************************************
** 函数名称: void CAN_TX_R_Frame(unsigned char buffer_num)
** 功能描述: CAN 发送远程信息帧
** 参数说明: buffer_num - 发送缓冲器编号
*************************************************************/
void CAN_TX_R_Frame(unsigned char buffer_num)
```

```
{
    switch(buffer_num)
    {
        case 0:
            CAN_Write(TXB0DLC,RTR);                  //远程帧
            CAN_Write(TXB0CTRL, TXREQ | 0x03);        //最高优先级,请求发送数据
            break;
        case 1:
            CAN_Write(TXB1DLC,RTR);                  //远程帧
            CAN_Write(TXB1CTRL, TXREQ | 0x03);        //最高优先级,请求发送数据
            break;
        case 2:
            CAN_Write(TXB2DLC,RTR);                  //远程帧
            CAN_Write(TXB2CTRL, TXREQ | 0x03);        //最高优先级,请求发送数据
            break;
        default:
            break;
    }
}
/ * * * * * * * * * * * * * * * * * * * * * * * * * * * * * * * * * * * * * * * * * * * * * * * *
* * 函数名称: SPI_Write()
* * 功能描述: SPI 写函数
* * * * * * * * * * * * * * * * * * * * * * * * * * * * * * * * * * * * * * * * * * * * * * * * /
static void SPI_Write(unsigned char num)
{
    unsigned char i;
    for(i = 0; i < 8; i++)
    {
        if(num & 0x80)
        { CAN_MOSI = 1; }
        else
        { CAN_MOSI = 0; }
        CAN_SCK = 0;
        _nop_();
        CAN_SCK = 1;
        _nop_();
        num = num * 2;
    }
}

/ * * * * * * * * * * * * * * * * * * * * * * * * * * * * * * * * * * * * * * * * * * * * * * * *
* * 函数名称: SPI_Read()
```

```
** 功能描述：SPI 读函数
*********************************************************/
static unsigned char SPI_Read(void)
{
    unsigned char num = 0,i;
    for(i = 0; i < 8; i++)
    {
        CAN_SCK = 0;
        _nop_();
        num = num * 2;
        if(CAN_MISO)
        { num | = 0x01; }
        else
        { num & = 0xfe; }
        CAN_SCK = 1;
        _nop_();
    }
    return(num);
}
```

说明：

```
static   void         SPI_Write(unsigned char num);        //SPI 写函数
static   unsigned char  SPI_Read(void);                    //SPI 读函数
```

这两个函数前均有 static，表明函数为静态函数。使用静态函数使得函数只在其所在的模块程序中有效，利于程序的模块化设计。通俗地讲，在其他模块程序中也可以定义与此模块中静态函数的"同名函数"，这不会引起在整个程序中存在同名函数而发生调用函数的混乱现象。

3.4.3 完整的 CAN 总线学习板发送源程序

```
/********************************************************
main.c
说明:MCP2515 实验的发送程序,实现简单的数据发送功能,程序仅供参考,请根据实际情况
    编写适合自己项目的程序
*********************************************************/
# include <REG52.H>
# include "MCP2515.h"
# include "MCP2515.c"
sbit LED_g = P3^4;                     //定义 LED 指示灯
sbit LED_r = P3^5;
bit  flag = 0;                         //定义位标志
```

```
unsigned char TX_DATA[8];                        //CAN 发送缓冲区
unsigned char RX_DATA[8];                        //CAN 接收数据缓冲区
/*********************************************************
** 函数名称：delayms(unsigned int num)
** 功能描述：延时,变量 num 越大,延时越长。
*********************************************************/
void delayms(unsigned int num)
{
    unsigned int i,j;
    for(i = 0; i < num; i++)
    {
        for(j = 0; j < 619; j++);
    }
}


/*********************************************************
** 函数名称：CAN_ISR()
** 功能描述：CAN 中断处理函数,响应 INT1 中断
*********************************************************/
void CAN_ISR(void) interrupt 2
{
    unsigned char num1,num2,num3;
    unsigned int num;
    unsigned int i;
    LED_g = ~LED_g;                              //指示灯状态变化
    num1 = CAN_Read(CANINTF); //读中断标志寄存器,根据中断类型,分别处理报文错误中断
    if(num1 & MERRF)
    {
        CAN_Write(CANINTF, num1 & ~MERRF);       //清中断标志
    }
    if(num1 & WAKIF)                             //唤醒中断
    {
        CAN_Write(CANINTF, num1 & ~WAKIF);       //清中断标志
        CAN_Write(CANCTRL, CAN_Normal_Mode);     //唤醒后,在仅监听模式,须设置进入
                                                 //正常工作模式
        do                                       //判断是否进入正常工作模式
        {
            num = CAN_Read(CANSTAT);
        }
        while(num != CAN_Normal_Mode);
    }
    if(num1 & ERRIF)                             //错误中断
```

```
{
    CAN_Write(CANINTF, num1 & ~ERRIF);          //清中断标志
    Pro_CAN_ERROR();                            //分别处理各个错误
}
if(num1 & TX2IF)                                //发送 2 成功中断
{
    CAN_Write(CANINTF, num1 & ~TX2IF);          //清中断标志
}
if(num1 & TX1IF)                                //发送 1 成功中断
{
    CAN_Write(CANINTF, num1 & ~TX1IF);          //清中断标志
}
if(num1 & TX0IF)                                //发送 0 成功中断
{
    CAN_Write(CANINTF, num1 & ~TX0IF);          //清中断标志
}
if(num1 & RX1IF)                                //接收 1 成功中断
{
    CAN_Write(CANINTF, num1 & ~RX1IF);          //清中断标志
}
if(num1 & RX0IF)                                //接收 0 成功中断
{
    CAN_Write(CANINTF, num1 & ~RX0IF);          //清中断标志
    num2 = CAN_Read(RXB0SIDL);
    num3 = CAN_Read(RXB0DLC);
    num = num3 & 0x0f;                           //求数据长度
    if(num2 & IDE)                              //收到扩展帧
    {
        if(num3 & RTR)                          //远程帧,则读取标识符,按照此标识符
                                                //发送要求的数据
        { ; }
        else                                    //数据帧,接收处理数据
        {
            for(i = 0; i < num; i ++)
            {
                RX_DATA[ i ] = CAN_Read(RXB0D_BASE + i);
            }
        }
    }
    else                                        //收到标准帧
    {
        if(num2 & SRR)                          //远程帧,则读取标识符,按照此标识符
```

```
                                              //发送要求的数据
            { ; }
            else                              //数据帧,接收处理数据
              {
                for( i = 0; i < num; i ++ )
                  {
                      RX_DATA[ i ] = CAN_Read( RXB0D_BASE + i );
                  }
              }
          }
      }
    flag = 1;
}
/********************************************************
** 函数名称: InitSys()
** 函数功能: 初始化系统
********************************************************/
void InitSys(void)
{
    IT1 = 0;
    EX1 = 1;                                  //外部中断 1 允许
    EA = 1 ;                                  //开放全局中断
}


/********************************************************
** 函数名称: main()
** 功能描述: 主函数
********************************************************/
void main(void)
{
    InitSys();                               //系统初始化
    CAN_Init();                              //CAN 初始化
    Set_CAN_Baudrate(100);                   //设置 CAN 波特率 100 kbit/s
    CAN_Write(CANCTRL,CAN_Normal_Mode);      //进入正常模式
    delayms(100);                            //小延时
    LED_g = 0;                               //点亮指示灯
    while (1)
    {
        CAN_TX_D_Frame(0, 8, &TX_DATA[0]);   //通过 CAN 发送缓冲区 0 发送 8 个字节
                                             //的数据帧
        delayms(300);
        LED_r = ~LED_r;                      //指示灯取反
    }
```

3.4.4 完整的 CAN 总线学习板 CAN 转 RS – 232 串口源程序

```c
/*********************************************************
** main.c
** MCP2515 实验的接收程序,实现 CAN 到 RS – 232 串口的基本转换功能,仅供参考
*********************************************************/
# include <reg52.h>
# include "MCP2515.h"
# include "MCP2515.c"
sbit LED_g = P3^4;
sbit LED_r = P3^5;
bit   flag = 0;
unsigned char TX_DATA[8];   //CAN 发送数据数组
unsigned char RX_DATA[8];   //CAN 接收数据数组
/*********************************************************
** 函数名称: delayms()
** 功能描述: 延时
*********************************************************/
void delayms(unsigned int num)
{
    unsigned int i,j;
    for(i = 0; i < num; i ++ )
    {
        for(j = 0; j < 619; j ++ );
    }
}


/*********************************************************
** 函数名称: CAN_ISR()
** 功能描述: CAN 中断处理函数 INT1
*********************************************************/
void CAN_ISR(void) interrupt 2
{
    unsigned char num1,num2,num3;
    unsigned int num;
    unsigned int i;
    LED_g = ~LED_g;
    num1 = CAN_Read(CANINTF); //读中断标志寄存器,根据中断类型,分别处理报文错误中断
    if(num1 & MERRF)
    {
        CAN_Write(CANINTF, num1 & ~MERRF);   //清中断标志
    }
    if(num1 & WAKIF)                         //唤醒中断
    {
        CAN_Write(CANINTF, num1 & ~WAKIF);   //清中断标志
```

```
      CAN_Write(CANCTRL, CAN_Normal_Mode);  //唤醒后,在仅监听模式,须设置进入正常
                                            //工作模式
      do
      {
          num = CAN_Read(CANSTAT);
      }
      while(num ! = CAN_Normal_Mode);       //判断是否进入正常工作模式
  }
  if(num1 & ERRIF)                          //错误中断
  {
      CAN_Write(CANINTF, num1 & ~ERRIF);    //清中断标志
      Pro_CAN_ERROR();                      //分别处理各个错误
  }
  if(num1 & TX2IF)                          //发送 2 成功中断
  {
      CAN_Write(CANINTF, num1 & ~TX2IF);    //清中断标志
  }
  if(num1 & TX1IF)                          //发送 1 成功中断
  {
      CAN_Write(CANINTF, num1 & ~TX1IF);    //清中断标志
  }
  if(num1 & TX0IF)                          //发送 0 成功中断
  {
      CAN_Write(CANINTF, num1 & ~TX0IF);    //清中断标志
  }
  if(num1 & RX1IF)                          //接收 1 成功中断
  {
      CAN_Write(CANINTF, num1 & ~RX1IF);    //清中断标志
  }
  if(num1 & RX0IF)                          //接收 0 成功中断
  {
      CAN_Write(CANINTF, num1 & ~RX0IF);    //清中断标志
      num2 = CAN_Read(RXB0SIDL);
      num3 = CAN_Read(RXB0DLC);
      num = num3 & 0x0f;                    //求数据长度
      if(num2 & IDE)                        //收到扩展帧
      {
        if(num3 & RTR)          //远程帧,则读取标识符,按照标识符发送要求的数据
        { ; }
        else                    //Buffer 0 接收到扩展数据帧,数据长度为 num,接收处理数据
          {
              for(i = 0; i < num; i++)
              {
                  RX_DATA[ i ] = CAN_Read(RXB0D_BASE + i);
              }
```

```
                    }
                }
            else                    //Buffer 0 收到标准远程帧
            {
                if(num2 & SRR)       //远程帧,则读取标识符,按照此标识符发送要求的数据
                { ; }
                else                 //Buffer 0 接收到标准数据帧,数据长度为 num,接收处理数据
                {
                    for(i = 0; i < num; i++)
                    {
                        RX_DATA[i] = CAN_Read(RXB0D_BASE + i);
                    }
                }
            }
        }
    }
    flag = 1;                        //标志位置位
}
/***********************************************************
** 函数名称: InitSys()
** 功能描述: 初始化单片机中断、定时器、串口
***********************************************************/
void InitSys(void)
{
    //--------------------------- 串口、定时器
    TMOD = 0x20;                     //定时器 1 设为方式 2
    TL1 = 0xFD;                      //定时器初值
    TH1 = 0xFD;
    SCON = 0x50;                     //串口设为方式 1,REN = 1 允许接收
    TR1 = 1;                         //启动定时器 1
    ES = 1;                          //开串行中断
    //--------------------------- INT1
    IT1 = 0;
    EX1 = 1;
    EA = 1 ;
}
/***********************************************************
** 函数名称:main()
** 功能描述:主函数
***********************************************************/
void main(void)
{
    unsigned char j;
    InitSys();
    CAN_Init();                      //CAN 初始化
    Set_CAN_Baudrate(100);           //设置 CAN 波特率 100 kHz
```

```
CAN_Write(CANCTRL,CAN_Normal_Mode);
delayms(100);
LED_g = 0;
while (1)
{
    //----------------------------------- 向串口发送接收到的 CAN 数据
    if(flag == 1)            //如果标志位置位
    {
        ES = 0;
        for(j = 0;j<8;j++)  //向串口发送 8 字节的一组数据
        {
            SBUF = RX_DATA[j];
            while(TI == 0)
            {}
            TI = 0;
        }
        ES = 1;
        flag = 0;            //标志位清零
        LED_r = ~LED_r;      //指示灯取反
    }
}
}
```

3.5　SJA1000 和 MCP2515 在滤波器设置时的区别

两者滤波器设置的有关内容主要区别是 MCP2515 具有两个接收缓冲区 RXB0 和 RXB1:RXB0 是具有较高优先级的缓冲器,配置有一个屏蔽滤波寄存器和两组验收滤波寄存器。接收到的报文首先在 RXB0 中进行屏蔽滤波;RXB1 是优先级较低的缓冲器,配置有一个屏蔽滤波寄存器和 4 组验收滤波寄存器。报文除了首先在 RB0 中进行屏蔽滤波外,由于 RB0 的验收滤波寄存器数量较少,因此 RB0 接收匹配条件更为严格,表明 RB0 具有较高的优先级。MCP2515 的接收缓冲器功能框图如图 3 - 7 所示。

SJA1000 只有一个接收缓冲区、一组验收屏蔽寄存器、一组验收滤波寄存器。BasicCAN 模式下 SJA1000 滤波器设置较为简单,PeliCAN 模式下的滤波器设置可以分为单滤波器配置和双滤波器配置,其接收缓冲器功能框图如图 3 - 8 所示。

相比较而言,MCP2515 的滤波器设置更为灵活,可以多滤波器匹配;如果接收报文符合一个以上滤波寄存器的接收条件,则 FILHIT 位中的二进制代码将反映其中编号最小的滤波寄存器。例如,如果滤波器 RXF2 和 RXF4 同时与接收报文匹配,则 FILHIT 中将装载 RXF2 编码值,这实际上为编号较小的验收滤波寄存器赋予了较高的优先级。接收报文将按照编号升序依次与滤波寄存器进行匹配比较,这意味着

RXB0 的优先级比 RXB1 高。

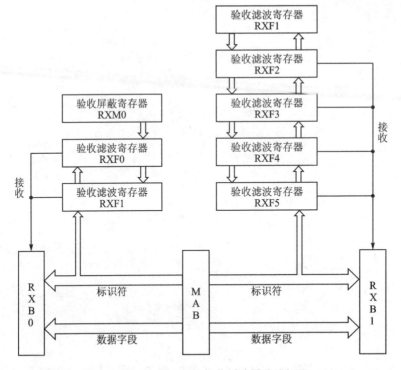

图 3 - 7　MCP2515 的接收缓冲器功能框图

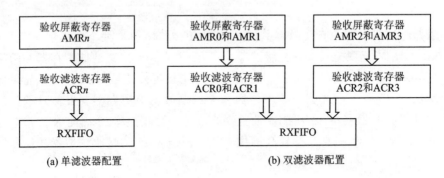

(a) 单滤波器配置　　　　　　　　(b) 双滤波器配置

图 3 - 8　PeliCAN 模式下 SJA1000 的接收缓冲器功能框图

第 **4** 章

基于 STM32 的 CAN 2.0A 协议通信程序

4.1　基于 STM32 的 CAN 总线学习板硬件电路设计实例

基于 STM32 的 CAN 总线学习板的电路原理图如图 4-1 所示。

4.2　学习板实现的功能

图 4-1 所示硬件电路图可以实现的功能如下：
- 支持 32 路 LED 指示灯报警功能。
- 隔离 CAN 收发器 CTM1050。
- CAN 2.0A 标准帧，数据帧。
- 有间隔数据，时间间隔为 100 ms。
- CAN 总线波特率 250 kbit/s。
- JTAG 接口下载程序。

功能概述：基于 STM32 的 CAN 总线学习板以 100 ms 的时间间隔，向目标 CAN 节点发送心跳数据，证明本节点工作正常；通过 CAN 接收中断，随时接收报警数据帧并通过 LED 指示灯显示。该学习板实物如图 4-2 所示。

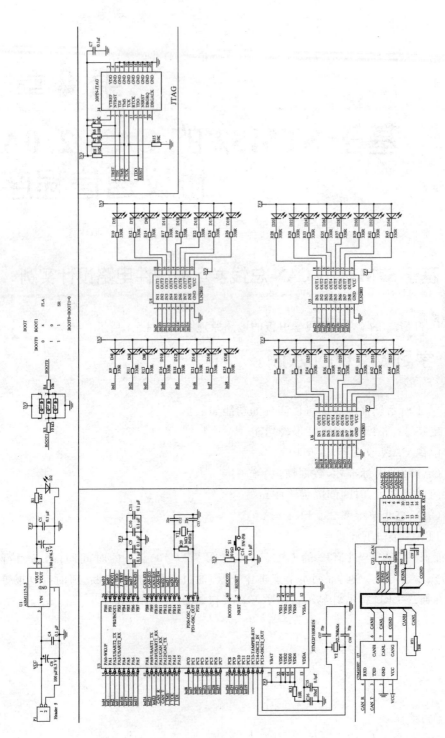

图4-1　基于STM32的CAN总线学习板的电路原理图

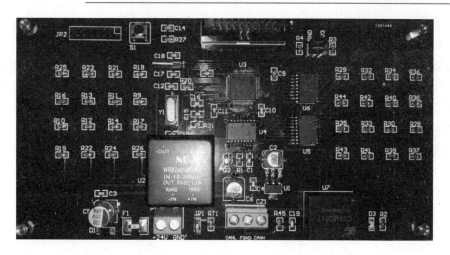

图 4 - 2 基于 STM32 的 CAN 总线学习板实物图(正面)

4.3 学习板硬件选择及电路构成

基于 STM32 的 CAN 总线学习板采用 STM32F103RBT6 作为微处理器,CAN 收发器采用 CTM1050 模块。由图 4 - 1 硬件电路原理图可知,STM32F103RBT6 自带 CAN 控制器,其 PA11(CAN_RX)直接连接 CTM1050 模块的 RXD,PA12(CAN_TX)直接连接 CTM1050 模块的 TXD。

查阅 STM32F103RBT6 的数据手册可知,STM32F103RBT6 有关 CAN 的 GPIO 的复用功能引脚号及其复用功能配置如表 4 - 1 所列。

表 4 - 1 STM32F103RBT6 的 CAN 引脚复用功能

引脚编号						引脚名称	类型	I/O电平	主功能(复位后)	可选的复用功能	
LFBGA100	LQFP48	TFBGA64	LQFP64	LQFP100	VFQFPN36					默认复用功能	重定义功能
C10	32	C8	44	70	23	PA11	I/O	FT	PA11	USART1_CTS/USBDM CAN_RX/TIM1_CH4	
B10	33	B8	45	71	24	PA12	I/O	FT	PA12	USART1_RTS/USBDP/ CAN_TX/TIM1_EIRT	
B4	45	B3	61	95	—	PB8	I/O	FT	PB8	TIM4_CH3	I2C1_SCL/ CAN_RX
A4	46	A3	62	96	—	PB9	I/O	FT	PB9	TIM4_CH4	I2C1_SDA/ CAN_TX
D8	5	C1	5	81	2	PD0	I/O	FT	OSC_IN		CAN_RX
E8	6	D1	6	82	3	PD1	I/O	FT	OSC_OUT		CAN_TX

STM32F103RBT6 的 CAN 引脚复用功能是指:在设计电路图尤其是 PCB 图时,可以根据电路的实际情况,选择使用 PA11 和 PA12、PB8 和 PB9、PD0 和 PD1 中的任意一对引脚作为 CAN_RX 和 CAN_TX,这为 PCB 硬件布线带来很大的便利。

STM32F103RBT6 默认使用 PA11 和 PA12 作为 CAN_RX 和 CAN_TX,使用其他引脚作为 CAN_RX 和 CAN_TX 时,若需要使用 GPIO 的重映射功能,则调用 GPIO 重映射库函数 GPIO_PinRemapConfi g()并启此功能。复用功能重映射可查询《STM32 参考手册》的 GPIO 的重映射内容,CAN 有 3 种映射,如表 4-2 所列。

表 4-2 STM32F103RBT6 的 CAN 引脚复用功能重映射表

复用功能	CAN_REMAP[1:0]= "00"	CAN_REMAP[1:0]= "10"	CAN_REMAP[1:0]= "11"
CAN1_RX 或 AN_RX	PA11	PB8	PD0
CAN1_TX 或 AN_TX	PA12	PB9	PD1

这里基于 STM32 的 CAN 总线学习板使用 PA11 和 PA12 作为 CAN_RX 和 CAN_TX,根据数据手册的说明把 PA11 配置成上拉输入、PA12 配置成复用推挽输出。

```
void CAN_GPIO_Config(void)
{
GPIO_InitTypeDef GPIO_InitStructure;                    //外设时钟设置
RCC_APB2PeriphClockCmd(RCC_APB2Periph_AFIO | RCC_APB2Periph_GPIOA, ENABLE);
                                                        //使能 PORTA 时钟
RCC_APB1PeriphClockCmd(RCC_APB1Periph_CAN1, ENABLE); //使能 CAN1 时钟
GPIO_InitStructure.GPIO_Pin = GPIO_Pin_12;
GPIO_InitStructure.GPIO_Speed = GPIO_Speed_50MHz;
GPIO_InitStructure.GPIO_Mode = GPIO_Mode_AF_PP;        //复用推挽
GPIO_Init(GPIOA, &GPIO_InitStructure);                 //初始化 I/O
GPIO_InitStructure.GPIO_Pin = GPIO_Pin_11;
GPIO_InitStructure.GPIO_Mode = GPIO_Mode_IPU;          //上拉输入
GPIO_Init(GPIOA, &GPIO_InitStructure);                 //初始化 I/O
}
```

为了增强 CAN 总线的抗干扰能力、简化 CAN 节点设计者的硬件设计难度,这里选用隔离 CAN 收发器 CTM1050 模块,该模块其实就是把 CAN 收发器和外围保护隔离电路封装在一起,做成了一个独立模块。如果不采用此类的模块,则需要选择高速光耦 6N137、收发器 TJA1040、小功率电源 DC-DC 隔离模块(如 B0505D-1W)等,这些芯片构成的电路同样可以提高 CAN 节点的稳定性和安全性,只是硬件电路设计复杂一些。

单片机各个引脚 I/O 的电流驱动能力有限,一般不超过 200 mA,

STM32F103RBT6 也不例外。因此,如果想驱动 32 路的 LED 灯,就需要外加驱动能力强的芯片,如 ULN2803、ULN2003 等。考虑到一片 ULN2003 只能驱动 7 路 LED,而一片 ULN2803 可以驱动 8 路 LED,所以本学习板选用 3 片 ULN2803 驱动 24 路 LED,利用 STM32F103RBT6 本身驱动 8 路 LED,这样设计既满足需求,又减少了元器件数量,节约了成本。

可见,采用自带 CAN 控制器的 MCU 设计硬件电路时,原理图相对简单了许多,这是优势;劣势是程序的可移植性不强,只能用在 STM32 系列 MCU,如果想移植到其他型号的 MCU 研发平台,则需要重新编写程序。

4.4 STM32F103RBT6 的 CAN 接口

STM32F103RBT6 的 CAN 接口兼容规范 2.0A 和 2.0B(主动),位速率高达 1 Mbit/s。它可以接收和发送 11 位标识符的标准帧,也可以接收和发送 29 位标识符的扩展帧;具有 3 个发送邮箱和 2 个接收 FIFO,3 级 14 个可调节的滤波器。

1. STM32F103RBT6 的 CAN 架构

图 4-3 为 STM32F103RBT6 的 CAN 架构,图中

(1) 控制/状态/配置

包括:

● 配置 CAN 参数,如波特率;

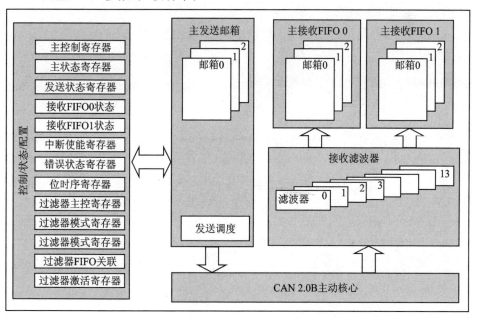

图 4-3　STM32F103RBT6 的 CAN 架构

● 请求发送报文;

● 处理报文接收;

● 管理中断;

● 获取诊断信息。

(2) 发送邮箱

STM32F103RBT6 的 CAN 中共有 3 个发送邮箱供软件发送报文,即最多可以缓存 3 个待发送的报文,发送调度器根据优先级决定哪个邮箱的报文先被发送。与发送邮箱有关的寄存器如表 4 - 3 所列。

表 4 - 3 和发送邮箱有关的寄存器

寄存器名	功 能
标识符寄存器 CAT_TIxR	存储待发送报文的 ID、扩展 ID、IDE 位及 RTR 位
数据长度控制寄存器 CAN_TDTxR	存储待发送报文的 DLC 段
低位数据寄存器 CAN_TDLxR	存储待发送报文数据段的 Data0～Data3 这 4 字节的内容
高位数据寄存器 CAN_TDHxR	存储待发送报文数据段的 Data4～Data7 这 4 字节的内容

当发送报文时,配置填写好这些寄存器,即写明发送的帧类型、帧 ID、帧数据长度,然后把标识符寄存器 CAN_TIxR 中的发送请求寄存器位 TMIDxR_TXRQ 置 1,则可把数据发送出去。

STM32F103RBT6 有关 CAN 的函数库中,通过定义结构体 CanTxMsg 的形式详细定义了 CAN 总线通过邮箱发送数据的各种要素。例程如下:

```
typedef struct
{
    uint32_t StdId;          //标准帧 ID
    uint32_t ExtId;          //扩展帧 ID
    uint8_t IDE;             //标准帧或扩展帧选择
    uint8_t RTR;             //远程帧标志
    uint8_t DLC;             //数据长度
    uint8_t Data[8];         //具体的数据,最长 8 个字节
} CanTxMsg;
```

举例:通过 CAN 总线向地址为 0x050A 的节点发送数据帧、标准帧、数据长度 8 个字节。

首先:

```
CanTxMsg TxMessage;                          //定义数据类型
u32 Sff_CANId_send = 0x050A;                 //定义目标 CAN 节点地址
u8 Can_Send_buf[8] = {0x0A,0x00,0x03,0x01,0x00,0x00,0x00,0x00};
                                             //定义发送缓冲区
```

发送函数如下:

```
void Can_Send_Msg(u16 Sff_Id,u8 * msg,u8 len)
{
  u16 send_i = 0;
  TxMessage.StdId = Sff_Id;
                    //标准标识符为 Sff_Id,标准标识符是 11 位的,设置范围在 0～0X7FF
  TxMessage.ExtId = 0x00;   //设置扩展标示符
  TxMessage.IDE = CAN_ID_STD; //使用标准标识符
  TxMessage.RTR = CAN_RTR_DATA; //消息类型为数据帧
  TxMessage.DLC = len; //发送帧信息长度
  for(send_i = 0;send_i<len;send_i ++ )
    {TxMessage.Data[send_i] = msg[send_i];}
  CAN_Transmit(CAN1, &TxMessage);
}
```

然后,调用 Can_Send_Msg(Sff_CANId_send,Can_Send_buf,8),则可将发送缓冲区 Can_Send_buf 中的 8 个字节数据发送到地址为 0x050A 的节点。

发送报文的具体流程为:

① 应用程序选择一个空置的发送邮箱。

② 设置标识符、数据长度和待发送数据。

③ 把 CAN_TIxR 寄存器的 TXRQ 位置 1,从而请求发送。

④ TXRQ 位置 1 后,邮箱就不再是空邮箱;而一旦邮箱不再为空置,软件对邮箱寄存器就不再有写的权限。TXRQ 位置 1 后,邮箱马上进入挂号状态,并等待成为最高优先级的邮箱。

⑤ 一旦邮箱成为最高优先级的邮箱,则其状态就变为预定发送状态。一旦 CAN 总线进入空闲状态,预定发送邮箱中的报文就马上被发送(进入发送状态)。一旦邮箱中的报文被成功发送,则它马上变为空置邮箱;硬件相应地对 CAN_TSR 寄存器的 RQCP 和 TXOK 位置 1,从而表明一次成功发送。

(3) 接收滤波器

STM32F103RBT6 的 CAN 中共有 14 个位宽可变(可配置)的标识符滤波器组,软件通过对它们编程,从而在 CAN 收到的报文中选择需要的报文,把其他报文丢弃掉。滤波 4 组位宽设置如图 4-4 所示。

在标识符屏蔽模式下,过滤器组 x 的第一个标识符寄存器(CAN_FxR1)用来保存与报文 ID 比较的完整标识符。第二个标识符寄存器(CAN_FxR2)用来表示屏蔽位,即表明报文 ID 要与第一个标识符寄存器中的哪几位比较,值为 1 的寄存器位就是屏蔽位(参与比较,位必须匹配才能通过滤波器),值为 0 的寄存器位不参与比较。

本书 CAN 总线学习板程序中运用的是标识符屏蔽模式,下面针对此模式做详细解读和举例。

从滤波器的寄存器映像中可知,无论用作哪个模式,标识符寄存器的第 0 位保留,第一位为报文的 RTR 位,第二位是报文的 IDE 位,报文的扩展 ID 保存在第 3～20 位(共 18 位),报文的标准 ID 保存在第 21～32 位(共 11 位)。使用时,由开发者

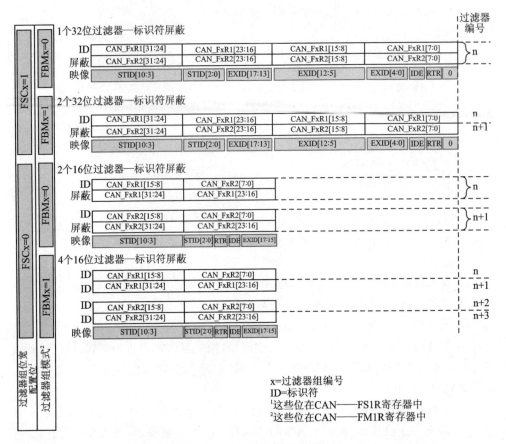

图 4-4 滤波器组位宽设置

根据需要填写相应的设置。

举例 1:设置滤波器,采用一个 32 位滤波器的标识符屏蔽模式,将 CAN ID 设置为 0x028A,接收标准帧、数据帧。

解答:详见表 4-4。

标识符寄存器 CAN_FxR1 设置:

- 第 0 位保留,置 0;第一位为报文的 RTR 位置 0(数据帧);第二位是报文的 IDE 位置 0(标准帧)。
- 报文的扩展 ID 保存在第 3~20 位(共 18 位),全部设置为 0。
- 报文的标准 ID 保存在第 21~32 位(共 11 位),设置为 0x028A。

标识符寄存器 CAN_FxR2 设置:

- 第 0 位保留,置 0;第一位屏蔽位(参与比较)置 1;第二位屏蔽位(参与比较)置 1。
- 报文的扩展 ID 保存在第 3~20 位(共 18 位),不参与比较,全部设置为 0。
- 报文的标准 ID 保存在第 21~32 位(共 11 位),参与比较,全部设置为 1。

表 4－4　标准帧滤波器设置举例表

ID	0	1	0	1	0	0	0	1	0	1	0	0	0	0	0	0	0	0	0	0	0	0	0	0	0	0	0	0	0	0	0	0
十六进制	2			8			A				0																		0		0	0
屏蔽位	1	1	1	1	1	1	1	1	1	1	1	1	0	0	0	0	0	0	0	0	0	0	0	0	0	0	0	0	0	1	1	0
十六进制	F			F			E			0				0				0				0						6				
映像	STID[10:0]											EXID[17:0]																		IDE	RTR	0

对应的滤波器配置的函数为：

```
void CAN_Filter_Config(void)
{
    CAN_FilterInitTypeDef   CAN_FilterInitStructure;          /* 定义结构体 */
    CAN_FilterInitStructure.CAN_FilterNumber = 0;             //过滤器组 0
    CAN_FilterInitStructure.CAN_FilterMode = CAN_FilterMode_IdMask;  //标识符屏蔽位模式
    CAN_FilterInitStructure.CAN_FilterScale = CAN_FilterScale_32bit;
                      //过滤器位宽是：单个 32 位
    CAN_FilterInitStructure.CAN_FilterIdHigh = (Sff_CANId_receive<<5)&0xffff;
                      //需要过滤的 ID 高位
    CAN_FilterInitStructure.CAN_FilterIdLow = 0x0000;
                      //需要过滤的 ID 低位,标准帧,数据帧
    CAN_FilterInitStructure.CAN_FilterMaskIdHigh = 0xffe0;
                      //需要过滤的 ID 高位必须匹配标准帧
    CAN_FilterInitStructure.CAN_FilterMaskIdLow = 0x0006;
                      //需要过滤的 ID 低位,必须匹配是标准帧,数据帧
    CAN_FilterInitStructure.CAN_FilterFIFOAssignment = CAN_Filter_FIFO0;
                      //过滤器和 FIFO0 配套使用
    CAN_FilterInitStructure.CAN_FilterActivation = ENABLE;    //使能过滤器
    CAN_FilterInit(&CAN_FilterInitStructure);
    CAN_ITConfig(CAN1, CAN_IT_FMP0, ENABLE);        //FIFO0 的消息挂号中断使能
}
```

滤波器配置的函数中的成员

CAN_FilterNumber:用于选择要配置的过滤器组,其参数值可以为 0～13,分别与过滤器组 0～13 一一对应,本文选择过滤器组 0。

CAN_FilterMode:用于配置过滤器的工作模式,分别为标识符列表模式(CAN_FilterMode_IdList)和标识符屏蔽模式(CAN_FilterMode_IdMask)。本文使用标识符屏蔽模式。

CAN_FilterScale:用于配置过滤器的长度,可以分别设置为 16 位(CAN_FilterScale_16bit)和 32 位(CAN_FilterScale_32bit),本文采用 32 位模式。

CAN_FilterIdHigh 和 CAN_FilterIdLow：这两个成员分别为过滤器组中第一

个标识符寄存器的高 16 位和低 16 位。本文配置要接收的报文使用了标准 ID:0x028A。

CAN_FilterMaskIdHigh 和 CAN_FilterMaskIdLow:这两个成员为过滤器组中第二个标识符寄存器的高 16 位与低 16 位。在标识符屏蔽模式下,这个寄存器保存的内容是屏蔽位。

CAN_FilterFIFOAssignment:用于设置过滤器与接收 FIFO 的关联,即过滤成功后报文的存储位置,可配置为 FIFIO0(CAN_Filter_FIFO0)和 FIFO1(CAN_Filter_FIFO1)两个接收位置。本文设置存储位置为 FIFO0。

CAN_FilterActivation:用于使能或关闭过滤器,默认为关闭。因而,使用过滤器时,须向它赋值 ENABLE。

对过滤器成员参数赋值完毕后,则调用库函数 CAN_FilterInit()将它们写入寄存器。本文使用中断来读取 FIFO 数据,在函数 CAN_Filter_Config()的最后需要调用库函数 CAN_ITConfig(),开启 FIFO0 消息挂号中断的使能(CAN_IT_FMP0)。这样,CAN 接口的 FIFO0 收到报文时,就可以在中断服务函数中从 FIFO0 读数据到内存。

举例 2:设置滤波器,采用一个 32 位滤波器的标识符屏蔽模式,将 CAN ID 设置为 0x1234,接收扩展帧、数据帧。

解答:详见表 4-5。

标识符寄存器 CAN_FxR1 设置:

- 第 0 位保留,置 0;第一位为报文的 RTR 位置 0(数据帧);第二位是报文的 IDE 位置 1(扩展帧);
- 报文的扩展 ID29 位,保存在第 3~32 位,设置为 0x1234。
- 标识符寄存器 CAN_FxR2 设置:
- 第 0 位保留,置位 0;第一位屏蔽位(参与比较)置 1;第二位屏蔽位(参与比较)置 1;
- 报文的扩展 ID29 位,保存在第 3~32 位,参与比较,全部设置为 1。

表 4-5 扩展帧滤波器设置举例表

ID	0 0 0 0 0 0 0 0 0 0 0 0 0 0 0 0 0 1 0 0 1 0 0 0 1 1 0 1 0 0 0 0 0
十六进制	0 · 1 · 2 · 3 · 4 · 1 0 0
屏蔽位	1 1 1 1 1 1 1 1 1 1 1 1 1 1 1 1 1 1 1 1 1 1 1 1 1 1 1 1 1 1 1 0
十六进制	F · F · F · F · F · F · F · E
映像	STID[10:0] · EXID[17:0] · IDE RTR 0

(4) 接收 FIFO

STM32F103RBT6 的 CAN 中共有两个接收 FIFO，每个 FIFO 都可以存放 3 个完整的报文，它们完全由硬件来管理。接收到的报文被存储在 3 级邮箱深度的 FIFO 中，FIFO 完全由硬件来管理，从而节省了 CPU 的处理负荷，简化了软件，并保证了数据的一致性。应用程序只能通过读取 FIFO 输出邮箱来读取 FIFO 中最先收到的报文。

当接收到报文时，FIFO 的报文计数器会自动增加，而 STM32 内部读取 FIFO 数据之后，报文计数器会自动减小。通过状态寄存器可获知报文计数器的值，而通过主控制寄存器的 RFLM 位可设置锁定模式。锁定模式下 FIFO 溢出时会丢弃新报文，非锁定模式下 FIFO 溢出时新报文会覆盖旧报文。

和接收邮箱有关的寄存器如表 4 - 6 所列。通过中断或状态寄存器知道接收 FIFO 有数据后，就可以读取这些寄存器的值。STM32F103RBT6 的有关 CAN 的函数库中，通过定义结构体 CanRxMsg 的形式详细定义了 CAN 总线通过邮箱接收数据的各种要素：

表 4 - 6　和接收邮箱有关的寄存器

寄存器名	功　能
标识符寄存器 CAN_RIxR	存储收到报文的 ID、扩展 ID、IDE 位及 RTR 位
数据长度控制寄存器 CAN_RDTxR	存储收到报文的 DLC 段
低位数据寄存器 CAN_RDLxR	存储收到报文数据的 Data0～Data3 这 4 个字节的内容
高位数据寄存器 CAN_RDHxR	存储收到报文数据的 Data4～Data7 这 4 个字节的内容

```
typedef struct
{
  uint32_t StdId;      //标准帧 ID
  uint32_t ExtId;      //扩展帧 ID
  uint8_t IDE;         //标准帧或扩展帧选择
  uint8_t RTR;         //远程帧标志
  uint8_t DLC;         //数据长度
  uint8_t Data[0];     //存储数据的数组，最多存储 8 个字节数据
  uint8_t FMI;         //RFLM 位，可设置锁定模式或非锁定模式
} CanRxMsg;
```

具体编写程序的时候：

```
CanRxMsg RxMessage;//定义数据类型
u8 Can_Receive_buf[8];//定义接收数据缓冲区
```

当有 CAN 接收中断产生时，利用 for 循环语句就可以把接收到的 CAN 数据帧读取到接收缓冲区：

```
for(rev_i = 0;rev_i<8;rev_i++)
    {Can_Receive_buf[rev_i] = RxMessage.Data[rev_i];}
```

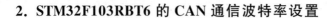

2. STM32F103RBT6 的 CAN 通信波特率设置

STM32F103RBT6 的 CAN 通信波特率设置如图 4-5 所示。

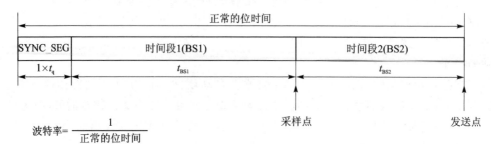

波特率$=\dfrac{1}{\text{正常的位时间}}$

正常的位时间$=1\times t_{q}+t_{BS1}+t_{BS2}$

其中:$t_{BS1}=t_{q}\times(\text{TS1}[3:0]+1),t_{BS2}=t_{q}\times(\text{TS2}[2:0]+1),t_{q}=(\text{BRP}[9:0]+1)\times t_{PCLK},t_{PCLK}=$APB 时钟的时间周期

这里 t_{q} 表示一个时间单元 BRP[9:0],TS1[3:0]和 TS2[2:0]在 CAN_BTR 寄存器中定义。

图 4-5 STM32F103RBT6 的 CAN 通信波特率

STM32 的 CAN 外设位时序中只包含 3 段,分别是同步段 SYNC_SEG、位段 BS1 及位段 BS2,采样点位于 BS1 及 BS2 段的交界处。

其中,SYNC_SEG 段固定长度为 $1T_{q}$;BS1 及 BS2 段可以在位时序寄存器 CAN_BTR 设置其时间长度,可以在重新同步期间增长或缩短,该长度 SJW 也可在位时序寄存器中配置。

注意,STM32 的 CAN 外设的位时序和 1.12 节及 1.13 节介绍的稍有区别: STM32 的 CAN 外设的位时序的 BS1 段是由前面介绍的 CAN 标准协议中 PTS 段与 PBS1 段合在一起的,而 BS2 段相当于 PBS2 段。

采样点在 PBS1 与 PBS2 之间,其配置在位时间段的位置一般如下:

● 当 CAN 通信波特率大于等于 800 kbit/s 时,采样点推荐位置是在位时间段的 75%;
● 当 CAN 通信波特率大于 500 kbit/s,小于 800 kbit/s 时,采样点推荐位置是在位时间段的 80%;
● 当 CAN 通信波特率小于等于 500 kbit/s 时,采样点推荐位置是在位时间段的 87.5%。

STM32F103RBT6 的 CAN 通信波特率如图 4-6 所示。

例如,把采样点设置在位时间段 70% 处,即为了提高同步调整的速度,把 CAN_SJW 配置为 $2T_{q}$。

举例:设置 CAN 通信波特率为 250 kbit/s。

利用图 4-5 中的公式,SS$=1\ T_{q}$,CAN_BS1$=6\ T_{q}$,CAN_BS2$=1\ T_{q}$。时间单位 T_{q} 根据 CAN 外设时钟分频的值(18 分频)及 APB1 的时钟频率(36 MHz)计算

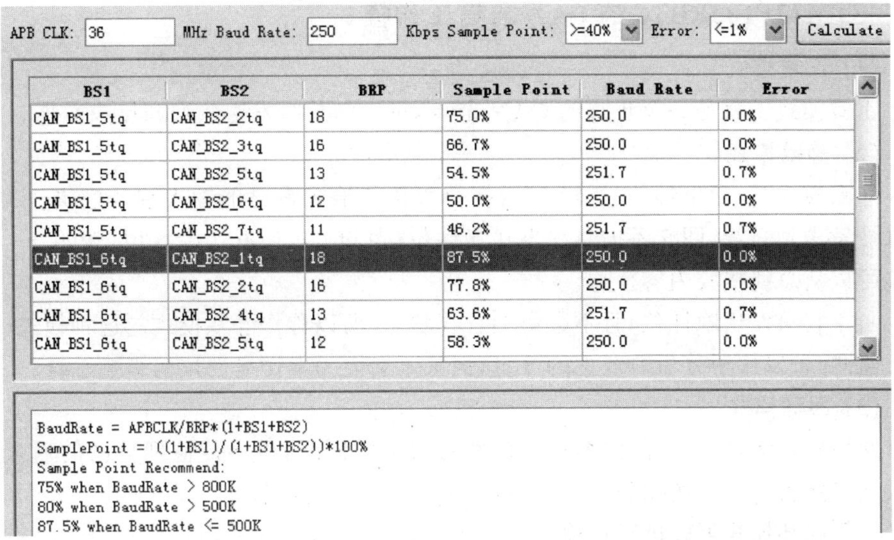

BS1	BS2	BRP	Sample Point	Baud Rate	Error
CAN_BS1_5tq	CAN_BS2_2tq	18	75.0%	250.0	0.0%
CAN_BS1_5tq	CAN_BS2_3tq	16	66.7%	250.0	0.0%
CAN_BS1_5tq	CAN_BS2_5tq	13	54.5%	251.7	0.7%
CAN_BS1_5tq	CAN_BS2_6tq	12	50.0%	250.0	0.0%
CAN_BS1_5tq	CAN_BS2_7tq	11	46.2%	251.7	0.7%
CAN_BS1_6tq	CAN_BS2_1tq	18	87.5%	250.0	0.0%
CAN_BS1_6tq	CAN_BS2_2tq	16	77.8%	250.0	0.0%
CAN_BS1_6tq	CAN_BS2_4tq	13	63.6%	251.7	0.7%
CAN_BS1_6tq	CAN_BS2_5tq	12	58.3%	250.0	0.0%

```
BaudRate = APBCLK/BRP*(1+BS1+BS2)
SamplePoint = ((1+BS1)/(1+BS1+BS2))*100%
Sample Point Recommend:
75% when BaudRate > 800K
80% when BaudRate > 500K
87.5% when BaudRate <= 500K
```

图 4－6　STM32F103RBT6 的 CAN 通信波特率计算

得出：

$$T_q = 18 \times (1/36 \text{ MHz})$$

即，每一个 CAN 位时间为：

$$1\,T_q + 6\,T_q + 1\,T_q = 8\,T_q$$

CAN 通信波特率为：

$$1/(8 \times 18 \times (1/36 \text{ MHz})) = 250 \text{ kbit/s}$$

则采样点位置是在位时间段的 87.5%。

注意，如果研发人员设计的是一整套 CAN 总线网络系统，则在设置相同的通信波特率的前提下，一定要将 SS、CAN_BS1、CAN_BS2 的数值设置为相同数值，这样利于 CAN 网络通信的稳定。

3. STM32F103RBT6 的 CAN 通信过程

通过"控制/状态/配置"设置好 CAN 总线通信的波特率、接收中断、错误中断等，然后把需要发送的 CAN 数据帧或远程帧通过发送邮箱发送给目标地址，完成发送过程。接收 CAN 报文的时候，先由接收滤波器判断是不是发给自己的报文，再决定是否接收该报文。如果帧结构中的 CRC 段校验出错，则它会向发送节点反馈出错信息，利用错误帧请求它重新发送。

上述 CAN 通信过程就像平日里寄快递：快递公司有着自己处理快递的机制，如走航空还是陆运、邮寄错误了怎么办等；客户填写好收件方的详细地址，通过快递发货物给收件方，收件方在接收快递的时候也要先筛选一下，通过核对地址决定是否接收该快递；如果货物破损，收件方可以退货并要求对方重新发货。

4. STM32F103RBT6 的 CAN 通信工作模式

(1) 正常模式

正常模式下就是一个正常的 CAN 节点,可以向总线发送数据和接收数据。

(2) 静默模式

静默模式下,输出端的"逻辑 0"数据会直接传输到自己的输入端,"逻辑 1"数据可以被发送到总线,即它不向总线发送显性位(逻辑 0),只发送隐性位(逻辑 1)。输入端可以从总线接收内容。

由于它只发送隐性位,且不会影响总线状态,所以称作静默模式。这种模式一般用于监测,可以用于分析总线上的流量,但又不会因为发送显性位而影响总线。

(3) 回环模式

回环模式下,输出端的内容在传输到总线上的同时,也会传输到自己的输入端;输入端只接收自己发送端的内容,不接收来自总线上的内容。

使用回环模式可以进行自检。

(4) 回环静默模式

回环静默模式是以上两种模式的结合,自己输出端的所有内容都直接传输到自己的输入端,并且不会向总线发送显性位而影响总线,不能通过总线监测它的发送内容。输入端只接收自己发送端的内容,不接收来自总线上的内容。

本书的 CAN 总线学习板程序是针对正常模式编写的应用程序。

5. STM32F103RBT6 的 CAN 工作模式配置

```
void CAN_Mode_Config(void)
{
CAN_InitTypeDef    CAN_InitStructure;
CAN_DeInit(CAN1);                        / * CAN 寄存器初始化 * /
CAN_StructInit(&CAN_InitStructure);      / * CAN 结构体初始化 * /
CAN_InitStructure.CAN_TTCM = DISABLE;    //MCR - TTCM   关闭时间触发通信模式
CAN_InitStructure.CAN_ABOM = ENABLE;     //MCR - ABOM   自动离线管理
CAN_InitStructure.CAN_AWUM = ENABLE;     //MCR - AWUM   使用自动唤醒模式
CAN_InitStructure.CAN_NART = DISABLE;
//MCR - NART 非自动报文重传模式,DISABLE 表示报文重传
CAN_InitStructure.CAN_RFLM = DISABLE;
   //MCR - RFLM   接收 FIFO 锁定模式,   DISABLE - 溢出时新的报文覆盖原来的报文
CAN_InitStructure.CAN_TXFP = DISABLE;
   //MCR - TXFP   使能 FIFO 发送优先级 DISABLE - 发送时,优先级取决于报文的标识符
CAN_InitStructure.CAN_Mode = CAN_Mode_Normal;   //正常工作模式
CAN_InitStructure.CAN_SJW = CAN_SJW_1tq;      //BTR - SJW 同步跳跃一个时间单元
CAN_InitStructure.CAN_BS1 = CAN_BS1_6tq;      //BTR - TS1 时间段 1 占用 6 个时间单元
CAN_InitStructure.CAN_BS2 = CAN_BS2_1tq;      //BTR - TS1 时间段 2 占用一个时间单元
   CAN_InitStructure.CAN_Prescaler = 18;
//BTR - BRP    波特率分频器,定义了时间单元的长度 36M/(1 + 6 + 1)/18 = 250 kbit/s
```

```
        CAN_Init(CAN1, &CAN_InitStructure);
}
```

CAN 初始化工作模式配置具有以下成员：

CAN_TTCM：本成员用于配置 CAN 的时间触发通信模式（time triggered communication mode）。在此模式下，CAN 使用它内部定时器产生时间戳，被保存在 CAN_RDTxR、CAN_TDTxR 寄存器中。内部定时器在每个 CAN 位时间累加，在接收和发送的帧起始位被采样，并生成时间戳。本文不使用时间触发模式。

CAN_ABOM：当 CAN 检测到发送错误（TEC）或接收错误（REC）超过一定值时，则自动进入离线状态。在离线状态中，CAN 不能接收或发送报文。其中，发送错误或接收错误的计算原则由 CAN 协议规定，由 CAN 硬件自动检测，不需要软件干预。软件可干预的是通过此 CAN_ABOM 参数选择是否使用自动离线管理（automatic bus-off management）、决定 CAN 硬件在什么条件下可以退出离线状态。若把此成员赋值为 ENABLE，则使用硬件自动离线管理。一旦硬件检测到 128 次 11 位连续的隐性位，则自动退出离线状态。若把此成员赋值为 DISABLE，则离线状态由软件管理。首先，由软件对 CAN_MCR 寄存器的 INRQ 位进行置 1，随后清 0，再等到硬件检测到 128 次 11 位连续的隐性位时才退出离线状态。本文使用硬件自动离线管理，其 CAN 点线错误状态如图 4-7 所示。

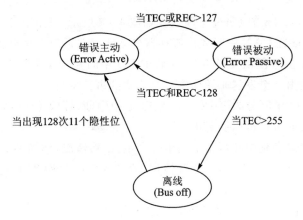

图 4-7　CAN 总线错误状态图

CAN_AWUM：选择是否开启自动唤醒功能（automatic wakeup mode）。若使能了自动唤醒功能，并且 CAN 处于睡眠模式，则检测到 CAN 总线活动时会自动进入正常模式，以便收发数据。若禁止此功能，则只能由软件配置才可以使 CAN 退出睡眠模式。

CAN_NART：用于选择是否禁止报文自动重传（no automatic retransmission）。按照 CAN 的标准，CAN 发送失败时会自动重传，直至成功为止。向本参数赋值 ENABLE，即禁止自动重传；若赋值为 DISABLE，则允许自动重传功能。

CAN_RFLM:用于配置接收 FIFO 是否锁定(receive FIFO locked mode)。若选择 ENABLE,则当 FIFO 溢出时会丢弃下一个接收的报文。若选择 DISABLE,则当 FIFO 溢出时下一个接收到的报文会覆盖原报文。这里选择非锁定模式。

CAN_TXFP:用于选择 CAN 报文发送优先级的判定方法。STM32 的 CAN 接口可以对其邮箱内几个将要发送的报文按照优先级进行处理。对于这个优先级的判定可以设置为按照报文标识符来决定(DISABLE),或按照报文的请求顺序来决定(ENABLE)。这里发送报文的优先级按照报文标识符来决定。

CAN_Mode:用于选择 CAN 是处于工作模式状态还是测试模式状态。它有 4个可赋值参数,分别是一个正常工作模式(CAN_Mode_Normal)、静默模式(CAN_Mode_Silent) 、回环模式(CAN_Mode_LoopBack)和静默回环模式(CAN_Mode_Silent_LoopBack)。赋值为正常工作模式。

CAN_SJW、CAN_BS1、CAN_BS2 及 CAN_Prescaler :这几个成员是用来配置CAN 通信的位时序的。它们分别代表 CAN 协议中的 SJW 段(重新同步跳跃宽度)、PBS1 段(相位缓冲段 1)、PBS2 段(相位缓冲段 2)及时钟分频,用于设置 CAN通信的波特率,这里设置为 250 kbit/s。

配置完这些成员后,调用库函数 CAN_Init() 把这些参数写进寄存器。

6. STM32F103RBT6 的 CAN 中断设置

STM32F103RBT6 的 CAN 中断设置如图 4-8 所示。bxCAN 占用 4 个专用的中断向量。通过设置 CAN 中断允许寄存器(CAN_IER),每个中断源都可以单独允许和禁用。CAN 的中断由发送中断、接收 FIFO 中断和错误中断构成:

- 发送中断由 3 个发送邮箱任意一个为空的事件构成;
- 接收 FIFO 中断分为 FIFO0 和 FIFO1 的中断,接收 FIFO 收到新的报文或报文溢出的事件可以引起中断;
- 错误和状态变化中断可由下列事件产生:出错情况,详细可参考 CAN 错误状态寄存器(CAN_ESR);唤醒情况,在 CAN 接收引脚上监视到帧起始位(SOF);CAN 进入睡眠模式。

本文中使用了 CAN 的接收中断,配置中断向量如下:

```
void CAN_NVIC_Config(void)
{
NVIC_InitTypeDef NVIC_InitStructure;
NVIC_PriorityGroupConfig(NVIC_PriorityGroup_2);
            //设置 NVIC 中断分组 2:2 位抢占优先级,2 位响应优先级
NVIC_InitStructure.NVIC_IRQChannel = USB_LP_CAN1_RX0_IRQn; //CAN1 RX0 中断
NVIC_InitStructure.NVIC_IRQChannelPreemptionPriority = 1;
NVIC_InitStructure.NVIC_IRQChannelSubPriority = 0;
NVIC_InitStructure.NVIC_IRQChannelCmd = ENABLE;
NVIC_Init(&NVIC_InitStructure);
}
```

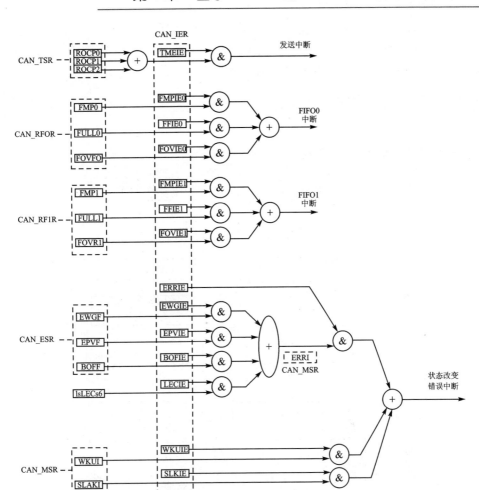

图 4 - 8　STM32 的 CAN 中断

当 FIFO0 收到新报文时,引起接收中断,则可以在相应的中断服务函数读取这个新报文。

中断服务函数如下:

```
// CAN1 中断服务函数 USB_LP_CAN1_RX0_IRQHandler
void USB_LP_CAN1_RX0_IRQHandler(void)
{
can1_Receive_flag = 0xff;                        //接收中断标志位置位
CAN_Receive(CAN1, CAN_FIFO0, &RxMessage);        //接收报文到结构体
}
```

7. STM32F103RBT6 的 CAN 中断设置与 SJA1000、MCP2515 等的区别

细心的读者会发现,前面 SJA1000、MCP2515 的 CAN 中断设置中开放了接收中断、错误中断、溢出中断,而 STM32F103RBT6 的 CAN 中断设置只开放了接收中断。

其实,STM32F103RBT6 是在 void CAN_Mode_Config(void)函数的"CAN_InitStructure. CAN_ABOM=ENABLE;"设置了自动离线管理,由硬件自动完成了CAN 总线错误中断的功能,不需要软件干预。

4.5　程序流程图

程序流程图如图 4-9 所示。

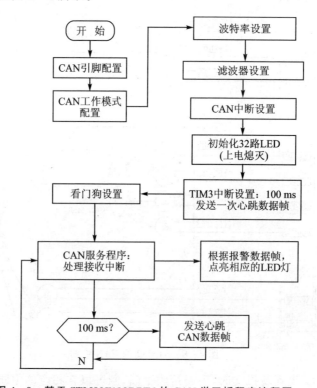

图 4-9　基于 STM32F103RBT6 的 CAN 学习板程序流程图

主函数程序清单如下:

```
int main(void)
{
CAN_GPIO_Config();              //CAN 引脚配置:PA11-CAN_RX,PA12-CAN_TX
CAN_Mode_Config();              //工作模式和波特率设置 250 kbit/s
CAN_Filter_Config();            //滤波器设置
CAN_NVIC_Config();
//设置 NVIC 中断分组 2,2 位抢占优先级 1,2 位响应优先级 0
LED_GPIO_Config();              //初始化 LED 灯,上电熄灭
TIME_NVIC_Configuration();
//使能 TIM3 中断,设置 NVIC 中断分组 2,2 位抢占优先级 3,2 位响应优先级 0
TIME_Configuration();          //TIM3 定时 100 ms
```

```
Delay(0x5fffff);
IWDG_Init(IWDG_Prescaler_64,1250);
                         //设置 IWDG 预分频值:设置 IWDG 预分频值为 64
                         //40 kHz/64 = 625 Hz,1.6 ms,1250 * 1.6 ms = 2 000 ms
    while(1)
    {
        can_service();      //控制 LED 的亮灭状态
        timer3_service();   //定周期发送心跳数据
    }
}
```

第 **5** 章

基于 LPC11Cxx 系列微控制器的 CAN 应用设计

5.1　LPC11Cxx 系列微控制器

5.1.1　简　介

NXP 半导体推出的兼容 CAN 2.0B 的 LPC11Cxx 系列微控制器（包括 LPC11C1x/301 系列、LPC11C2x/301 系列，详见表 5-1），包含了 C_CAN 控制器、CANOpen 驱动、片上高速 CAN 物理层收发器（仅 LPC11C2x 系列有），是业界首款片上直接支持 CAN 控制器、CANOpen 协议、片上高速 CAN 物理层收发器的 Cortex-M0 微控制器，特点如下：

- 片内的 CAN 控制器兼容 CAN 2.0A/B 协议。
- 内部 ROM 集成了供 CAN 和 CANOpen 标准使用的初始化 API 函数和通信 API 函数，用户可直接调用，令 CAN 应用的开发大大简化。
- 集成的 CAN 收发器，支持最高 1 Mbit/s 的高速 CAN 网络。总线引脚具有极高的 ESD 保护能力，提高了系统的可靠性和质量，减少了电气互连和兼容性的问题，节省 50％以上的电路板空间。

综上所述，LPC11Cxx 系列微控制器在一个封装内，为工业和嵌入式网络中的 CAN 通信应用提供了低成本、简单易用、高度优化的完整 CAN 解决方案。

5.1.2　器件信息

器件信息如表 5-1 所列。

表 5 - 1　器件信息

型　号	Flash /KB	SRAM /KB	UART RS - 485	I²C /Fast+	SPI	片上 CAN 收发器	C_CAN 控制器	ADC 通道	封　装
LPC11C12FBD48/301	16	8	1	1	2	—	1	8	LQFP48
LPC11C14FBD48/301	32	8	1	1	2	—	1	8	LQFP48
LPC11C22FBD48/301	16	8	1	1	2	1	1	8	LQFP48
LPC11C24FBD48/301	32	8	1	1	2	1	1	8	LQFP48

5.1.3　功能介绍

LPC11Cxx 系列 Cortex - M0 微控制器的主要功能特点如下所述：

- 50 MHz Cortex - M0 处理器,配有 SWD/调试功能(4 个中断点)。
- 32 KB/16 KB Flash、8 KB SRAM。
- 32 个向量中断,4 个优先级,最多 13 个拥有专用中断的 GPIO。
- CAN 2.0B CAN 控制器。
- CANOpen 驱动集成在片内 ROM 之中,同时提供简单易用的 API 接口,从而使用户可以基于 CANOpen 标准将 LPC11Cxx 系列 Cortex - M0 微控制器快速集成到嵌入式网络应用中。在片内 ROM 中嵌入 CANOpen 驱动,既有利于降低整体风险和复杂度,还为设计工程师带来了低功耗的优势。
- 集成低电磁辐射(EME)和高电磁抗扰度(EMI)CAN 收发器。通常地,CAN 收发器的成本与微控制器相当或者更高;集成 CAN 收发器可提高系统的可靠性和质量、减少电气互连和兼容的问题、节省 50% 以上的电路板空间,而其成本还不到 MCU 的 20%(仅限 LPC11C22、LPC11C24)。
- UART、两个 SPI,I²C (FM+)。
- 16 位和 32 位定时器计数器各两个,带 PWM 输出/匹配/捕捉功能,一个 24 位系统定时器计数器。
- 12 MHz 内部 RC 振荡器,全温度及电压范围内精度可达 1%。
- 上电复位(POR)。
- 多级掉电检测(BOD)。
- 10~50 MHz 锁相环(PLL)。
- 具备±1 LSB DNL 的 8 通道高精度 10 位 ADC。
- 36 个高速、可承受 5 V 电压的 GPIO 引脚,引脚可驱动能力可高达 20 mA。
- 高 ESD 性能:8 kV(收发器)/6.5 kV(微控制器)。

5.1.4　引脚描述

这里仅给出与 CAN 应用相关的引脚的功能描述,其他引脚的功能描述可参考用户手册。

① LPC11C12/C14 的 CAN 相关引脚如表 5 - 2 所列。

表 5 - 2 引脚描述

符 号	引 脚	类 型	描 述
CAN RXD	19	I	CAN_RXD:C_CAN 接收数据输入
CAN_TXD	20	O	CAN_TXD:C_CAN 发送数据输入

② LPC11C22/C24 的 CAN 相关引脚如表 5 - 3 所列。

表 5 - 3 LPC11C22/C24 引脚描述

符 号	引 脚	类 型	描 述
CANL	18	I	低电平 CAN 总线
CANH	19	O	高电平 CAN 总线
STB	22	I	CAN 收发器的静默模式控制引脚
VDD_CAN	17		CAN 收发器 I/O 引脚电压的供电电源
V_{CC}	20	—	CAN 收发器的供电电源
GND	21		CAN 收发器的地

5.2 CAN 寄存器

LPC11Cxx 系列微控制器相关寄存器汇总如表 5 - 4 所列。

表 5 - 4 CAN 寄存器汇总(基址 0x40050000)

名 称	访 问	地址偏移量	描 述	复位值
CANCNTL		0x000	CAN 控制	0x0001
CANSTAT		0x004	状态寄存器	0x0000
CANEC	RO	0x008	错误计数器	0x0000
CANBT		0x00C	位定时寄存器	0x2301
CANINT	RO	0x010	中断寄存器	0x0000
CANTEST		0x014	测试寄存器	—
CANBRPE		0x018	波特率预分频器扩展寄存器	0x0000
—	—	0x01C	保留	—
CANIF1_CMDREQ		0x020	报文接口 1 命令请求	0x0001
CANIF1_CMDMSK		0x024	报文接口 1 命令屏蔽	0x0000
CANIF1_MSK1		0x028	报文接口 1 屏蔽 1	0xFFFF

名　称	访　问	地址偏移量	描　述	复位值
CANIF1_MSK2		0x02C	报文接口 1 屏蔽 2	0xFFFF
CANIF1_ARB1		0x030	报文接口 1 仲裁 1	0x0000
CANIF1_ARB2		0x034	报文接口 1 仲裁 2	0x0000
CANIF1_MCTRL		0x038	报文接口 1 报文控制	0x0000
CANIF1_DA1		0x03C	报文接口 1 数据 A1	0x0000
CANIF1_DA2		0x040	报文接口 1 数据 A2	0x0000
CANIF1_DB1		0x044	报文接口 1 数据 B1	0x0000
CANIF1_DB2		0x048	报文接口 1 数据 B2	0x0000
—		0x04C～0x07C	保留	
CANIF2_CMDREQ		0x080	报文接口 2 命令请求	0x0001
CANIF2_CMDMSK		0x084	报文接口 2 命令屏蔽	0x0000
CANIF2_MSK1		0x088	报文接口 2 屏蔽 1	0xFFFF
CANIF2_MSK2		0x08C	报文接口 2 屏蔽 2	0xFFFF
CANIF2_ARB1		0x090	报文接口 2 仲裁 1	0x0000
CANIF2_ARB2		0x094	报文接口 2 仲裁 2	0x0000
CANIF2_MCTRL		0x098	报文接口 2 报文控制	0x0000
CANIF2_DA1		0x09C	报文接口 2 数据 A1	0x0000
CANIF2_DA2		0x0A0	报文接口 2 数据 A2	0x0000
CANIF2_DB1		0x0A4	报文接口 2 数据 B1	0x0000
CANIF2_DB2		0x0A8	报文接口 2 数据 B2	0x0000
—	—	0x0AC～0x0FC		
CANTXREQ1	RO	0x100	发送请求 1	0x0000
CANTXREQ2	RO	0x104	发送请求 2	0x0000
—	—	0x108～0x11C	保留	—
CANND1	RO	0x120	新数据 1	0x0000
CANND2	RO	0x124	新数据 2	0x0000
—	—	0x128～0x13C	保留	—
CANIR1	RO	0x140	中断挂起 1	0x0000
CANIR2	RO	0x144	中断挂起 2	0x0000
—	—	0x148～0x15C	保留	—
CANMSGV1	RO	0x160	报文有效 1	0x0000
CANMSGV2	RO	0x164	报文有效 2	0x0000
—	—	0x168～0x17C	保留	—
CANCLKDIV	R/W	0x180	CAN 时钟分频器寄存器	0x0001

5.2.1 CAN 寄存器汇总

1. CAN 控制寄存器

控制寄存器用于改变 CAN 控制器的功能行为,通过置位或者清除这些位可以控制 CAN 控制器对应位的功能。微控制器可以对该寄存器进行读/写操作,控制器各位的功能描述如表 5－5 所列。

表 5－5　CAN 控制寄存器(CANCNTL,地址 0x40050000)位功能描述

位	符 号	值	描 述	复位值	访 问
0	INIT		初始化	1	R/W
		0	正常操作		
		1	启动初始化。复位时,软件需要初始化 CAN 控制器		
1	IE		模块中断使能	0	R/W
		0	禁能 CAN 中断。中断线总是为高电平		
		1	使能 CAN 中断。中断线被设为低电平,并保持为低电平,直到所有挂起的中断被清除		
2	SIE		状态更改中断使能	0	R/W
		0	禁能状态更改中断。不会产生状态更改中断		
		1	使能状态更改中断。当成功完成报文传输或检测到 CAN 总线错误时,产生状态更改中断		
3	EIE		错误中断使能	0	R/W
		0	禁能错误中断。不会产生错误状态中断		
		1	使能错误中断。CANSTAT 寄存器的 BOFF 或 EWARN 位发生改变时会产生中断		
4	—	—	保留	0	—
5	DAR		禁能自动重发	0	R/W
		0	使能被干扰报文的自动重发		
		1	禁能自动重发		
6	CCE		配置更改使能	0	R/W
		0	CPU 不对位定时寄存器进行写访问		
		1	CPU 会在 INIT 位为 1 时对 CANBT 寄存器进行写访问		
7	TEST		测试模式使能	0	R/W
		0	正常操作		
		1	测试模式		
31:8	—		保留	—	—

注:总线关闭恢复序列(见 2.0 版本的 CAN 规范)不可以通过设置或复位 INIT 位来变短。如果设备进入总线关闭状态,它将会设置 INIT,停止所有的总线活动。一旦 CPU 清除了 INIT,设备将会先等待 129 个总线空闲发生(129×11 个连续高电

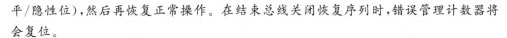

平/隐性位),然后再恢复正常操作。在结束总线关闭恢复序列时,错误管理计数器将会复位。

在复位 INT 后的等待时间内,每次都监控到 11 个高电平/隐性位的序列,而 Bit0Error 代码被写入到状态寄存器 CANSTAT 中,使得 CPU 可以监控总线关闭恢复序列的过程,从而决定是否令 CAN 总线一直处于低电平/显性或连续被干扰。

2. CAN 状态寄存器

BOFF、EWARN、RXOK、TXOK 或 LEC 位可以产生状态中断。BOFF 和 EWARN 产生错误中断,RXOK、TXOK 和 LEC 产生状态更改中断,如果 CANCTRL 寄存器里 EIE 和 SIE 位使能,则 EPASS 位发生改变,写 RXOK、TXOK 或 LEC 将永不会产生状态中断。如表 5-6 所列,读 CANSTAT 寄存器将会在 CANIR 寄存器中清除状态中断值(0x8000)。

表 5-6　CAN 状态寄存器(CANSTAT,地址 0x40050004)位功能描述

位	符　号	值	描　　述	复位值	访　问
2:0	LEC		最近错误代码 出现在 CAN 总线上的最近错误类型。LEC 域保存着表示最近出现在 CAN 总线上的错误类型的代码。当无错误地完成报文传输时,该域将会被清零。未用到的代码为 111,CPU 可以写入这个代码来检查更新	000	R/W
		000	无错误		
		001	**Stuff error**:在接收到报文里,序列中存在着超过 5 个相同的位,在这里是不允许发生的		
		010	**Form error**:接收帧的固定格式部分的格式错误		
		011	**AckError**:该 CAN 内核传送的报文不被应答		
		100	**Bit1Error**:在报文传送期间(仲裁域除外),设备想要发送高电平/隐性电平(位逻辑值为 1),但是监控到的总线为低电平/显性电平		
		101	**Bit0Error**:在报文的传送期间(应答位、有效错误标志或过载标志),设备想要发送低电平/显性电平(数据或标识符位逻辑位为 0),但是监控到的总线值是高电平/隐性电平。在总线关闭恢复期间,在每次监控到 11 个高电平/隐性位的序列时,要将该状态进行设置。这可令 CPU 监控总线关闭恢复序列的进程(表示总线不处于低电平/显性电平或连续被干扰)		
		110	**CRCerror**:所接到的报文中的 CRC 校验和不正确		
		111	**Unused**:不检测到 CAN 总线事件(由 CPU 写入)		

位	符 号	值	描 述	复位值	访 问
3	TXOK		成功发送报文 该位由 CPU 复位。CAN 控制器不能将它复位	0	R/W
		0	由于该位由 CPU 复位,因此报文没有成功发送		
		1	由于该位由 CPU 最后复位,因此报文成功发送(无错误和至少被另一个节点进行应答)		
4	RXOK		成功接收报文 该位由 CPU 复位。CAN 控制器不能将它复位	0	R/W
		0	由于该位由 CPU 最后复位,因此报文没有成功发送		
		1	由于该位由 CPU 最后设置为 0,因此报文接收成功,与接收过滤的结果无关		
5	EPASS		错误消极	0	RO
		0	CAN 控制器处于错误有效状态		
		1	CAN 控制器处于 CAN 2.0 规范中所定义的错误消极状态		
6	EWARN		警告状态	0	RO
		0	两个错误计数器的错误警告数低于 96 这个限定值		
		1	EML 中至少有一个错误计数器的数值达到了 96 个错误警告上限		
7	BOFF		总线关闭状态	0	RO
		0	CAN 模块不处于总线关闭状态		
		1	CAN 控制器处于总线关闭状态		
31:8	—	—	保留		

3. CAN 错误计数器(表 5 - 7)

表 5 - 7 CAN 错误计数器(CANEC,地址 0x40050008)位功能描述

位	符 号	值	描 述	复位值	访 问
7:0	TEC[7:0]		发送错误计数器 发送错误计数器的当前值(最大值为 127)	0	RO
14:8	REC[14:8]		接收错误计数器 接收错误计数器的当前值(最大值为 255)	—	RO
15	RP		接收错误消极	—	RO
		0	接收计数器没有达到错误消极状态		
		1	接收计数器达到了在 CAN 2.0 规范中所定义的错误消极状态		
31:16	—	—	保留	—	

4. CAN 位定时寄存器(表 5 − 8)

例如,将模块时钟 CAN_CLK LPC11Cxx 系列微控制器系统时钟设为 8 MHz,0x2301 的复位值将 C_CAN 配置,以进行位速率为 500 kbit/s 的操作。

如果 CANCTRL 中的配置更改使能,且软件初始化了控制器(CAN 控制寄存器中的 CCE 和 INIT 位被置位),则寄存器都为只写寄存器。

波特率预分频器的位时间份额 t_q 由 BRP 值决定:

$t_q = BRP/f_{sys}(f_{sys}$ 是 C_CAN 模块的 LPC11Cxx 系列微控制器的系统时钟)

时间段 TSEG1 和 TSEG2 决定每位时间的时间份额数量和采样点的位置:

$$t_{TSEG1/2} = t_q \times (TSEG1/2 + 1)$$

表 5 − 8　CAN 位定时寄存器(CANBT,地址 0x4005000C)位功能描述

位	符　号	值	描　　述	复位值	访　问
5:0	BRP	0x01~0x3F[1]	波特率预分频器 振荡器频率被分频的值是用于产生位时间份额。位时间值是该份额的整数倍,波特率预分频的有效值为 0~63	000001	R/W
7:6	SJW	0x0~0x3[1]	(重新)同步跳转宽度 有效的编程值为 0~3	11	R/W
11:8	TSEG1	0x0~0x7[1]	采样点之后的时间段 有效值为 0~7	0010	R/W
14:12	TSEG2	0x01~0x0F[1]	采样点之前的时间段 有效值为 1~15	0	R/W
31:15	—	—	保留	—	—

注:[1] 硬件把往这些位编入的值理解为位值+1。

为了补偿不同总线控制器的时钟振荡器之间的相位漂移,任何总线控制器必须在当前传送的相关信号边沿上重新同步。同步跳转宽度 t_{SJW} 定义了时钟周期的最大数目,执行一次重新同步操作时,某位的周期可能变短或变长:

$$t_{SJW} = t_q \times (SJW + 1)$$

5. CAN 中断寄存器(表 5 − 9)

如果有几个中断被挂起,CAN 中断寄存器则会指向具有最高优先级的挂起中断,而忽略它们的时间排序。中断仍保持挂起状态,直至 CPU 将其清除。如果 INTID 不同于 0x0000,且 IE 被置位,则到 CPU 的中断线有效。中断线保持有效直至 INTID 返回到 0x0000 值(原因是中断被复位)或直至 IE 被复位。

状态中断具有最高的优先级。在这些报文中断里,报文对象的中断优先级是随着报文编号的增加而递减。

表 5 - 9   CAN 中断寄存器(CANINT,地址 0x40050010)位功能描述

位	符　号	值	描　　述	复位值	访　问
15:0	INTID[15:0]	0x0000	无中断挂起		R
		0x0001～0x0020	引发中断的报文对象编号		
		0x0021～0x7FFF	未使用		
		0x8000	状态中断		
		0x8001～0xFFFF	未使用		
31:16	—	—	保留	—	—

通过清除报文对象的 INTPND 位即可以清除报文中断,而状态中断的清除则通过读取状态寄存器来完成。

6. CAN 测试寄存器

通过设置 CAN 控制寄存器的测试位即可使能对测试寄存器的写访问。

用户可以组合出不同的测试功能,但是,当选择了 TX[1:0]=00 时,报文传输被干扰,如表 5 - 10 所列。

表 5 - 10   CAN 测试寄存器(CANTEST,地址 0x40050014)位功能描述

位	符　号	值	描　　述	复位值	访　问
1:0	—	—			—
2	BASIC		基本模式	0	R/W
		0	基本模式禁能		
		1	IF1 寄存器用作 TX 缓存区,IF2 寄存器用作 RX 缓存区		
3	SILENT		安静模式	0	R/W
		0	正常操作		
		1	模块处于静默模式		
4	LBACK		环回模式	0	R/W
		0	禁能环回模式		
		1	使能环回模式		
6:5	TX[1:0]		TD 引脚的控制	00	R/W
		00	TD 引脚上的电平由 CAN 控制器控制,这是复位时的值		
		01	可在 TD 引脚上监控采样点		
		10	TD 引脚被驱动为低电平/显性		
		11	TD 引脚被驱动为高电平/隐性		

续表 5 - 10

位	符　号	值	描　　述	复位值	访　问
7	RX	0	CAN 总线为隐性电平(CAN_RXD='1')	0	R
			TD 引脚被驱动为低电平/显性		
		1	CAN 总线为显性(CAN_RXD='0')		
31:8	—		R/W		—

7. CAN 波特率预分频器扩展寄存器(表 5 - 11)

表 5 - 11　CAN 波特率预分频器扩展寄存器(CANBRP,地址 0x40058018)位功能描述

位	符　号	值	描　　述	复位值	访　问
3:0	BRPE	0x00~ 0x0F	波特率预分频器扩展 通过编程 BRPE,波特率预分频器的值可以扩展至 1 023。 硬件将这个值理解为 BRPE(高位)和 BRP(低位)的值加 1	0x0000	R/W
31:4	—	—	保留	—	—

5.2.2　报文接口寄存器

　　两组接口寄存器用于控制 CPU 对报文 RAM 的访问。如表 5 - 12 所列,接口寄存器通过将传送的数据进行缓冲,以避免 CPU 对报文 RAM 和 CAN 报文收发之间的访问造成冲突。在单次传输中,完整的报文对象或部分报文对象可以在报文 RAM 和 IFx 报文缓存区寄存器之间传送。

表 5 - 12　报文接口寄存器

IF1 寄存器名称	IF1 寄存器组	IF2 寄存器名称	IF2 寄存器组
CANIF1_CMDREQ	IF1 命令请求	CANIF2_CMDREQ	IF2 命令请求
CANIF1_CMDMASK	IF1 命令屏蔽	CANIF2_CMDMASK	IF2 命令屏蔽
CANIF1_MASK1	IF1 屏蔽 1	CANIF2_MSK1	IF2 屏蔽 1
CANIF1_MASK2	IF1 屏蔽 2	CANIF2_MSK2	IF2 屏蔽 2
CANIF1_ARB1	IF1 仲裁 1	CANIF2_ARB1	IF2 仲裁 1
CANIF1_ARB2	IF1 仲裁 2	CANIF2_ARB2	IF2 仲裁 2
CANIF1_MCTRL	IF1 报文控制	CANIF2_MCTRL	IF2 报文控制
CANIF1_DA1	IF1 数据 A1	CANIF2_DA1	IF2 数据 A1
CANIF1_DA2	IF1 数据 A2	CANIF2_DA2	IF2 数据 A2
CANIF1_DB1	IF1 数据 B1	CANIF2_DB1	IF1 数据 B1
CANIF1_DB2	IF1 数据 B2	CANIF2_DB2	IF1 数据 B2

两组接口寄存器的功能相同(测试模式基本配置除外)。一组寄存器用于将数据传送到报文 RAM 中,另一组寄存器报文 RAM 中的数据进行传送,从而允许这两个进程可由对方中断。

每组接口寄存器由报文缓存区寄存器组成,报文缓存区寄存器由各自的命令寄存器控制。命令屏蔽寄存器指定数据传送的方向和要传送哪一部分报文对象。命令请求寄存器在报文 RAM 选择一个报文对象,以作为传输的目标对象或源对象,同时它也可以启动在命令屏蔽寄存器中指定的操作。

在报文 RAM 中有 32 个报文对象。为了避免 CPU 对报文 RAM、CAN 接收和发送之间的访问造成冲突,CPU 不可以直接访问报文对象。通过 IFx 接口寄存器可以访问报文对象。

1. 报文对象

报文对象包含着来自于报文接口寄存器中各位的信息。图 5-1 是报文对象的结构。报文对象和相关接口寄存器的位里显示了位被设置或清零的情况。有关位功能的描述可参考相关的接口寄存器。

UMASK	MSK[28:0]	MXTD	MDIR	EOB	NEWDAT	MSGLST	RXIE	TXIE	INTPND
IF1/2_MCTRL	IF1/2_MSK1/2					IF1/2_MCTRL			
RMTEN	TXRQST	MSGVAL	ID[28:0]	XTD	DIR	DLC3	DLC2	DLC1	DLC0
IF1/2_MCTRL			IF1/2_ARB1/2			IF1/2_MCTRL			
DATA0	DATA1	DATA2	DATA3	DATA4	DATA5	DATA6	DATA7		
IF1/2_DA1		IF1/2_DA2		IF1/2_DB1		IF1/2_DB2			

图 5-1 报文 RAM 中报文对象的结构

2. CAN 报文接口命令请求寄存器

一旦 CPU 将报文编号写入到命令请求寄存器,报文传输启动。如表 5-13 所列,随着写操作的进行,BUSY 位被自动设置置为 1,信号 CAN_WAIT_B 被拉低来向 CPU 通告正在处理传输。在等待 3～6 个 CAN_CLK 周期后,接口寄存器和报文 RAM 之间的传输完成。BUSY 位被设为 0,且信号 CAN_WAIT_B 也被设回原状态。

3. CAN 报文接口命令屏蔽寄存器

IFx 命令屏蔽寄存器的控制位指定传输的方向,并选择出将哪一个 IFx 报文缓存区寄存器用作数据传输的源寄存器或是目标寄存器。如表 5-14、表 5-15 所列,寄存器位的功能由传输的方向(读或写)决定,方向由该命令屏蔽寄存器的 WR/RD 位(位 7)选择。WR/RD 的选择情况如下:

● 如果为 1,则为写传输方向(写报文 RAM)。
● 如果为 0,则为读传输方向(读报文 RAM)。

表 5 – 13　CAN 报文接口命令请求寄存器

(CANIF1_CMDREQ 和 CANIF2_CMDREQ,地址 0x40050020 和 0x40050080)位功能描述

位	符　号	值	描　　述	复位值	访问
5:0	Message Number		报文编号	0x00	R/W
		0x01~0x20	有效的报文编号 报文 RAM 中的报文对象,被选用于执行数据传输		
		0x00	无效的报文编号。该值被置为 0x20[1]		
		0x21~0x3F	无效的报文编号。该值被置为 0x01~0x1F[1]		
14:6	—		保留	—	—
15	BUSY		BUSY 标志	0	RO
		0	当对该命令请求寄存器的读/写操作完成时,硬件将其置为 0		
		1	当写该命令请求寄存器时,硬件将其置为 1		
31:16	—	—	保留	—	—

注:[1] 当向命令请求寄存器写入无效的报文编号时,报文编号将会变为一个有效的值,并传送此报文对象。

表 5 – 14　CAN 报文接口命令屏蔽寄存器写方向

(CANIF1_CMDMASK 和 CANIF2_CMDMASK,地址 0x40050024 和 0x40050084)位功能描述

位	符　号	值	描　　述	复位值	访　问
0	DATA_B		访问数据字节 4~7	0	R/W
		0	数据字节 4~7 不变		
		1	将数据字节 4~7 传送到报文对象		
1	DATA_A		访问数据字节 0~3	0	R/W
		0	数据字节 0~3 不变		
		1	将数据字节 0~3 传送到报文对象		
2	TXRQST		访问传送请求位	0	R/W
		0	无传送请求。IF1/2_MCTRL 中的 TXRQSRT 位不变 注:如果是通过编程该位来请求进行传送,则要忽略 CANIFn_MCTRL 寄存器中的 TXRQST 位		
		1	请求传送。将 IF1/2_MCTRL 的 TXRQST 位置位		
3	CLRINTPND	—	该位在写方向的操作里被忽略	0	R/W

位	符 号	值	描 述	复位值	访 问
4	CTRL		访问控制位	0	R/W
		0	控制位不改变		
		1	将控制位传送到报文对象		
5	ARB		访问仲裁位	0	R/W
		0	仲裁位不改变		
		1	将标识符、DIR、XTD、和 MSGVAL 位传送到报文对象里		
6	MASK		访问屏蔽位	0	R/W
		0	屏蔽位不改变		
		1	将 MASK＋MDIR＋MXTD 标识符传送到报文对象		
7	WR/RD	1	写传输 将所选报文缓存区寄存器的数据传送到命令请求寄存器 CANIFn_CMDREQ 所寻址的报文对象	0	R/W
31:8	—	—	保留	0	—

表 5 − 15　CAN 报文接口命令屏蔽寄存器读方向

(CANIF1_CMDMASK 和 CANIF2_CMDMASK,地址 0x40050024 和 0x40050084)位功能描述

位	符 号	值	描 述	复位值	访 问
0	DATA_B		访问数据字节 4～7	0	R/W
		0	数据字节 4～7 不变		
		1	将数据字节 4～7 传送到 IFx 报文缓存区寄存器		
1	DATA_A		访问数据字节 0～3	0	R/W
		0	数据字节 0～3 不变		
		1	将数据字节 0～3 传送到 IFx 报文缓存区		
2	NEWDAT		访问新数据位	0	R/W
		0	NEWDAT 位保持不变 注:读访问报文对象时可以将 IF1/2_MCTRL 寄存器的 INTPND 和 NEWDAT 控制位复位操作整合起来。这些被传送到 IFx 报文控制寄存器的位值总是反映着这些位被复位之前的状态		
		1	清除报文对象里的 NEWDAT 位		

续表 5 - 15

位	符　号	值	描　　述	复位值	访　问
3	CLRINTPND		清除中断挂起位	0	R/W
		0	INTPND 位保持不变		
		1	清除报文对象的 INTPND 位		
4	CTRL		访问控制位	0	R/W
		0	控制位不改变		
		1	将控制位传送到 IFx 报文缓存区		
5	ARB		访问仲裁位	0	R/W
		0	仲裁位不改变		
		1	将标识符、DIR、XTD、和 MSGVAL 位传送到 IFx 报文缓存区寄存器		
6	MASK		访问屏蔽位	0	R/W
		0	屏蔽位不改变		
		1	将 MASK+MDIR+MXTD 标识符传送到 IFx 报文缓存区寄存器		
7	WR/RD	0	读传输 将命令请求寄存器所寻址的报文对象的数据传送到所选的报文缓存区寄存器 CANIFn_CMDREQ	0	R/W
31:8	—	—	保留	0	—

4. IF1 和 IF2 报文缓存寄存器

报文缓存区寄存器的位反映报文 RAM 中的报文对象。

(1) CAN 接口屏蔽 1 寄存器 (表 5 - 16)

表 5 - 16　CAN 报文缓存寄存器 1

(CANIF1_MASK1 和 CANIF2_MASK1,地址 0x40050028 和 0x40050088) 位功能描述

位	符　号	值	描　　述	复位值	访　问
15:0	MSK[15:0]		标识符屏蔽	0xFF	R/W
		0	报文标识符的相应位不能禁止接收过滤里的匹配操作		
		1	相应的标识符位用于接收过滤操作		
31:16	—	—	保留	0	—

(2) CAN 接口屏蔽 2 寄存器(表 5-17)

表 5-17　CAN 报文缓存寄存器 2

(CANIF1_MASK2 和 CANIF2_MASK2,地址 0x4005002C 和 0x4005008C)位功能描述

位	符　号	值	描　　述	复位值	访　问
12:0	MSK[28:16]		标识符屏蔽	0xFF	R/W
		0	报文标识符的相应位不能禁止接收过滤里的匹配操作		
		1	相应的标识符位用于接收过滤操作		
—	—	—	保留	—	—
14	MDIR		屏蔽报文方向	1	R/W
		0	报文方向位(DIR)不会影响接收过滤操作		
		1	报文方向位(DIR)用于接收过滤操作		
15	MXTD		屏蔽扩展标识符	1	R/W
		0	扩展的标识符位(IDE)不会影响接收过滤操作		
		1	扩展的标识符位(IDE)用于接收过滤操作		
31:16	—	—	保留	0	

(3) CAN 报文接口命令仲裁 1 寄存器(表 5-18)

表 5-18　CAN 报文接口命令仲裁 1 寄存器

(CANIF1_ARB1 和 CANIF2_ARB1,地址 0x40050030 和 0x40050090)位功能描述

位	符　号	值	描　　述	复位值	访　问
15:0	ID[15:0]		报文标识符 29 位标识符("扩展的帧") 11 位标识符("标准的帧")	0x00	R/W
31:16	—	—	保留	0	

(4) CAN 报文接口命令仲裁 2 寄存器(表 5-19)

表 5-19　CAN 报文接口命令仲裁 2 寄存器

(CANIF1_ARB2 和 CANIF2_ARB2,地址 0x40050034 和 0x40050094)位功能描述

位	符　号	值	描　　述	复位值	访　问
12:0	ID[28:16]		报文标识符 29 位标识符("扩展的帧") 11 位标识符("标准的帧")	0x00	R/W

续表 5-19

位	符号	值	描述	复位值	访问
13	DIR		报文方向	0x00	R/W
		0	方向＝接收 在 TXRQST 里,把带该报文对象标识符的远程帧发送出去。在接收到带匹配标识符的数据帧时,将此寄存器存放在该报文对象里		
		1	方向＝发送 在 TXRQST 里,相应的报文对象作为数据帧发送出去。在接收到带匹配标识符的远程帧时,该报文对象的 TXRQST 位被置位(如果 RMTEN＝1)		
14	XTD		扩展标识符	0x00	R/W
		0	11 位标准标识符用于该报文对象		
		1	29 位扩展标识符用于该报文对象		
15	MSGVAL		报文有效 注:CPU 在复位 CAN 控制寄存器的 INIT 位之前的初始化进程中,必须复位所有未被使用的报文对象的 MSGVAL 位。在修改标识符 ID28:0、控制位 XTD、DIR 或数据长度代码 DLC3:0 之前,或不再要求使用报文对象时,必须也要将该位复位	0	R/W
		0	报文处理程序忽略报文对象		
		1	报文对象被配置,且由报文处理程序进行识别		
31:16	—	—	保留	0	—

（5）CAN 报文接口报文控制寄存器（表 5-20）

表 5-20 CAN 报文接口报文控制寄存器
（CANIF1_MCTRL 和 CANIF2_MCTRL,地址 0x40050038 和 0x40050098）位功能描述

位	符号	值	描述	复位值	访问
3:0	DLC[3:0]		数据长度代码 注:报文对象的数据长度代码的定义必须要与所有相应的对象相同,在其他的节上具有相同的标识符。当报文处理程序存放数据帧时,它将会把 DLC 写入接收到的报文所给定的值	0000	R/W
		0000~0100	数据帧具有 0~8 个数据字节		
		0101~1111	数据帧具有 8 个数据字节		
6:4	—		保留	—	—

CAN 总线嵌入式开发——从入门到实践(第4版)

位	符 号	值	描 述	复位值	访 问
7	EOB		缓存区结束	0	R/W
		0	报文对象属于 FIFO 缓存区,且不会是 FIFO 缓存区的最后一个报文对象		
		1	FIFO 缓存区的单个报文对象或最后一个报文对象		
8	TXRQST		发送请求	0	R/W
		0	该报文对象不是在等待着被传送		
		1	请求发送该报文对象,但还没有完成发送		
9	RMTEN		远程使能	0	R/W
		0	在接收到远程帧时,不会更改 TXRQST		
		1	在接收到远程帧时,置位 TXRQST		
10	RXIE		接收中断使能	0	R/W
		0	在成功接收帧后,INTPND 不改变		
		1	在成功接收帧后,INTPND 将置位		
11	TXIE		发送中断使能	0	R/W
		0	在成功接收帧后,INTPND 位不改变		
		1	在成功接收帧后,INTPND 位将置位		
12	UMASK		使用接收屏蔽 注:如果用户将 UMASK 设置为 1,那么就要在将 MAGVAL 设为 1 之前的初始化进程中,要对报文对象的屏蔽位进行编写	0	R/W
		0	忽略屏蔽		
		1	使用屏蔽(MSK[28:0]、MXTD 和 MDIR)接收过滤操作		
13	INTPND		中断挂起	0	R/W
		0	该报文对象不是中断源		
		1	该报文对象是中断源。中断寄存器的中断标识符将会指向该报文对象,如果不存在更高优先级的中断源		
14	MSGLST		报文丢失(只对接收方向的报文对象有效)	0	R/W
		0	无报文丢失,因为 CPU 将该位最后复位		
		1	在 NEWDAT 仍保持置位时报文处理程序将一个新的报文存放在该对象中,现 CPU 将报文丢失		
15	NEWDAT		新数据	0	R/W
		0	报文处理程序没有把新数据被写入到该报文对象的数据部分,因为该标志由 CPU 最后清零		
		1	报文处理程序或 CPU 已将新数据写入到该报文对象的数据部分		
31:16	—	—	保留	0	—

(6) CAN 报文接口数据 A1 寄存器

如表 5 - 21 所列,在 CAN 数据帧中,DATA0 是首先被发送或接收的字节,而 DATA7(在 CAN_IF1B2 和 CAN_IF2B2)则是最后被发送或接收的字节。在 CAN 的串行位流中,首先发送的是每个字节的最高位。

注:在接收进程中,字节 DATA0 是最先被移送到 CAN 内核的移位寄存器的数据字节,字节 DATA7 最后发送。当报文处理程序存放数据帧时,它将会把所有 8 个数据字节写入到报文对象中。如果数据长度代码少于 8,则剩余在报文对象的字节将会被非指定的值覆盖。

表 5 - 21 CAN 报文接口数据 A1 寄存器

(CANIF1_DA1 和 CANIF2_DA1,地址 0x4005003C 和 0x4005009C)位功能描述

位	符 号	描 述	复位值	访 问
7:0	DATA0	数据字节 0	0x00	R/W
15:8	DATA1	数据字节 1	0x00	R/W
31:16	—	保留	—	—

(7) CAN 报文接口数据 A2 寄存器(表 5 - 22)

表 5 - 22 CAN 报文接口数据 A2 寄存器

(CANIF1_DA2 和 CANIF2_DA2,地址 0x40050040 和 0x400500A0)位功能描述

位	符 号	描 述	复位值	访 问
7:0	DATA2	数据字节 2	0x00	R/W
15:8	DATA3	数据字节 3	0x00	R/W
31:16	—	保留	—	—

(8) CAN 报文接口数据 B1 寄存器(表 5 - 23)

表 5 - 23 CAN 报文接口数据 B1 寄存器

(CANIF1_DB1 和 CANIF2_DB1,地址 0x40050044 和 0x400500A4)位功能描述

位	符 号	描 述	复位值	访 问
7:0	DATA4	数据字节 4	0x00	R/W
15:8	DATA5	数据字节 5	0x00	R/W
31:16	—	保留	—	—

(9) CAN 报文接口数据 B2 寄存器(表 5 - 24)

表 5 - 24 CAN 报文接口数据 B2 寄存器

(CANIF1_DB2 和 CANIF2_DB2,地址 0x40050048 和 0x400500A8)位功能描述

位	符 号	描 述	复位值	访 问
7:0	DATA6	数据字节 6	0x00	R/W
15:8	DATA7	数据字节 7	0x00	R/W
31:16	—	保留	—	—

5.2.3 报文处理程序寄存器

所有报文处理程序寄存器都是只读寄存器。它们的内容(每一个报文对象的 TXRQST、NEWDAT、INTPND 和 MSGVAL 位和中断标识符)是由报文处理程序 FSM 提供的状态信息。

1. CAN 发送请求 1 寄存器

该寄存器包含报文对象(1～16)的 TXRQST 位。通过读出 TXRQST 位,CPU 可以查看出哪一个报文对象的发送请求被挂起。在接收远程帧或成功发送后,特定报文对象的 TXRQST 位可由 CPU 通过 IFx 报文接口寄存器来设置/复位,或可由报文处理程序进行设置/复位,如表 5-25 所列。

表 5-25 CAN 发送请求 1 寄存器(CANTXREQ1,地址 0x40050100)位功能描述

位	符 号	值	描 述	复位值	访 问
15:0	TXRQST[16:1]		报文对象 16～1 的发送请求	0x00	R
		0	该报文对象不是在等待着被发送		
		1	请求发送该报文对象,但发送仍未完成		
31:16	—	—	保留	—	—

2. CAN 发送请求 2 寄存器

如表 5-26 所列,该寄存器包含报文对象(32～17)的 TXRQST 位。通过读出 TXRQST 位,CPU 可以查看出哪一个报文对象的发送请求被挂起。在接收远程帧或成功发送后,特定报文对象的 TXRQST 位可由 CPU 通过 IFx 报文接口寄存器来进行设置/复位,或可由报文处理程序进行设置/复位。

表 5-26 CAN 发送请求 2 寄存器(CANTXREQ2,地址 0x40050104)位功能描述

位	符 号	值	描 述	复位值	访 问
15:0	TXRQST[32:17]		报文对象 32～17 的发送请求	0x00	R
		0	该报文对象不是在等待着被发送		
		1	请求发送该报文对象,但发送仍未完成		
31:16	—	—	保留	—	—

3. CAN 新数据 1 寄存器

如表 5-27 所列,该寄存器包含报文对象(16～1)的 NEWDAT 位。通过读出 NEWDAT 位,CPU 可以查看出哪一个报文对象的数据部分被更新。在接收完数据帧或成功发送后,特定报文对象的 NEWDAT 位可由 CPU 通过 IFx 报文接口寄存器来进行设置/复位,或可由报文处理程序进行设置/复位。

表 5 - 27　CAN 新数据 1 寄存器(CANND1,地址 0x40050120)位功能描述

位	符　号	值	描　　述	复位值	访　问
15:0	NEWDAT[16:1]		报文对象 16～1 的新数据位	0x00	R
		0	报文处理程序没有把新数据写入该报文对象的数据部分,因为 CPU 之前已把该标志清零		
		1	报文处理程序或 CPU 已把新数据写入该报文对象的数据部分		
31:16	—	—	保留	—	—

4. CAN 新数据 2 寄存器

如表 5 - 28 所列,该寄存器包含报文对象(32～17)的 NEWDAT 位。通过读出 NEWDAT 位,CPU 可以查看出哪一个报文对象的数据部分被更新。在接收完数据帧或成功发送完后,特定报文对象的 NEWDAT 位可由 CPU 通过 IFx 报文接口寄存器来进行设置/复位,或可由报文处理程序进行设置/复位。

表 5 - 28　CAN 新数据 2 寄存器(CANND2,地址 0x40050124)位功能描述

位	符　号	值	描　　述	复位值	访　问
15:0	NEWDAT[32:17]		报文对象 32～17 的新数据位	0x00	R
		0	报文处理程序没有把新数据写入该报文对象的数据部分,因为 CPU 之前已把该标志清零		
		1	报文处理程序或 CPU 已把新数据写入该报文对象的数据部分		
31:16	—	—	保留	—	—

5. CAN 中断挂起 1 寄存器

如表 5 - 29 所列,该寄存器包含报文对象(16～1)的 INTPND 位。通过读出 INTPND 位,CPU 可以查看出哪一个报文对象的中断被挂起。在接收完帧或成功发送完帧后,特定报文对象的 INTPND 位可由 CPU 通过 IFx 报文接口寄存器来进行设置/复位,或可由报文处理程序进行设置/复位。这将还会影响中断寄存器中 INTPND 位的值。

表 5 - 29　CAN 中断挂起 1 寄存器(CANIR1,地址 0x40050140)位功能描述

位	符　号	值	描　　述	复位值	访　问
15:0	INTPND[16:1]		报文对象 16～1 的中断挂起位	0x00	R
		0	报文处理程序忽略该报文对象		
		1	该报文对象是中断源		
31:16	—	—	保留	—	—

6. CAN 中断挂起 2 寄存器

如表 5 - 30 所列，该寄存器包含报文对象（32～17）的 INTPND 位。通过读出 INTPND 位，CPU 可以查看出哪一个报文对象的中断被挂起。在接收完帧或成功发送完帧后，特定报文对象的 INTPND 位可由 CPU 通过 IFx 报文接口寄存器来进行设置/复位，或者可由报文处理程序进行设置/复位。这将还会影响中断寄存器中 INTPND 位的值。

表 5 - 30　CAN 中断挂起 2 寄存器（CANIR2，地址 0x40050144）位功能描述

位	符　号	值	描　　述	复位值	访　问
15:0	INTPND[32:17]		报文对象 32～17 的中断挂起位	0x00	R
		0	报文处理程序忽略该报文对象		
		1	该报文对象是中断源		
31:16	—	—	保留	—	—

7. CAN 报文有效 1 寄存器

如表 5 - 31 所列，该寄存器包含报文对象（16～1）的 MSGVAL 位。通过读出 MSGVAL 位，CPU 可以查看出哪一个报文对象有效。特定报文对象的 MSGVAL 位可由 CPU 通过 IFx 报文接口寄存器来进行设置/复位。

表 5 - 31　CAN 报文有效 1 寄存器（CANMSGV1，地址 0x40050160）位功能描述

位	符　号	值	描　　述	复位值	访　问
15:0	MSGVAL[16:1]		报文对象 16～1 的报文有效位	0x00	R
		0	报文处理程序忽略该报文对象		
		1	该报文对象被配置，且应被报文处理程序识别		
31:16	—	—	保留	—	—

8. CAN 报文有效 2 寄存器

如表 5 - 32 所列，该寄存器包含报文对象（32～17）的 MSGVAL 位。通过读出 MSGVAL 位，CPU 可以查看出哪一个报文对象有效。特定报文对象的 MSGVAL 位可由 CPU 通过 IFx 报文接口寄存器来进行设置/复位。

表 5 - 32　CAN 报文有效 2 寄存器（CANMSGV2，地址 0x40050164）位功能描述

位	符　号	值	描　　述	复位值	访　问
15:0	MSGVAL[32:17]		报文对象 32～17 的报文有效位	0x00	R
		0	报文处理程序忽略该报文对象		
		1	该报文对象被配置，且应被报文处理程序识别		
31:16	—	—	保留	—	—

5.2.4　CAN 时钟分频器寄存器

如表 5-33 所列,该寄存器决定 CAN 时钟信号。以该寄存器的值对外设时钟 PCLK 进行分频,可得到 CAN_CLK。

表 5-33　CAN 时钟分频器寄存器(CANCLKDIV,地址 0x40050180)位功能描述

位	符　号	值	描　述	复位值	访　问
2:0	CLKDIVVAL		时钟分频器值	001	R/W
		000	CAN_CLK＝对 PCLK 进行 1 分频		
		001	CAN_CLK＝对 PCLK 进行 2 分频		
		010	CAN_CLK＝对 PCLK 进行 4 分频		
		011	CAN_CLK＝对 PCLK 进行 8 分频		
		100	CAN_CLK＝对 PCLK 进行 16 分频		
		101	CAN_CLK＝对 PCLK 进行 32 分频		
		110	CAN_CLK＝无效(默认为进行 2 分频)		
		111	CAN_CLK＝无效(默认为进行 2 分频)		
31:3	—	—	保留	—	—

5.3　LPC11Cxx 系列微控制器的片上 CAN 控制器的结构

C_CAN 控制器是 LPC11Cxx 系列微控制器的片上 CAN 控制器,严格遵循 CAN 规范 2.0B 版的规定进行 CAN 通信。C_CAN 控制器的结构如图 5-2 所示。

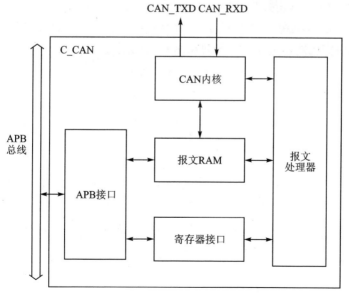

图 5-2　C_CAN 控制器的结构

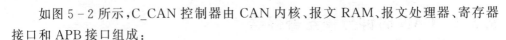

如图 5-2 所示,C_CAN 控制器由 CAN 内核、报文 RAM、报文处理器、寄存器接口和 APB 接口组成:

- CAN 内核从 CAN 总线传输和接收数据,并将数据传递到报文处理器。
- 报文 RAM 存储每个报文对象当前的配置信息、状态信息、标识符掩码、实际数据等。
- 报文处理器完成所有和报文处理相关的功能,诸如验收滤波、CAN 内核和报文 RAM 之间的报文传输、根据 CAN 总线上的事件产生中断等。
- CPU 内核通过 APB 接口来直接访问 CAN 控制器的寄存器和报文 RAM。

5.4 基于微控制器和非隔离 CAN 收发器的电路

这里以 TJA1051 和 LPC11C14 组成的不带隔离功能的 CAN 通信接口电路为例来介绍。

5.4.1 器件简介

TJA1051 是一款高速 CAN 收发器,是高速 CAN 收发器 TJA1050 的升级版本,相对 TJA1050,它在电磁兼容性(EMC)和静电放电(ESD)性能方面有很大改进,专为汽车行业的高速 CAN 应用设计,传输速率高达 1 Mbit/s:

- TJA1051 收发器在断电或处于低功耗模式时,在总线上不可见。
- 型号 TJA1051T/3 和 TJA1051TK/3 的 I/O 口可直接与 3~5 V 的微控制器接口连接。

TJA1051 有 TJA1051T、TJA1051T/3 和 TJA1051TK/3 这 3 种型号,其中 TJA1051T/3 和 TJA1051TK/3 的 I/O 口可直接与 3~5 V 的微控制器接口连接。TJA1051 的引脚功能如表 5-34 所列和图 5-3 所示。

表 5-34 TJA1051 引脚说明

标　号	引　脚	描　述
TXD	1	微控制器须发送到 CAN 总线上的数据从此引脚输入
GND	2	地
V_{CC}	3	电源
RXD	4	将从 CAN 总线上接收的数据读出并返回到微控制器
nc	5	无效引脚(TJA1051T)
V_{IO}	5	为 I/O 引脚电平的适配功能模块供电(TJA1051T/3 和 TJA1051TK/3)
CANL	6	低电平 CAN 总线通道
CANH	7	高电平 CAN 总线通道
S	8	静默模式控制

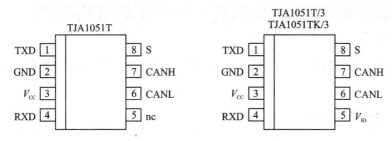

图 5 - 3　TJA1051 引脚

5.4.2　接口电路设计

TJA1051 和 LPC11C14 CAN 接口电路示意图如图 5 - 4 所示。

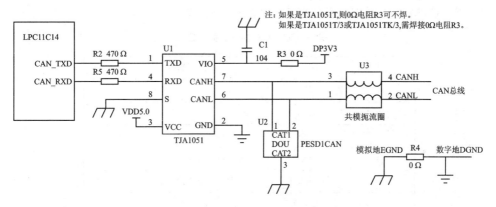

图 5 - 4　TJA1051 和 LPC11C14 CAN 接口电路示意图

针对图 5 - 4 说明如下：

● TJA1051 的 TXD 和 RXD 引脚通过 470 Ω 电阻直接连接到 LPC11C14 的 CAN 发送和接收引脚。

● TJA1051 的静默模式端直接接地,因此 TJA1051 始终工作在高速模式。用户也可以用微控制器的 I/O 引脚来控制 TJA1051 的静默模式端。

● TJA1051 的 VIO 端接 3.3 V 电源后可与 3.3 V 的 LPC11C14 直接连接。

● TJA1051 的 CANH 和 CANL 端可直接连接到 CAN 总线网络上,但是为了增强通信的可靠性,还需要连接保护器件:

器件 U2 是 NXP 半导体的 PESD1CAN,是 CAN 总线专用 ESD 元件。

器件 U3 是 EPCOS 半导体的 B82793,是 CAN 总线的专用共模扼流圈,可以大大增强 CAN 总线节点设备的 EMI 能力。

5.5 基于微控制器和隔离 CAN 收发器的电路

这里以 CTM8251T 和 LPC11C14 组成的具有隔离功能的 CAN 通信接口电路为例来介绍。

5.5.1 器件简介

CTM8251 是一款带隔离的通用 CAN 收发器芯片,可把 CAN 控制器与 CAN 总线之间隔离开来。CTM8251 可以连接任何一款 CAN 协议控制器,实现 CAN 节点的收发与隔离功能。在以往的设计方案中需要光耦、DC/DC 隔离、CAN 收发器等其他元器件才能实现带隔离的 CAN 收发电路,但现在利用一片 CTM8251 接口芯片就可以实现带隔离的 CAN 收发电路。隔离电压可以达到 DC 2 500 V,其接口简单,使用方便。CTM8251 引脚定义如表 5 - 35 所列,特点如下:

表 5 - 35 CTM8251 引脚定义

引脚号	引脚名称	引脚含义
1	V_{in}	+5 V 输入
2	GND	电源地
3	TXD	CAN 控制器发送端
4	RXD	CAN 控制器接收端
6	CANH	CANH 信号线连接端
7	CANL	CANL 信号线连接端
8	CANG	隔离电源输出地

注:用户未使用引脚 8 时,需要悬空此引脚。如果使用带有 TVS 管防总线过压的 CTM8251T,就无须外接 TVS 管。

- 具有 DC 2 500 V 隔离功能。
- 完全符合 ISO 11898—24 V 标准。
- 速率最高达 1 Mbit/s。
- 在 24 V 系统中防止电池对地的短路。
- 具有热保护功能。
- 很高的抗电磁干扰性能。
- 至少可连接 110 个节点。

CTM8251 有两个型号:CTM8251 和 CTM8251T。CTM8251T 是在 CTM8251 基础上设计的,具有 CAN 总线起过电压保护作用;此外该型号内部还集成了 ESD 保护器件,省略了外部的 ESD 保护器件。

5.5.2　接口电路设计

TJA1051 和 LPC11C14 CAN 接口电路示意图如图 5-5 所示。

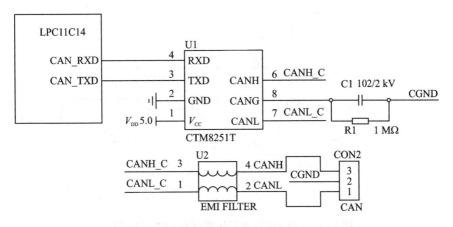

图 5-5　CAN 隔离收发器 CAN 接口电路示意图

针对图 5-5 说明如下：

- CAN 总线接口电路可采用＋5 V 或＋3.3 V 供电，此时要选择对应型号的 CTM 隔离 CAN 收发器。
- RXD 连接 CAN 控制器的发送脚，TXD 连接 CAN 控制器的接收脚。
- CTM 隔离 CAN 收发器可选择集成 ESD 保护功能的 T 系列，从而省略外扩的 ESD 保护器件。
- 如果选用 ESD 保护器件，则必须选择 CAN 总线专用 ESD 元件，以避免 ESD 器件等效电容影响高通信波特率时的 CAN 总线通信。推荐型号有 NXP PESD1CAN 或 Onsemi NUP2105L 等 ESD 元件。
- 共模扼流圈 U2 起着 EMI 增强的功能，用于提高设备的 EMI 能力。共模扼流圈的电感参数很重要，必须选择 CAN 总线专用器件，这里选用的是 EP-COS 的 B82793 扼流圈。
- CGND 是 CAN 收发器的地。

5.6　无须扩展外部 CAN 控制器与 CAN 收发器的 CAN 接口电路

LPC11C2x 系列微控制器集成了 CAN 控制器、CAN 收发器、CANOpen 驱动，图 5-6 是基于 LPC11C2x 系列微控制器的 CAN 接口电路示意图。可以看到，LPC11C2x 系列微控制器可直接连接到 CAN 总线网络中，但是为了保证通信的可

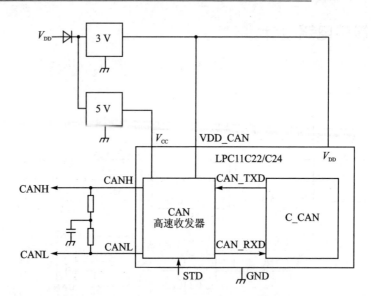

图 5-6　LPC11C2x 系列微控制器 CAN 接口电路

靠性,仍建议用户在设计时使用专用的 CAN 总线保护器件(如专用的 CAN 总线 ESD 保护器件 NXP PESD1CAN 或 Onsemi NUP2105L、共模扼流圈 EPCOS 的 B82793 等)。

5.7　基于通用驱动库的 CAN 应用编程

　　基于 LPC11Cxx 系列微控制器的 ZLG_CAN 通用驱动库(以下简称通用驱动库)为使用 LPC11Cxx 系列微控制器 CAN 控制器(以下简称 CAN 控制器)进行 CAN 应用开发的用户提供了完整、可靠的 CAN 操作 API,用户无须深入了解 CAN 控制器的寄存器功能,通过调用 API 即可高效地完成 CAN 控制器配置、报文对象配置及 CAN 中断管理、CAN 通信等工作。通用驱动库本身包含的内容比较多,这里只对其做一个概要性的介绍,着重讲解基于通用驱动库进行 CAN 应用编程的方法。

5.7.1　通用驱动库简介

1.　概　述

　　通用驱动库涉及的数据结构及底层接口函数较多。其中涉及的数据结构如表 5-36 所列,包括了结构体类型和枚举类型。底层接口函数如表 5-37 所列。表中省略了细节,以便读者更好地把握通用驱动库的概貌。如果需要了解细节信息,可以参考例程里的通用驱动库源码和通用驱动库说明文档。

表 5 - 36　通用驱动库涉及的数据结构

通用驱动库中的数据结构		
名　称	定　义	说　明
CAN_BIT_CLK_PARM	typedef struct{…} CAN_BIT_CLK_PARM	该类型封装了 CAN 位时钟设置相关的各个参数
CAN_MSG_OBJ	typedef struct{…} CAN_MSG_OBJ	该类型封装了一个报文对象的主要参数
CAN_OBJ_FLG	typedef enum{…} CAN_OBJ_FLG	用于标识报文对象的配置信息
CAN_INT_STS_REG	typedef enum{…} CAN_INT_STS_REG	该类型定义的常量将在处理 CAN 中断时使用
CAN_STS_REG	typedef enum{…}CAN_STS_REG	该类型定义的常量在调用 CAN 状态读取函数 CANStatusGet() 时用到
CAN_INT_FLAGS	typedef enum{…}CAN_INT_FLAGS	该类型所定义的常量在调用 CAN 中断使能与禁止函数时用到
MSG_OBJ_TYPE	typedef enum{…} MSG_OBJ_TYPE	该类型定义了表示 CAN 报文类型的常量
CAN_STS_CTRL	typedef enum{…} CAN_STS_CTRL	该类型所定义的常量为错误类型及总线状态
CANFRAME	typedef struct {…}CANFRAME	定义 CAN 的帧缓存区
CANCIRBUF	typedef struct {…} CANCIRBUF	定义 CAN 的循环队列缓存区

表 5 - 37　底层接口函数

分　类	函数名称	函数说明
CAN 控制器操作	CANStatusGet ()	获取 CAN 控制器的状态
	CANInit()	初始化 CAN 控制器
	CANEnable()	使能 CAN 控制器
	CANDisable()	停止 CAN 控制器的报文处理
波特率设置	CANBitTimingSet()	设置 CAN 通信波特率及位时钟设置
	CANBitTimingGet()	读取位时钟配置信息
CAN 中断操作相关底层接口函数	CANIntRegister()	注册 CAN 的中断服务函数
	CANIntEnable()	使能对应的 CAN 控制器中断
	CANIntDisable()	禁用对应的 CAN 控制器中断
	CANIntClear()	清除相应的中断标志
	CANIntStatus()	可以获取当前的 CAN 中断状态
	CANIntUnregister()	卸载已注册的中断服务函数

分 类	函数名称	函数说明
错误计数器值的读取	CANErrCntrGet()	通过调用 CANErrCntrGet()函数可以读取 CAN 控制器当前的发送错误计数器值及接收错误计数器值
CAN 报文操作	CANMessageGet()	读取某个报文对象的信息
	CANMessageSet()	配置指定的报文对象
	CANMessageClear()	停用某个报文对象
CAN 报文重发送配置	CANRetrySet()	设置是否对发送失败的报文重新发送
	CANRetryGet()	读取重新发送的设置
循环队列缓存区管理	canCirBufInit()	初始化循环队列缓存区
	canCirBufMalloc()	向循环队列缓存区申请帧缓存区
CAN 帧发送	canFrameSend()	发送一帧 CAN 报文至总线
接收数据帧、远程帧报文对象的设置	canReMsgObjSet()	设置接收数据帧及远程帧的报文对象
验收滤波设置	canAcceptFilterSet()	设置验收滤波

2. 数据结构

(1) CAN_BIT_CLK_PARM

CAN_BIT_CLK_PARM 是 CAN 位时钟设置参数的结构类型,其原型定义如程序清单 5.1 所示。

程序清单 5.1 CAN_BIT_CLK_PARM 结构原型

```
typedef struct
{
    unsigned int uSyncPropPhase1Seg;   //用于保存位时间中的传输段及相位缓冲段 1 的
                                       //和,取值范围为 2～16
    unsigned int uPhase2Seg;           //用于保存位时间中的相位缓冲段 2 的值,取值
                                       //范围为 1～8
    unsigned int uSJW;                 //用于保存同步跳转宽度,取值范围 1～4
    unsigned int uQuantumPrescaler;    //CAN 波特率预分频值,取值范围为 1～1 023
} CAN_BIT_CLK_PARM;
```

(2) CAN_MSG_OBJ

CAN_MSG_OBJ 结构用于组织配置报文对象的所有参数,其原型定义如程序清单 5.2 所示。

程序清单 5.2 CAN_MSG_OBJ 结构原型

```
typedef struct
{
```

```
        unsigned long ulMsgID;              //11 或 29 位的 CAN 报文标识符
        unsigned long ulMsgIDMask;          //报文滤波器使能后的标识符掩码
        unsigned long ulFlags;              //由 CAN_OBJ_FLG 列举的配置参数
        unsigned long ulMsgLen;             //报文数据域长度
        unsigned char * pucMsgData;         //指向配置报文对象数据域数据的指针
    } CAN_MSG_OBJ;
```

(3) CAN_OBJ_FLG

枚举类型 CAN_OBJ_FLG 中定义的常量将在调用 CANMessageSet() 和 CAN-MessageGet() 函数时的 CAN_MSG_OBJ 型变量中用到,CAN_OBJ_FLG 的原型定义如程序清单 5.3 所示。

程序清单 5.3　CAN_OBJ_FLG 枚举类型

```
    typedef enum
    {
        MSG_OBJ_TX_INT_ENABLE = 0x00000001,  //表示将使能或已使能发送中断
        MSG_OBJ_RX_INT_ENABLE = 0x00000002,  //表示将使能或已使能接收中断
        MSG_OBJ_EXTENDED_ID = 0x00000004,    //表示报文对象将使用或已使用扩展标识符
        MSG_OBJ_USE_ID_FILTER = 0x00000008,  //表示将使用或已使用报文标识符滤波
        MSG_OBJ_NEW_DATA = 0x00000080,       //表示报文对象中有可用的新数据
        MSG_OBJ_DATA_LOST = 0x00000100,      //表示自上次读取数据后报文对象丢失了数据
        MSG_OBJ_USE_DIR_FILTER = (0x00000010 | MSG_OBJ_USE_ID_FILTER),
        //表示报文对象将使用或已使用传输方向滤波。如果使用方向滤波,则必须同时使用
        //报文标识符滤波
        MSG_OBJ_USE_EXT_FILTER = (0x00000020 | MSG_OBJ_USE_ID_FILTER),
        //表示报文对象将使用或已使用扩展标识符滤波。如果使用扩展标识符滤波,则必须
        //同时使用报文标识符滤波
        MSG_OBJ_REMOTE_FRAME = 0x00000040,   //表示这个报文对象是一个远程帧
        MSG_OBJ_NO_FLAGS = 0x00000000        //表示这个报文对象不设置任何标志位
    } CAN_OBJ_FLG;
```

(4) CAN_INT_STS_REG

CAN_INT_STS_REG 所列举的类型在调用函数 CANIntStatus() 时用到,CAN_INT_STS_REG 的原型定义如程序清单 5.4 所示。

程序清单 5.4　CAN_INT_STS_REG 枚举类型

```
    typedef enum
    {
        CAN_INT_STS_CAUSE,                   //读取 CAN 中断寄存器
        CAN_INT_STS_OBJECT                   //读取 CAN 报文中断挂起标志
    } CAN_INT_STS_REG;
```

(5) CAN_STS_REG

CAN_STS_REG 所列举的类型在调用函数 CANStatusGet()时用到,CAN_STS_REG 的原型定义如程序清单 5.5 所示。

程序清单 5.5　CAN_STS_REG 枚举类型

```
typedef enum
{
    CAN_STS_CONTROL,              //读取 CAN 控制器状态
    CAN_STS_TXREQUEST,            //读取 32 个报文对象的发送请求位
    CAN_STS_NEWDAT,               //读取 32 个报文对象的 NewDat 位
    CAN_STS_MSGVAL                //读取 32 个报文对象的 MsgVal 位
} CAN_STS_REG;
```

(6) CAN_INT_FLAGS

CAN_INT_FLAGS 所列举的类型在调用函数 CANIntEnable()和 CANIntDisable()时用到,CAN_INT_FLAGS 的原型定义如程序清单 5.6 所示。

程序清单 5.6　CAN_INT_FLAGS 枚举类型

```
typedef enum
{
    CAN_INT_ERROR = 0x00000008,   //表示 CAN 控制器允许产生错误中断
    CAN_INT_STATUS = 0x00000004,  //表示 CAB 控制器允许产生状态中断
    CAN_INT_MASTER = 0x00000002   //表示允许产生 CAN 中断,若这位没设置
                                  //则不会产生任何中断
} CAN_INT_FLAGS;
```

(7) MSG_OBJ_TYPE

MSG_OBJ_TYPE 所列举的类型在调用 API 函数 CANMessageSet()时用到,用于确定报文对象将被配置的类型,MSG_OBJ_TYPE 的原型定义如程序清单 5.7 所示。

程序清单 5.7　MSG_OBJ_TYPE 枚举类型

```
typedef enum
{
    MSG_OBJ_TYPE_TX,              //发送报文对象
    MSG_OBJ_TYPE_TX_REMOTE,      //发送远程帧报文对象
    MSG_OBJ_TYPE_RX,             //接收数据帧报文对象
    MSG_OBJ_TYPE_RX_REMOTE,      //接收远程帧报文对象
    MSG_OBJ_TYPE_RXTX_REMOTE     //自动应答远程帧报文对象
} MSG_OBJ_TYPE;
```

(8) CAN_STS_CTRL

CAN_STS_CTRL 所列举的类型为调用函数 CANStatusGet()时的返回值的可

能情况,包含所有的错误类型及总线状态,CAN_STS_CTRL 的原型定义如程序清单 5.8 所示。

程序清单 5.8　CAN_STS_CTRL 枚举类型

```
typedef enum
{
    CAN_STATUS_BUS_OFF = 0x00000080,      //脱离总线状态
    CAN_STATUS_EWARN = 0x00000040,        //错误计数器已达到警告值
    CAN_STATUS_EPASS = 0x00000020,        //错误计数器已达到被动错误值
    CAN_STATUS_RXOK = 0x00000010,         //自上次读此状态后,成功收到一帧 CAN 数据
    CAN_STATUS_TXOK = 0x00000008,         //自上次读此状态后,成功发送一帧 CAN 数据
    CAN_STATUS_LEC_MSK = 0x00000007,      //the last error code 域的掩码
    CAN_STATUS_LEC_NONE = 0x00000000,     //没有任何错误
    CAN_STATUS_LEC_STUFF = 0x00000001,    //位填充错误
    CAN_STATUS_LEC_FORM = 0x00000002,     //格式错误
    CAN_STATUS_LEC_ACK = 0x00000003,      //应答错误
    CAN_STATUS_LEC_BIT1 = 0x00000004,     //总线 1 错误
    CAN_STATUS_LEC_BIT0 = 0x00000005,     //总线 0 错误
    CAN_STATUS_LEC_CRC = 0x00000006,      //CRC 效验错误
    CAN_STATUS_LEC_MASK = 0x00000007      //CAN 的 Last Error Code 的掩码
}CAN_STS_CTRL;
```

(9) 帧缓存区——CANFRAME

帧缓存区的数据结构如程序清单 5.9 所示。

程序清单 5.9　帧数据存储结构 CANFRAME

```
typedef struct {
    unsigned char ucTtypeFormat;          //帧类型
    unsigned char ucDLC;                  //数据区长度
    unsigned long ulID;                   //CAN 报文 ID
    unsigned char ucDatBuf[8];            //报文数据域
}CANFRAME;
```

例如,zlg_can 程序模块里提供了一个 CANFRAME 类型的变量 GtCan-FrameInit,该变量的值被用作 CAN 帧缓存区的初始化值,如程序清单 5.10 所示。

程序清单 5.10　CAN 帧缓存区的初始值配置

```
/*******************************************************
 * * 用于初始化 CAN 帧缓存区块的数据
 *******************************************************/
const CANFRAME GtCanFrameInit = {
    BUF_BLANK,                            //空白帧
    0,                                    //数据域长度为 0
```

```
    0,                                              //报文 ID 为 0
    {0x00,0x00,0x00,0x00,0x00,0x00,0x00,0x00}       //数据域内容为 0
};
```

(10) 循环队列缓存区数据结构——CANCIRBUF

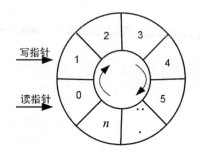

图 5 - 6　　循环队列缓存区

在 CAN 通信中常常出现接收数据累积、来不及处理的情况。为避免这种情形,zlg_can 程序模块采用循环队列缓存区来存储 CAN 通信数据,如图 5 - 6 所示。

- 当缓存区有可用数据时,读/写指针值不同或缓存区满标志置位。
- 缓存区为空(没有可用数据)时,读指针和写指针的值相等。

循环队列缓存区的数据结构定义如程序清单 5.11 所示。

程序清单 5.11　循环队列缓存区结构

```
typedef struct {
    INT32U       ulWriteIndex;              //写指针
    INT32U       ulReadIndex;               //读指针
    INT16U       ulLength;                  //记录缓存深度
    BOOLEAN      bIsFull;                   //缓存区满标志
    CANFRAME     * ptCanFramBuf;            //指向帧缓存区首地址
}CANCIRBUF;
```

3. CAN 控制器寄存器的访问

(1) CAN 控制器寄存器结构体

在通用驱动库里,访问 CAN 控制器的寄存器主要是通过 CAN 控制器寄存器结构体来进行的,其定义如程序清单 5.12 所示。

程序清单 5.12　CAN 控制器寄存器结构体

```
#define   __I    volatile const      //定义寄存器的"只读"权限
#define   __O    volatile            //定义寄存器的"只写"权限
#define   __IO   volatile            //定义寄存器的"读/写"权限
typedef unsigned int uint32_t;
/*
 * LPC11Cxx 系列微控制器 CAN 控制器控制结构体,可通过该结构体访问 CAN 寄存器
 */
typedef struct
{
    __IO uint32_t CNTL;              //CANCNTL 寄存器,地址 0x4005 0000
```

```
   __IO uint32_t STAT;              //CANSTAT 寄存器,地址 0x4005 0004
   __IO uint32_t EC;                //CANEC 寄存器,地址 0x4005 0008
   __IO uint32_t BT;                //CANBT 寄存器,地址 0x4005 000C
   __IO uint32_t INT;               //CANINT 寄存器,地址 0x4005 0010
   __IO uint32_t TEST;              //CANTEST 寄存器,地址 0x4005 0014
   __IO uint32_t BRPE;              //CANBRP 寄存器,地址 0x40058018
   uint32_t RESERVED0;              //保留变量,用于调整结构体成员变量的地址偏移量
   __IO uint32_t IF1_CMDREQ;        //CANIF1_CMDREQ 寄存器,地址 0x4005 0020
   __IO uint32_t IF1_CMDMSK;        //CANIF1_CMDMASK 寄存器,地址 0x4005 0024)
   __IO uint32_t IF1_MSK1;          //CANIF1_MSK1 寄存器,地址 0x4005 0028
   __IO uint32_t IF1_MSK2;          //CANIF1_MSK2 寄存器,地址 0x4005 002C
   __IO uint32_t IF1_ARB1;          //CANIF1_ARB1 寄存器,地址 0x40050030
   __IO uint32_t IF1_ARB2;          //CANIF1_ARB2 寄存器,地址 0x40050034
   __IO uint32_t IF1_MCTRL;         //CANIF1_MCTRL 寄存器,地址 0x40050038
   __IO uint32_t IF1_DA1;           //CANIF1_DA1 寄存器,地址 0x4005 003C
   __IO uint32_t IF1_DA2;           //CANIF1_DA2 寄存器,地址 0x4005 0040
   __IO uint32_t IF1_DB1;           //CANIF1_DB1 寄存器,地址 0x4005 0044
   __IO uint32_t IF1_DB2;           //CANIF1_DB2 寄存器,地址 0x4005 0048
   uint32_t RESERVED1[13];          //保留变量,用于调整结构体成员变量的地址偏移量
   __IO uint32_t IF2_CMDREQ;        //CANIF2_CMDREQ 寄存器,地址 0x4005 0080
   __IO uint32_t IF2_CMDMSK;        //CANIF2_CMDMASK 寄存器,地址 0x4005 0084
   __IO uint32_t IF2_MSK1;          //CANIF2_MASK1 寄存器,地址 0x4005 0088
   __IO uint32_t IF2_MSK2;          //CANIF2_MASK2 寄存器,地址 0x4005 008C
   __IO uint32_t IF2_ARB1;          //CANIF2_ARB1 寄存器,地址 0x4005 0090
   __IO uint32_t IF2_ARB2;          //CANIF2_ARB2 寄存器,地址 0x4005 0094
   __IO uint32_t IF2_MCTRL;         //CANIF2_MCTRL 寄存器,地址 0x4005 0098
   __IO uint32_t IF2_DA1;           //CANIF2_DA1 寄存器,地址 0x4005 009C
   __IO uint32_t IF2_DA2;           //CANIF2_DA2 寄存器,地址 0x4005 00A0
   __IO uint32_t IF2_DB1;           //CANIF2_DB1 寄存器,地址 0x4005 00A4
   __IO uint32_t IF2_DB2;           //CANIF2_DB2 寄存器,地址 0x4005 00A8
   uint32_t RESERVED2[21];          //保留变量,用于调整结构体成员变量的地址偏移量
   __I   uint32_t TXREQ1;           //CANTXREQ1 寄存器,地址 0x4005 0100
   __I   uint32_t TXREQ2;           //CANTXREQ2 寄存器,地址 0x4005 0104
uint32_t RESERVED3[6];
   __I   uint32_t ND1;              //CANND1 寄存器,地址 0x4005 0120
   __I   uint32_t ND2;              //CANND2 寄存器,地址 0x4005 0124
   uint32_t RESERVED4[6];           //保留变量,用于调整结构体成员变量的地址偏移量
   __I   uint32_t IR1;              //CANIR1 寄存器,地址 0x4005 0140
   __I   uint32_t IR2;              //CANIR2 寄存器,地址 0x4005 0144
   uint32_t RESERVED5[6];           //保留变量,用于调整结构体成员变量的地址偏移量
   __I   uint32_t MSGV1;            //CANMSGV1 寄存器,地址 0x4005 0160
   __I   uint32_t MSGV2;            //CANMSGV2 寄存器,地址 0x4005 0164
```

```
        uint32_t RESERVED6[6];    //保留变量,用于调整结构体成员变量的地址偏移量
    __IO uint32_t CLKDIV;         //CANCLKDIV 寄存器,地址 0x4005 0180
} LPC_CAN_TypeDef;
```

这里给出通用驱动库里使用 CAN 控制器寄存器结构体访问 CAN 寄存器的例子,如程序清单 5.13 所示。

程序清单 5.13 访问 CAN 寄存器

```
#define LPC_CAN          ((LPC_CAN_TypeDef * ) LPC_CAN_BASE)        ①
LPC_CAN->CLKDIV = 0x00;          //将分频值 6 写入 CAN 时钟分频寄存器
```

程序清单 5.13 中的标注①处的 LPC_CAN_BASE 的定义如程序清单 5.14 所示。

程序清单 5.14 LPC_CAN_BASE 宏定义

```
#define LPC_CAN_BASE (0x40000000UL + 0x50000)        //CAN 控制器的基地址
```

(2) CAN 控制器寄存器访问函数

通用驱动库里的函数通常通过 CAN 控制器寄存器访问函数来读/写 CAN 控制器寄存器。

读访问函数的代码如程序清单 5.15 所示。

程序清单 5.15 读访问函数代码

```
/ * * * * * * * * * * * * * * * * * * * * * * * * * * * * * * * * * * * * * * * * * * * * * *
** Function name:       __canRegRead
** Descriptions:        CAN 寄存器读操作
** input parameters: ulRegAddress:CAN 寄存器地址
** output parameters:无
** Returned value:      寄存器值
* * * * * * * * * * * * * * * * * * * * * * * * * * * * * * * * * * * * * * * * * * * * * * */
unsigned long __canRegRead(unsigned long ulRegAddress)
{
    volatile int iDelay;
    unsigned long ulRetVal;
    unsigned char ucEnable;
    ucEnable = __ENTER_CIRTICAL();                      //关闭 CPU 的总中断
    HWREG(ulRegAddress);                                            ①
    for (iDelay = 0; iDelay < 5; iDelay++)
    {
    }
    ulRetVal = HWREG(ulRegAddress);
    __EXIT_CIRTICAL(ucEnable);                          //打开 CPU 的总中断
    return (ulRetVal);
}
```

在通用驱动库里通常使用 canRegRead（）宏来调用读访问函数,如程序清单 5.16 所示。

程序清单 5.16　canRegRead 宏

```
#define canRegRead (ulRegAddress)              __canRegRead(ulRegAddress)
```

程序清单 5.15 中的标注①处的 HWREG 是一个宏,其实现代码如程序清单 5.17 所示。

程序清单 5.17　HWREG 宏

```
#define HWREG(x)                          ( * ((volatile unsigned long * )(x)))
```

写访问函数的代码如程序清单 5.18 所示。

程序清单 5.18　写访问函数代码

```
/ * * * * * * * * * * * * * * * * * * * * * * * * * * * * * * * * * * * * * * * * * * *
** Function name:     __canRegWrite
** Descriptions:      CAN 寄存器写操作
** input parameters: ulRegAddress:CAN 寄存器地址
**       ulRegValue: 需要写的数据
** output parameters:无
** Returned value:    无
* * * * * * * * * * * * * * * * * * * * * * * * * * * * * * * * * * * * * * * * * * * */
void __canRegWrite(unsigned long ulRegAddress, unsigned long ulRegValue)
{
    volatile int iDelay;
    HWREG(ulRegAddress) = ulRegValue;
    for (iDelay = 0; iDelay < 5; iDelay ++ )
    {
    }
}
```

在通用驱动库里通常使用 canRegWrite（）宏来调用写访问函数,如程序清单 5.19 所示。

程序清单 5.19　canRegWrite 宏

```
#define canRegWrite (ulRegAddress, ulRegValue)  __ canRegWrite (ulRegAddress, ul-
RegValue)
```

4. 底层接口函数

（1）CANStatusGet 函数

1）函数接口描述

调用 CANStatusGet（）函数可以读取 CAN 控制器的状态信息,CANStatusGet（）

函数描述如表 5 - 38 所列。

表 5 - 38　CANStatusGet( )函数

函数名称	CANStatusGet
函数原型	unsigned long CANStatusGet(unsigned long ulBase, CAN_STS_REG eStatusReg)
功能描述	获取 CAN 控制器的状态
参　　数	ulBase　　CAN 控制器基址 eStatusReg: 　　CAN_STS_CONTROL　　读取主控制器状态,即 CANSTS 寄存器 　　CAN_STS_TXREQUEST　读取报文对象的发送请求位,即 CANTXRQn 寄存器 　　CAN_STS_NEWDAT　　读取报文对象的"新数据"位,即 CANNWDAn 寄存器 　　CAN_STS_MSGVAL　　读取报文对象的"有效"位,即 CANMSGnVAL 寄存器
返 回 值	当读取主控制器状态时,返回值位域如下: 　　CAN_STATUS_BUS_OFF　　脱离总线 　　CAN_STATUS_EWARN　　　至少一个错误计数器达到 96 　　CAN_STATUS_EPASS　　　CAN 控制器处于消极错误状态 　　CAN_STATUS_RXOK　　　成功接收到一帧报文(与报文滤波设置无关) 　　CAN_STATUS_TXOK　　　成功发送一帧报文 　　CAN_STATUS_LEC_MSK　　错误类型掩码(低 3 位有效) 　　CAN_STATUS_LEC_NONE　无错 　　CAN_STATUS_LEC_STUFF　位填充错误 　　CAN_STATUS_LEC_FORM　报文格式错误 　　CAN_STATUS_LEC_ACK　　应答错误 　　CAN_STATUS_LEC_BIT1　　位 0 错误 　　CAN_STATUS_LEC_BIT0　　位 1 错误 　　CAN_STATUS_LEC_CRC　　CRC 效验错误 当读取报文对象状态时,返回值为 32 位 long 型数据,对应的报文对象编号映射为返回值的位域,即[31:0]对应报文对象 32～报文对象 1
示　　例	unsigned long ulNewData＝CANStatusGet(CAN0_BASE, CAN_STS_NEWDAT); 　　　　　　　　　　　　　　　/＊读取 CAN0 的所有报文对象的 NewDat 位＊/

2) 函数代码

函数代码见程序清单 5.20 所示。

程序清单 5.20　函数代码

```
unsigned long CANStatusGet(unsigned long ulBaseAddr, CAN_STS_REG eStatusReg)
{
    unsigned long ulStatus;
    LPC_CAN_TypeDef ＊ ptBase＝(LPC_CAN_TypeDef ＊)ulBaseAddr;

    switch (eStatusReg) {
```

```
/ *
 * 当需要时返回全局 CAN 状态寄存器的值
 */
case CAN_STS_CONTROL:{
    ulStatus = canRegRead((unsigned long)&ptBase->STAT);
    canRegWrite((unsigned long)&ptBase->STAT,
    ~(CAN_STS_RXOK | CAN_STS_TXOK | CAN_STS_LEC_M));
    break;
}
/ *
 * 将发送状态位组合成为一个 32 位的值
 */
case CAN_STS_TXREQUEST:{
    ulStatus = canRegRead((unsigned long)&ptBase->TXREQ1);
    ulStatus |= canRegRead((unsigned long)&ptBase->TXREQ2) << 16;
    break;
}
/ *
 * 将新数据状态位组合成为一个 32 位的值
 */
case CAN_STS_NEWDAT:{
    ulStatus = canRegRead((unsigned long)&ptBase->ND1);
    ulStatus |= canRegRead((unsigned long)&ptBase->ND2) << 16;
    break;
}
/ *
 * 将报文有效状态位组合成为一个 32 位的值
 */
case CAN_STS_MSGVAL:{
    ulStatus = canRegRead((unsigned long)&ptBase->MSGV1);
    ulStatus |= canRegRead((unsigned long)&ptBase->MSGV2) << 16;
    break;
}

default:{
    ulStatus = 0;
    break;
}
}
return (ulStatus);
}
```

(2) CANInit( )函数

1)函数接口描述

CAN 模块应用之前先要对 32 个报文对象存储器进行初始化,调用 CANInit( )即可完成报文对象 RAM 的初始化工作。CANInit( )函数描述如表 5 - 39 所列。

表 5 - 39　CANInit( )函数

函数名称	CANInit
函数原型	void CANInit(unsigned long ulBase)
功能描述	初始化 CAN 控制器,在使能 CAN 控制器前必须先进行初始化
参　　数	ulBase CAN 控制器基址
返 回 值	无
范　　例	CANInit(CAN0_BASE);　　　　　　　　//初始化 CAN0

2)函数代码

函数体的代码清单见程序清单 5.21 所示。

程序清单 5.21　函数代码

```
void CANInit(unsigned long ulBaseAddr)
{
    int iMsg;
    LPC_CAN_TypeDef * ptBase = (LPC_CAN_TypeDef * )ulBaseAddr;
    /*
    * 无论之前是何状态,CAN 控制器现在都会立即进入初始化状态。初始化后,CAN 控制
        器会处于空闲状态,其报文对象 RAM 也可编程了
    */
    canRegWrite((unsigned long)&ptBase - >CNTL, CAN_CTL_INIT);
    /*
    * 等待 busy 位被清除
    */
    while (canRegRead((unsigned long)&ptBase - >IF1_CMDREQ) & CAN_IF1CRQ_BUSY) {
    }
    /*
    * 清除仲裁寄存器里的报文数值位。这指示报文现在无效,并且可以可靠地丢弃报文
        对象
    */
    canRegWrite((unsigned long)&ptBase - > IF1_ CMDMSK, CAN_ IF1CMSK_ WRNRD | CAN_
IF1CMSK_ARB | CAN_IF1CMSK_CONTROL);
    canRegWrite((unsigned long)&ptBase - >IF1_ARB2, 0);
    canRegWrite((unsigned long)&ptBase - >IF1_MCTRL, 0);
    /*
```

```
 *  循环编程所有的 32 个报文对象
 */
for (iMsg = 1; iMsg < = 32; iMsg ++ ) {
    /*
     *  等待 busy 位被清除
     */
    while (canRegRead((unsigned long)&ptBase - >IF1_CMDREQ) & CAN_IF1CRQ_BUSY) {
    }
    /*
     *  初始化报文对象编程
     */
    canRegWrite((unsigned long)&ptBase - >IF1_CMDREQ, iMsg);
}
/*
 *  等待 busy 位被清除
 */
canRegWrite((unsigned long)&ptBase - >IF1_CMDMSK, CAN_IF1CMSK_NEWDAT |
CAN_IF1CMSK_CLRINTPND);
/*
 *  循环编程所有的 32 个报文对象
 */
for (iMsg = 1; iMsg < = 32; iMsg ++ ) {
    /*
     *  等待 busy 位被清除
     */
    while (canRegRead((unsigned long)&ptBase - >IF1_CMDREQ) & CAN_IF1CRQ_BUSY) {
    }
    /*
     *  初始化报文对象编程
     */
    canRegWrite((unsigned long)&ptBase - >IF1_CMDREQ, iMsg);
}
/*
 *  读取挂起的状态中断信息
 */
canRegRead((unsigned long)&ptBase - >STAT);
}
```

(3) CANEnable( )函数

1) 函数接口描述

配置好通信波特率后,可以调用 CANEnable()函数使能 CAN 控制器。CAN 控制器被使能后自动接入总线并开始处理报文,如发送应答信号、从总线上接收报文等。CANEnable()函数描述如表 5 - 40 所列。

表 5 - 40　CANEnable( )函数

函数名称	CANEnable
函数原型	void CANEnable(unsigned long ulBase)
功能描述	使能 CAN 控制器
参　　数	ulBase　CAN 控制器基址
返 回 值	无
示　　例	CANEnable(CAN0_BASE);　　　/ * 启动 CAN0 控制器 * /

2) 函数代码

函数体的代码清单如程序清单 5.22 所示。

程序清单 5.22　函数代码

```
void CANEnable(unsigned long ulBaseAddr)
{
    LPC_CAN_TypeDef * ptBase = (LPC_CAN_TypeDef * )ulBaseAddr;

    / *
    *  清除控制寄存器中的初始化位
    * /
    canRegWrite((unsigned long)&ptBase - >CNTL,
    canRegRead((unsigned long)&ptBase - >CNTL) & ~CAN_CTL_INIT);

}
```

(4) CANDisable( )函数

1) 函数接口描述

调用 CANDisable( )函数将使 CAN 控制器停止报文处理,但对应报文对象中的配置信息及状态信息将不会因此改变,CANDisable( )函数描述如表 5 - 41 所列。

表 5 - 41　CANDisable( )函数

函数名称	CANDisable
函数原型	void CANDisable(unsigned long ulBase)
功能描述	禁能 CAN 控制器
参　　数	ulBase　CAN 控制器基址
返 回 值	无
范　　例	CANDisable (CAN0_BASE);　　　//关闭 CAN0 控制器

2) 函数代码

函数的代码如程序清单 5.23 所示。

程序清单 5.23　函数代码

```
void CANDisable(unsigned long ulBaseAddr)
{
```

```
LPC_CAN_TypeDef * ptBase = (LPC_CAN_TypeDef * )ulBaseAddr;

/ *
 *  设置控制寄存器中的初始化位
 * /
canRegWrite((unsigned long)&ptBase － >CNTL,
    canRegRead((unsigned long)&ptBase － >CNTL) | CAN_CTL_INIT);
}
```

（5）CANBitTimingSet（ ）函数

1）函数接口描述

在 CAN 控制器接入 CAN 网络之前先要设定好通信的波特率，调用 CANBit-TimingSet（ ）函数可以完成设置 CAN 通信波特率及位时钟等参数的工作。CANBit-TimingSet（ ）函数接口描述如表 5－42 所列。

表 5－42　CANBitTimingSet（ ）函数

函数名称	CANBitTimingSet
函数原型	void CANBitTimingSet(unsigned long ulBase, CAN_BIT_CLK_PARM * pClkParms)
功能描述	设置 CAN 通信波特率及位时钟设置
参　　数	ulBase　　　CAN 控制器基址 pClkParms　指向位时钟设置参数的指针
返回值	无

范　　例	#define CANBAUD_500K　　　　1
	CAN_BIT_CLK_PARM CANBitClkSettings[ ]=
	　　　　　　　　　　//位时钟参数列表 f_{CAN}＝50 MHz
	{
	　　{5，4，3，5}，　　　　　//CANBAUD_1M
	　　{5，4，3，10}，　　　　//CANBAUD_500K
	　　{5，4，3，20}，　　　　//CANBAUD_250K
	　　{5，4，3，40}，　　　　//CANBAUD_125K
	　　{5，4，3，50}，　　　　//CANBAUD_100k
	　　{5，4，3，100}，　　　//CANBAUD_50k
	　　{11，8，4，100}，　　//CANBAUD_25k
	　　{11，8，4，125}，　　//CANBAUD_20k
	　　{11，8，4，250}，　　//CANBAUD_10k
	　　{11，8，4，500}，　　//CANBAUD_5k
	　　{11，8，4，1000}，　//CANBAUD_2k5
	}
	CANBitTimingSet(CAN0_BASE，&CANBitClkSettings[CANBAUD_500K]);
	　　　　　　　　　　//设置节点波特率

2) 函数代码

函数的代码如程序清单 5.24 所示。

程序清单 5.24　函数代码

```
void CANBitTimingSet(unsigned long ulBaseAddr, CAN_BIT_CLK_PARM * pClkParms)
{
    unsigned int uBitReg;
    unsigned int uSavedInit;
    LPC_CAN_TypeDef * ptBase = (LPC_CAN_TypeDef * )ulBaseAddr;
    /*
     * 为设置位定时寄存器,控制器必须处于初始化模式,并且"配置修改使能位"须使能。
初始化位的状态应被保存以便在最后还可恢复
     */
    uSavedInit = canRegRead((unsigned long)&ptBase->CNTL);
    canRegWrite((unsigned long)&ptBase->CNTL, uSavedInit | CAN_CTL_INIT | CAN_CTL_CCE);
    /*
     * 根据参数设置位定时寄存器的各个位
     */
    uBitReg = ((pClkParms->uPhase2Seg - 1) << 12) & CAN_BIT_TSEG2_M;
    uBitReg |= ((pClkParms->uSyncPropPhase1Seg - 1) << 8) & CAN_BIT_TSEG1_M;
    uBitReg |= ((pClkParms->uSJW - 1) << 6) & CAN_BIT_SJW_M;
    uBitReg |= (pClkParms->uQuantumPrescaler - 1) & CAN_BIT_BRP_M;
    canRegWrite((unsigned long)&ptBase->BT, uBitReg);
    /*
     * 在扩展寄存器里设置分频系数的高端位
     */
    canRegWrite((unsigned long)&ptBase->BRPE,
    ((pClkParms->uQuantumPrescaler - 1) >> 6) & CAN_BRPE_BRPE_M);
    /*
     * 清除配置修改使能位,并恢复初始化位的状态
     */
    uSavedInit &= ~CAN_CTL_CCE;

    /*
     * 若初始化位之前没设置,现在清除它
     */
    if (uSavedInit & CAN_CTL_INIT) {
        uSavedInit &= ~CAN_CTL_INIT;
    }
    canRegWrite((unsigned long)&ptBase->CNTL, uSavedInit);
}
```

(6) CANBitTimingGet( )函数

1）函数接口描述

调用 CANBitTimingGet( )函数可以得到当前的位时钟配置信息，CANBitTimingGet( )函数描述如表 5 - 43 所列。

表 5 - 43　CANBitTimingGet( )函数

函数名称	CANBitTimingGet
函数原型	void CANBitTimingGet(unsigned long ulBase，CAN_BIT_CLK_PARM * pClkParms)
功能描述	读取位时钟配置信息
参　　数	ulBase　　CAN 控制器基址 pClkParms　　指向保存位时钟配置参数的缓存地址
返 回 值	无
输　　出	pClkParms　　指向读取到的位时钟配置参数

2）函数代码

代码如程序清单 5.25 所示。

程序清单 5.25　函数代码

```
void CANBitTimingGet(unsigned long ulBaseAddr, CAN_BIT_CLK_PARM * pClkParms)
{
    unsigned int uBitReg;
    LPC_CAN_TypeDef * ptBase = (LPC_CAN_TypeDef * )ulBaseAddr;
    /*
     * 读出 CAN 控制器中所有位定时的值
     */
    uBitReg = canRegRead((unsigned long)&ptBase - >BT);
    /*
     * 设置 TSEG2
     */
    pClkParms - >uPhase2Seg = ((uBitReg & CAN_BIT_TSEG2_M) >> 12) + 1;
    /*
     * 设置 TSEG1
     */
    pClkParms - >uSyncPropPhase1Seg = ((uBitReg & CAN_BIT_TSEG1_M) >> 8) + 1;
    /*
     * 设置同步跳转宽度
     */
    pClkParms - >uSJW = ((uBitReg & CAN_BIT_SJW_M) >> 6) + 1;
    /*
     * 设置 CAN 总线位时钟的预分频系数
     */
```

```
        pClkParms->uQuantumPrescaler =
        ((uBitReg & CAN_BIT_BRP_M) |
        ((canRegRead((unsigned long)&ptBase->BRPE) & CAN_BRPE_BRPE_M) << 6)) + 1;
    }
```

(7) CANIntRegister( )函数

1) 函数接口描述

CAN 中断服务函数的设置也相当简单,通过调用 CANIntRegister( )函数可以将普通的 C 函数注册为 CAN 的中断服务函数,而不用去理会 ROM 中断向量表的配置。CANIntRegister()函数描述如表 5 - 44 所列。

表 5 - 44   **CANIntRegister( )函数**

函 数 名 称	CANIntRegister
函 数 原 型	void CANIntRegister(unsigned long ulBase, void (* pfnHandler)(void))
功 能 描 述	将 C 函数注册为 CAN 的中断服务函数
参　　数	ulBase CAN 控制器基址 pfnHandler 要注册为 CAN 中断服务函数的 C 函数名
返 回 值	无
示　　例	CANIntRegister(CAN0_BASE, CAN0Handler); 　　　　　　　　//将函数 CAN0Handler 注册为中断服务函数

2) 函数代码

代码见程序清单 5.26 所示。

程序清单 5.26   函数代码

```
void CANIntRegister(unsigned long ulBaseAddr, void ( * pfnHandler)(void))
{
    unsigned long ulIntNumber;
    /*
     *  获取 CAN 控制器的实际中断数目
     */
    ulIntNumber = __canIntNumberGet(ulBaseAddr);
    /*
     *  注册中断句柄
     */
    IntRegister(ulIntNumber, pfnHandler);
    /*
     *  使能中断
     */
    IntEnable(ulIntNumber);
}
```

(8) CANIntEnable( )函数

使能 CAN 中断可以调用 canIntEnable()函数。在 canApplyInit()函数中设置完接收滤波条件后,则通过调用 canIntEnable()函数来向 CPU 开放 CAN 模块的中断信号。要想让 CPU 可以响应 CAN 中断事件,除使能 CAN 模块中断外还需使能 CPU 总中断。其代码如程序清单 5.27 所示。

程序清单 5.27 函数代码

```
void canIntEnable(CANNODEINFO * pCanNode, void ( * pfun)(void))
{
    CANIntRegister(ptCanNode - >ulBaseAddr, pfun);      //注册中断服务函数
    CANIntEnable(ptCanNode - >ulBaseAddr, CAN_INT_MASTER | CAN_INT_ERROR);
                                                //允许挂起中断及错误中断
}
```

(9) CANIntDisable( )函数

1) 函数接口描述

调用 CANIntDisable()函数可以禁能对应的 CAN 控制器中断,CANIntDisable()函数描述如表 5-45 所列。

表 5-45 CANIntDisable( )函数

函数名称	CANIntDisable
函数原型	void CANIntDisable(unsigned long ulBase, unsigned long ulIntFlags)
功能描述	禁能对应的 CAN 控制器中断
参　　数	ulBase　　CAN 控制器基址 ulIntFlags　需要开放的中断类型,由 CAN_INT_ERROR、CAN_INT_STA-TUS、CAN_INT_MASTER 单独或它们的逻辑或组合构成
返　回　值	无
示　　例	CANIntDisable(CAN0_BASE, CAN_INT_MASTER | CAN_INT_STATUS); 　　　　　　　//禁能 CAN 控制器挂起中断及状态中断

2) 函数代码

代码如程序清单 5.28 所示。

程序清单 5.28 函数代码

```
void CANIntDisable(unsigned long ulBaseAddr, unsigned long ulIntFlags)
{
    LPC_CAN_TypeDef * ptBase = (LPC_CAN_TypeDef * )ulBaseAddr;
    / *
     * 禁止指定的中断
     * /
```

```
    canRegWrite((unsigned long)&ptBase->CNTL,
        canRegRead((unsigned long)&ptBase->CNTL) & ~(ulIntFlags));
}
```

(10) CANIntClear( )函数

1) 函数接口描述

通过调用 CANIntClear( )函数可以清除相应的中断标志,CANIntClear( )函数描述如表 5-46 所列。

表 5-46　CANIntClear( )函数

函数名称	CANIntClear
函数原型	void CANIntClear(unsigned long ulBase, unsigned long ulIntClr)
功能描述	清除相应的中断标志
参　　数	ulBase　CAN 控制器基址 ulIntClr　用于指示应清除中断挂起标志的中断源,为 1~32 时用于清除对应的报文对象挂起的中断标志,为 CAN_INT_INTID_STATUS 时则清除状态中断标志
返 回 值	无
示　　例	CANIntClear(CAN0_BASE, CAN_INT_INTID_STATUS); //清除状态中断标志

2) 函数代码

代码如程序清单 5.29 所示。

程序清单 5.29　函数代码

```
void CANIntClear(unsigned long ulBaseAddr, unsigned long ulIntClr)
{
    LPC_CAN_TypeDef * ptBase = (LPC_CAN_TypeDef * )ulBaseAddr;
    ((ulIntClr>=1) && (ulIntClr<=32)));
    if (ulIntClr == CAN_INT_INTID_STATUS) {
        /*
         * 通过读中断标志来清除中断
         */
        canRegRead((unsigned long)&ptBase->STAT);
    }
    else {
        /*
         * 等待 CAN 控制器空闲
         */
        while (canRegRead((unsigned long)&ptBase->IF1_CMDREQ) & CAN_IF1CRQ_BUSY) {
        }
        /*
```

```
 *  通过设置 CAN_IF1CMSK_CLRINTPND 位来改变挂起中断的状态
 */
canRegWrite((unsigned long)&ptBase->IF1_CMDMSK, CAN_IF1CMSK_CLRINTPND);
/*
 *  发送清除挂起中断的指令到 CAN 控制器
 */
canRegWrite((unsigned long)&ptBase->IF1_CMDREQ, ulIntClr & CAN_IF1CRQ_MNUM_M);
/*
 *  等待 CAN 控制器空闲
 */
while (canRegRead((unsigned long)&ptBase->IF1_CMDREQ) & CAN_IF1CRQ_BUSY) {
}
}
}
```

(11) CANIntStatus( )函数

1）函数接口描述

调用 CANIntStatus()函数可以获取当前的 CAN 中断状态，CANIntStatus()函数描述如表 5 - 47 所列。

表 5 - 47　CANIntStatus( )函数

函数名称	CANIntStatus
函数原型	unsigned long CANIntStatus(unsigned long ulBase, CAN_INT_STS_REG eIntStsReg)
功能描述	读取当前的 CAN 中断相关状态标志
参　　数	ulBase　　　　CAN 控制器基址 eIntStsReg：CAN_INT_STS_CAUSE 读取 CANMSGnINT 寄存器的值 　　　　　　　CAN_INT_STS_OBJECT 读取 CANINT 寄存器的值
返 回 值	当前的 CAN 中断相关状态
示　　例	int ulMsgObjID=CANIntStatus(CAN0_BASE, CAN_INT_STS_CAUSE); 　　　　　　　　　 /* 取得挂起中断的报文对象,若返 　　　　　　　　　 * 回值 0 为 1,则表示报文对象 1 　　　　　　　　　 * 有挂起中断,否则该报文对象没 　　　　　　　　　 * 有挂起中断 */

2）函数代码

函数代码如程序清单 5.30 所示。

程序清单 5.30　函数代码

```
unsigned long CANIntStatus(unsigned long ulBaseAddr, CAN_INT_STS_REG eIntStsReg)
{
```

```
    unsigned long ulStatus;
    LPC_CAN_TypeDef * ptBase = (LPC_CAN_TypeDef * )ulBaseAddr;
/ *
    * 判断是需要查询哪一类状态
* /
switch (eIntStsReg) {
    / *
    * 需要查询该 CAN 控制器全局中断的状态
    * /
    case CAN_INT_STS_CAUSE: {
        ulStatus = canRegRead((unsigned long)&ptBase - >INT);
        break;
    }
    / *
    * 需要查询当前所有报文的报文状态中断
    * /
    case CAN_INT_STS_OBJECT: {
        / *
        * 读取两个 16 位的值并将二者组合成一个 32 位的状态
        * /
        ulStatus = (canRegRead((unsigned long)&ptBase - >IR1) &
        CAN_MSG1INT_INTPND_M);
        ulStatus |= (canRegRead((unsigned long)&ptBase - >IR2) << 16);
        break;
    }
    default: {
        ulStatus = 0;
        break;
    }
}
/ *
    * 返回中断状态的值
* /
return (ulStatus);
}
```

(12) CANErrCntrGet( )函数

1) 函数接口描述

通过调用 CANErrCntrGet()函数可以读取 CAN 控制器当前的发送错误计数器值及接收错误计数器值,CANErrCntrGet()函数描述如表 5-48 所列。

表 5 - 48　CANErrCntrGet( )函数

函数名称	CANErrCntrGet
函数原型	tBoolean CANErrCntrGet(unsigned long ulBaseAddr，unsigned long ＊ pulRxCount， 　　　　　　　　　　　unsigned long ＊ pulTxCount)
功能描述	读取 CAN 控制器当前的发送错误计数器值及接收错误计数器值
参　　数	ulBase　　CAN 控制器基址 pulRxCount　指向存储接收错误计数值的缓存地址 pulTxCount　指向存储发送错误计数值的缓存地址
返 回 值	true　接收错误计数器的计数值已达到消极错误的极限值 false　接收错误计数器的计数值低于消极错误的极限值

2）函数代码

代码如程序清单 5.31 所示。

程序清单 5.31　函数代码

```
tBoolean CANErrCntrGet(unsigned long ulBaseAddr，unsigned long ＊ pulRxCount，unsigned
long ＊ pulTxCount)
{
    unsigned long ulCANError；
    LPC_CAN_TypeDef ＊ ptBase ＝(LPC_CAN_TypeDef ＊ )ulBaseAddr；
    / ＊
    ＊ 读取当前发送/接收错误的数目
    ＊ /
    ulCANError ＝ canRegRead((unsigned long)&ptBase － ＞EC)；
    / ＊
    ＊ 从寄存器值中抽取错误的数目
    ＊ /
    ＊ pulRxCount ＝(ulCANError & CAN_ERR_REC_M) ＞＞ CAN_ERR_REC_S；
    ＊ pulTxCount ＝(ulCANError & CAN_ERR_TEC_M) ＞＞ CAN_ERR_TEC_S；
    if (ulCANError & CAN_ERR_RP) {
        return (true)；
    }
    return (false)；
}
```

（13）CANMessageGet( )函数

1）函数接口描述

要读取某个报文对象的信息，则可以通过调用 CANMessageGet( )函数实现，
CANMessageGet( )函数描述如表 5 - 49 所列。

表 5 - 49 CANMessageGet( )函数

函数名称	CANMessageGet
函数原型	void CANMessageGet(unsigned long ulBaseAddr，unsigned long ulObjID， 　　　　　CAN_MSG_OBJ * pMsgObj，tBoolean bClrPendingInt)
功能描述	读取某个报文对象的信息
参　　数	ulBase　CAN 控制器基址 ulObjID　报文对象编号，1～32 pMsgObject　指向存储报文对象设置参数的结构体 bClrPendingInt　指示是否清除相应的中断标志。1,清除;0,不清除
返 回 值	无
示　　例	CANMessageGet(CAN0_BASE, ulMsgObjID, &tMsgObj, 1); 　　　　　　　　　　　　　//读取 CAN 报文并清除中断标志

2) 函数代码

代码如程序清单 5.32 所示。

程序清单 5.32　函数代码

```
void CANMessageGet (unsigned long ulBaseAddr, unsigned long ulObjID, CAN_MSG_OBJ * pt-
          MsgObj, tBoolean bClrPendingInt)
{
    unsigned short usCmdMaskReg;
    unsigned short usMaskReg[2];
    unsigned short usArbReg[2];
    unsigned short usMsgCtrl;
    LPC_CAN_TypeDef * ptBase = (LPC_CAN_TypeDef * )ulBaseAddr;
    usCmdMaskReg = (CAN_IF1CMSK_DATAA | CAN_IF1CMSK_DATAB |
    CAN_IF1CMSK_CONTROL | CAN_IF1CMSK_MASK | CAN_IF1CMSK_ARB);
    /*
    * 清除挂起中断、报文对象内的新数据
    */
    if (bClrPendingInt) {
        usCmdMaskReg | = CAN_IF1CMSK_CLRINTPND;
    }
    /*
    * 发出对报文对象内数据的读取请求
    */
    canRegWrite((unsigned long)&ptBase - >IF2_CMDMSK, usCmdMaskReg);
    /*
    * 将报文对象的内容传输到由 uiobjID 指定的报文对象
    */
    canRegWrite((unsigned long)&ptBase - >IF2_CMDREQ, ulObjID & CAN_IF1CRQ_MNUM_M);
```

```
/*
 * 等待 busy 位被清零
 */
while (canRegRead((unsigned long)&ptBase - >IF2_CMDREQ) & CAN_IF1CRQ_BUSY) {
}
/*
 * 读取 IF 寄存器的值
 */
usMaskReg[0] = canRegRead((unsigned long)&ptBase - >IF2_MSK1);
usMaskReg[1] = canRegRead((unsigned long)&ptBase - >IF2_MSK2);
usArbReg[0] = canRegRead((unsigned long)&ptBase - >IF2_ARB1);
usArbReg[1] = canRegRead((unsigned long)&ptBase - >IF2_ARB2);
usMsgCtrl = canRegRead((unsigned long)&ptBase - >IF2_MCTRL);
ptMsgObj - >ulFlags = MSG_OBJ_NO_FLAGS;
/*
 * 通过查询 TXRQST 和 DIR 位判断这是否一个远程帧
 */
if ((( !(usMsgCtrl & CAN_IF1MCTL_TXRQST) && (usArbReg[1] & CAN_IF1ARB2_DIR)) ||
((usMsgCtrl & CAN_IF1MCTL_TXRQST) && (! (usArbReg[1] & CAN_IF1ARB2_DIR)))))  {
    ptMsgObj - >ulFlags |= MSG_OBJ_REMOTE_FRAME;
}
/*
 * 将标识符从寄存器里读出,读出标识符的格式取决于掩码的大小
 */
if (usArbReg[1] & CAN_IF1ARB2_XTD) {
    /*
     * 对于这个报文对象,标识符设置为 29 位的类型
     */
    ptMsgObj - >ulMsgID = ((usArbReg[1] & CAN_IF1ARB2_ID_M) << 16) | usArbReg[0];
    ptMsgObj - >ulFlags |= MSG_OBJ_EXTENDED_ID;
}
else {
    /*
     * 标识符是一个 11 位的值
     */
    ptMsgObj - >ulMsgID = (usArbReg[1] & CAN_IF1ARB2_ID_M) >> 2;
}
/*
 * 指示有部分数据丢失
 */
if (usMsgCtrl & CAN_IF1MCTL_MSGLST) {
    ptMsgObj - >ulFlags |= MSG_OBJ_DATA_LOST;
}
```

```
/*
 *  设置标志位以指示是否使用了 ID 掩码
 */
if (usMsgCtrl & CAN_IF1MCTL_UMASK) {
    if (usArbReg[1] & CAN_IF1ARB2_XTD)
    {
        /*
         *  这里认为标识符掩码是一个 29 位的值
         */
        ptMsgObj->ulMsgIDMask =
        ((usMaskReg[1] & CAN_IF1MSK2_IDMSK_M) << 16) | usMaskReg[0];
        /*
         *  若这是一个完全指定的掩码和一个远程帧,则不用设置 MSG_OBJ_USE_ID_FILTER
         *  因为该 ID 实际上不会被过滤
         */
        if ((ptMsgObj->ulMsgIDMask != 0x1fffffff) ||
        ((ptMsgObj->ulFlags & MSG_OBJ_REMOTE_FRAME) == 0)) {
            ptMsgObj->ulFlags |= MSG_OBJ_USE_ID_FILTER;
        }
    }
    else {
        /*
         *  这里认为标识符掩码是一个 11 位的值
         */
        ptMsgObj->ulMsgIDMask = ((usMaskReg[1] & CAN_IF1MSK2_IDMSK_M) >> 2);
        /*
         *  若这是一个完全指定的掩码和一个远程帧,则不用设置 MSG_OBJ_USE_ID_FILTER
         *  因为该 ID 实际上不会被过滤
         */
        if ((ptMsgObj->ulMsgIDMask != 0x7ff) ||
        ((ptMsgObj->ulFlags & MSG_OBJ_REMOTE_FRAME) == 0)) {
            ptMsgObj->ulFlags |= MSG_OBJ_USE_ID_FILTER;
        }
    }
    /*
     *  指示扩展位是否在过滤中使用
     */
    if (usMaskReg[1] & CAN_IF1MSK2_MXTD) {
        ptMsgObj->ulFlags |= MSG_OBJ_USE_EXT_FILTER;
    }
    /*
     *  指示方向过滤是否使能
     */
```

```
        if (usMaskReg[1] & CAN_IF1MSK2_MDIR) {
            ptMsgObj->ulFlags |= MSG_OBJ_USE_DIR_FILTER;
        }
    }
    /*
     *  设置中断标志
     */
    if (usMsgCtrl & CAN_IF1MCTL_TXIE) {
        ptMsgObj->ulFlags |= MSG_OBJ_TX_INT_ENABLE;
    }
    if (usMsgCtrl & CAN_IF1MCTL_RXIE) {
        ptMsgObj->ulFlags |= MSG_OBJ_RX_INT_ENABLE;
    }
    /*
     *  看是否有可用的新数据
     */
    if (usMsgCtrl & CAN_IF1MCTL_NEWDAT) {
        /*
         *  获取需要读取数据的数量
         */
        ptMsgObj->ulMsgLen = (usMsgCtrl & CAN_IF1MCTL_DLC_M);
        /*
         *  不要从远程帧里读取数据,因为那里没有有效信息
         */
        if ((ptMsgObj->ulFlags & MSG_OBJ_REMOTE_FRAME) == 0) {
            /*
             *  从 CAN 寄存器里读出数据
             */
            CANDataRegRead(ptMsgObj->pucMsgData,
            (unsigned long *)(&(ptBase->IF2_DA1)),
            ptMsgObj->ulMsgLen);
        }
        /*
         *  清除新数据标志
         */
        canRegWrite((unsigned long)&ptBase->IF2_CMDMSK, CAN_IF1CMSK_NEWDAT);
        /*
         *  将报文对象的内容传输到由 uiobjID 指定的报文对象
         */
        canRegWrite((unsigned long)&ptBase->IF2_CMDREQ, ulObjID & CAN_IF1CRQ_MNUM_M);
        /*
         *  等待 Busy 位清除
         */
```

```
while (canRegRead((unsigned long)&ptBase - >IF2_CMDREQ) & CAN_IF1CRQ_BUSY) {
}
/ *
* 指示该报文内有新数据
* /
ptMsgObj  >ulFlags | = MSG_OBJ_NEW_DATA;
}
else {
/ *
* 如果没有可用的数据,可用数据数应被清零
* /
ptMsgObj - >ulMsgLen = 0;
}
}
```

(14) CANMessageSet( )函数

1) 函数接口描述

CAN 控制器具有 32 个报文对象,每个报文对象都可以通过调用 CANMessage-Set()函数独立配置,CANMessageSet()函数描述如表 5 - 50 所列。

表 5 - 50　CANMessageSet( )函数

函数名称	CANMessageSet
函数原型	void CANMessageSet(unsigned long ulBase, unsigned long ulObjID, 　　　　　　CAN_MSG_OBJ * pMsgObject, MSG_OBJ_TYPE eMsgType)
功能描述	配置指定的报文对象
参　　数	ulBase　CAN 控制器基址 ulObjID　报文对象编号,1~32 pMsgObject　指向包含报文对象设置参数的结构体 eMsgType　这个报文对象的类型
返回值	无
示　　例	unsigned char ucBufferIn[8]={0}; CAN_MSG_OBJ tMsgObj; tMsgObj. ulFlags=(MSG_OBJ_RX_INT_ENABLE |　　//过滤设置 　　　　　　MSG_OBJ_EXTENDED_ID |　　//扩展帧 ID 　　　　　　MSG_OBJ_USE_ID_FILTER); tMsgObj. ulMsgID=ulFrameID;　　//设置报文 ID tMsgObj. ulMsgIDMask=ulFrameIDMsk;　　//ID 掩码 tMsgObj. pucMsgData=ucBufferIn;　　//指向数据存储空间 tMsgObj. ulMsgLen=8;　　//设置数据域长度 CANMessageSet(CAN0_BASE, 1, &tMsgObj, MSG_OBJ_TYPE_RX); 　　//配置报文对象

2) 函数代码

代码如程序清单 5.33 所示。

程序清单 5.33　函数代码

```
void CANMessageSet (unsigned long ulBaseAddr, unsigned long ulObjID,CAN_MSG_OBJ * pt-
            MsgObj, MSG_OBJ_TYPE eMsgType)
{
    unsigned short usCmdMaskReg;
    unsigned short usMaskReg[2];
    unsigned short usArbReg[2];
    unsigned short usMsgCtrl;
    tBoolean bTransferData;
    tBoolean bUseExtendedID;
    LPC_CAN_TypeDef * ptBase = (LPC_CAN_TypeDef * )ulBaseAddr;
    bTransferData = 0;
    /*
    *  等待 busy 位清零
    */
    while (canRegRead((unsigned long)&ptBase - >IF1_CMDREQ) & CAN_IF1CRQ_BUSY) {
    }
    /*
    * 判断是否需要扩展标识符
    */
    if ((ptMsgObj - >ulMsgID > CAN_MAX_11BIT_MSG_ID) ||
    (ptMsgObj - >ulFlags & MSG_OBJ_EXTENDED_ID)) {
        bUseExtendedID = 1;
    }
    else {
        bUseExtendedID = 0;
    }
    usCmdMaskReg = (CAN_IF1CMSK_WRNRD | CAN_IF1CMSK_DATAA | CAN_IF1CMSK_DATAB |
    CAN_IF1CMSK_CONTROL);
    /*
    * 用户需要根据待配置报文对象的类型,将下面的这些值初始化为已知状态
    */
    usArbReg[0]    = 0;
    usMsgCtrl      = 0;
    usMaskReg[0]   = 0;
    usMaskReg[1]   = 0;
    switch (eMsgType) {
        /*
        * 发送报文对象
```

```
                          * /
            case MSG_OBJ_TYPE_TX: {
                /*
                 * 设置 TXRQST 位,并复位其他寄存器
                 * /
                usMsgCtrl | = CAN_IF1MCTL_TXRQST;
                usArbReg[1] = CAN_IF1ARB2_DIR;
                bTransferData = 1;
                break;
            }
            /*
             * 发送远程请求报文对象
             * /
            case MSG_OBJ_TYPE_TX_REMOTE:{
                /*
                 * 设置发送请求位并且复位其他寄存器
                 * /
                usMsgCtrl | = CAN_IF1MCTL_TXRQST;
                usArbReg[1] = 0;
                break;
            }
            /*
             * 接收报文对象
             * /
            case MSG_OBJ_TYPE_RX:{
                usArbReg[1] = 0;
                break;
            }
            /*
             * 接收远程请求报文对象
             * /
            case MSG_OBJ_TYPE_RX_REMOTE:{
                /*
                 * DIR 位被设置为 1,TXRQST 位被清除
                 * /
                usArbReg[1] = CAN_IF1ARB2_DIR;
                /*
* 设置这个对象,以使它只能指示接收到了远程帧,并允许通过软件方式处理(通过返回一
    个数据帧)
                 * /
                usMsgCtrl = CAN_IF1MCTL_UMASK;
                /*
```

```
            *  默认使用完整标识符
            */
            usMaskReg[0] = 0xffff;
            usMaskReg[1] = 0x1fff;
            /*
            *  必须将掩码发送至报文对象
            */
            usCmdMaskReg | = CAN_IF1CMSK_MASK;
            break;
        }
        /*
        *  通过"自动发送"报文对象远程接收远程帧
        */
        case MSG_OBJ_TYPE_RXTX_REMOTE:{
            /*
            *  将 DIR 位设置为 1,以进行远程接收
            */
            usArbReg[1] = CAN_IF1ARB2_DIR;
            /*
            *  设置当标识符匹配时,对象自动应答
            */
            usMsgCtrl = CAN_IF1MCTL_RMTEN | CAN_IF1MCTL_UMASK;
            /*
            *  返回的数据需要被装载
            */
            bTransferData = 1;
            break;
        }
        default: {
            return;
        }
    }
    /*
    *  配置屏蔽寄存器
    */
    if (ptMsgObj ->ulFlags & MSG_OBJ_USE_ID_FILTER) {
        if (bUseExtendedID) {
            /*
            *  设置所需的 29 位标识符掩码
            */
            usMaskReg[0] = ptMsgObj ->ulMsgIDMask & CAN_IF1MSK1_IDMSK_M;
            usMaskReg[1] = ((ptMsgObj ->ulMsgIDMask >> 16) &
```

```
                        CAN_IF1MSK2_IDMSK_M);
        }
        else {
         /*
          * 低 16 位未使用,设置为零
          */
         usMaskReg[0] = 0;
            /*
             * 将 11 位的标识符掩码放到寄存器的高端位区域
             */
            usMaskReg[1] = ((ptMsgObj->ulMsgIDMask << 2) &
        CAN_IF1MSK2_IDMSK_M);
        }
    }
    /*
     * 如果要按扩展 ID 位进行过滤,那么需要进行设置
     */
    if ((ptMsgObj->ulFlags & MSG_OBJ_USE_EXT_FILTER) == MSG_OBJ_USE_EXT_FILTER) {
        usMaskReg[1] |= CAN_IF1MSK2_MXTD;
    }
    /*
     * 按报文方向域进行过滤
     */
    if ((ptMsgObj->ulFlags & MSG_OBJ_USE_DIR_FILTER) == MSG_OBJ_USE_DIR_FILTER) {
        usMaskReg[1] |= CAN_IF1MSK2_MDIR;
    }
    if (ptMsgObj->ulFlags & (MSG_OBJ_USE_ID_FILTER | MSG_OBJ_USE_DIR_FILTER |
    MSG_OBJ_USE_EXT_FILTER)) {
        /*
         * 设置 UMASK 位以使能屏蔽寄存器
         */
        usMsgCtrl |= CAN_IF1MCTL_UMASK;
        /*
         * 设置 MASK 位,使其可被传输到报文对象
         */
        usCmdMaskReg |= CAN_IF1CMSK_MASK;
    }
    /*
     * 设置 Arb 位,使其可被传输到报文对象
     */
    usCmdMaskReg |= CAN_IF1CMSK_ARB;
    /*
```

```
 *  配置仲裁寄存器
 */
if (bUseExtendedID) {
    /*
     *  这个报文对象的标识符设置为 29 位类型的标识符
     */
    usArbReg[0] |= ptMsgObj->ulMsgID & CAN_IF1ARB1_ID_M;
    usArbReg[1] |= (ptMsgObj->ulMsgID >> 16) & CAN_IF1ARB2_ID_M;
    /*
     *  标志报文为有效,并设置扩展位
     */
    usArbReg[1] |= CAN_IF1ARB2_MSGVAL | CAN_IF1ARB2_XTD;
}
else {
    /*
     *  这个报文对象的标识符设置为 11 位类型的标识符,低 18 位被设置为 0
     */
    usArbReg[1] |= (ptMsgObj->ulMsgID << 2) & CAN_IF1ARB2_ID_M;
    /*
     *  将报文标记为有效
     */
    usArbReg[1] |= CAN_IF1ARB2_MSGVAL;
}
/*
 *  设置数据长度。这也是一个单独传输,而不是一个 FIFO 传输,所以需要设置 EOB 位
 */
usMsgCtrl |= (ptMsgObj->ulMsgLen & CAN_IF1MCTL_DLC_M) | CAN_IF1MCTL_EOB;
/*
 *  如果需要,使能发送中断
 */
if (ptMsgObj->ulFlags & MSG_OBJ_TX_INT_ENABLE) {
    usMsgCtrl |= CAN_IF1MCTL_TXIE;
}
/*
 *  如果需要,使能接收中断
 */
if (ptMsgObj->ulFlags & MSG_OBJ_RX_INT_ENABLE) {
    usMsgCtrl |= CAN_IF1MCTL_RXIE;
}
/*
 *  若需要,将数据写到 CAN 数据寄存器里
 */
```

```
    if (bTransferData) {
        CANDataRegWrite (ptMsgObj - >pucMsgData, (unsigned long * )(&ptBase - >IF1_
                    DA1), ptMsgObj - >ulMsgLen);
    }
    / *
    * 写寄存器以编程报文对象
    * /
    canRegWrite((unsigned long)&ptBase - >IF1_CMDMSK, usCmdMaskReg);
    canRegWrite((unsigned long)&ptBase - >IF1_MSK1, usMaskReg[0]);
    canRegWrite((unsigned long)&ptBase - >IF1_MSK2, usMaskReg[1]);
    canRegWrite((unsigned long)&ptBase - >IF1_ARB1, usArbReg[0]);
    canRegWrite((unsigned long)&ptBase - >IF1_ARB2, usArbReg[1]);
    canRegWrite((unsigned long)&ptBase - >IF1_MCTRL, usMsgCtrl);
    / *
    * 发送报文对象到由 ulobjID 确定的报文对象里
    * /
    canRegWrite((unsigned long)&ptBase - >IF1_CMDREQ, ulObjID & CAN_IF1CRQ_MNUM_M);
    return;
}
```

(15) CANMessageClear( )

1) 函数接口描述

如果想停用某个报文对象,也可通过调用 CANMessageClear()函数来实现,被停用的报文对象将不再参与 CAN 控制器的报文处理,也将不再产生任何中断信号。CANMessageClear()函数描述如表 5-51 所列。

表 5-51　CANMessageClear( )函数

函数名称	CANMessageClear
函数原型	void CANMessageClear(unsigned long ulBase, unsigned long ulObjID)
功能描述	停用指定的某个报文对象
参　　数	ulBase　CAN 控制器基址 ulObjID　报文对象编号,1~32
返 回 值	无
示　　例	CANMessageClear(CAN0_BASE, 1);　　　/ * 停用 CAN0 的报文对象 1 * /

2) 函数代码

代码如程序清单 5.34 所示。

程序清单 5.34　函数代码

```
void CANMessageClear(unsigned long ulBaseAddr, unsigned long ulObjID)
{
```

```
    LPC_CAN_TypeDef  * ptBase = (LPC_CAN_TypeDef  * )ulBaseAddr;
    /*
    * 等待 busy 位被清除
    */
    while (canRegRead((unsigned long)&ptBase - >IF1_CMDREQ) & CAN_IF1CRQ_BUSY) {
    }
    /*
    * 清除仲裁寄存器里的报文数值位,并指示了报文无效
    */
    canRegWrite((unsigned long)&ptBase - > IF1_CMDMSK, CAN_IF1CMSK_WRNRD | CAN_
IF1CMSK_ARB);
    canRegWrite((unsigned long)&ptBase - >IF1_ARB1, 0);
    canRegWrite((unsigned long)&ptBase - >IF1_ARB2, 0);
    /*
    * 初始化报文对象的编程
    */
    canRegWrite((unsigned long)&ptBase - >IF1_CMDREQ, ulObjID & CAN_IF1CRQ_MNUM_M);
}
```

(16) CANRetrySet( )函数

1）函数接口描述

通过调用 CANRetrySet()函数可以设置 CAN 控制器是否对发送失败的报文进行重新发送。CANRetrySet()函数描述如表 5 - 52 所列。

表 5 - 52　CANRetrySet( )函数

函数名称	CANRetrySet
函数原型	void CANRetrySet(unsigned long ulBase, tBoolean bAutoRetry)
功能描述	设置自动重发功能
参　　数	ulBase　CAN 控制器基址 bAutoRetry 0:禁能自动重发功能;1:使能自动重发功能
返 回 值	无
示　　例	CANRetrySet(CAN0_BASE, 1);　　　　　　　　//使能自动重发功能

2）函数代码

代码如程序清单 5.35 所示。

程序清单 5.35　函数代码

```
void CANRetrySet(unsigned long ulBaseAddr, tBoolean bAutoRetry)
{
    unsigned long ulCtlReg;
    LPC_CAN_TypeDef * ptBase = (LPC_CAN_TypeDef * )ulBaseAddr;
```

```
ulCtlReg = canRegRead((unsigned long)&ptBase ->CNTL);
/*
 * 根据不同条件设置 DAR 位为使能/禁能自动重试
 */
if (bAutoRetry){
    /*
     * 清除 DAR 位,使控制器不会禁能对收发出错报文的自动重发
     */
    ulCtlReg & = ~CAN_CTL_DAR;
}
else {
    /*
     * 设置 DAR 位,使控制器禁能对收发出错报文的自动重发
     */
    ulCtlReg | = CAN_CTL_DAR;
}

canRegWrite((unsigned long)&ptBase ->CNTL, ulCtlReg);
}
```

(17) CANRetryGet( )函数

1)函数接口描述

调用 CANRetryGet()函数则可以查询 CAN 控制器自动重发的设置情况,CAN-RetryGet()函数描述如表 5-53 所列。

表 5-53　CANRetryGet( )函数

函数名称	CANRetryGet
函数原型	tBoolean CANRetryGet(unsigned long ulBase)
功能描述	读取重新发送设置情况
参　　数	ulBase　CAN 控制器基址
返 回 值	true：已设置自动重发 false：未设置自动重发
示　　例	tBoolean isRetry=CANRetryGet(CAN0_BASE);　//读取自动重发配置状态

2)函数代码

代码如程序清单 5.36 所示。

程序清单 5.36　函数代码

```
tBoolean CANRetryGet(unsigned long ulBaseAddr)
{
    LPC_CAN_TypeDef * ptBase = (LPC_CAN_TypeDef * )ulBaseAddr;
```

```
    /*
     * 从 CAN 控制器读取禁能自动重试的设置值
     */
    if (canRegRead((unsigned long)&ptBase->CNTL) & CAN_CTL_DAR) {
        /*
         * 自动数据重传输未使能
         */
        return (false);
    }
    /*
     * 自动数据重传使能了
     */
    return (true);
}
```

(18) canCirBufInit( )函数

1）函数接口描述

调用 canCirBufInit( )函数可以初始化指定的循环队列缓存区，canCirBufInit( )函数描述如表 5-54 所列。

表 5-54　canCirBufInit( )函数描述

功能描述	循环队列缓存区初始化
函数原型	void canCirBufInit(CANCIRBUF * ptCanCirBuf, CANFRAME * ptCanFrameBuf, INT8U ucLength)
参　　数	ptCanCirBuf　　要初始化的循环队列缓存区首地址 ptCanFrameBuf　报文存储区首地址 ucLength　　　　报文存储区深度(以帧为单位)
返 回 值	无

2）函数代码

函数代码如程序清单 5.37 所示。

程序清单 5.37　函数代码

```
void canCirBufInit (CANCIRBUF * ptCanCirBuf, CANFRAME * ptCanFrameBuf, INT8U ucLength)
{
    unsigned int i;
    ptCanCirBuf->ulWriteIndex = 0;                //Buffer[]写下标清零
    ptCanCirBuf->ulReadIndex = 0;                 //Buffer[]读下标清零
    ptCanCirBuf->bIsFull = false;                 //循环队列不满
    ptCanCirBuf->ulLength = ucLength;             //记录长度,此值不允许更改
    ptCanCirBuf->ptCanFramBuf = ptCanFrameBuf;    //指向数据缓存区首地址
```

```
    for (i = 0; i < ucLength; i++) {
        ptCanCirBuf->ptCanFramBuf[i] = GtCanFrameInit;      //初始化为空帧
    }
}
```

(19) canCirBufMalloc( )函数

1) 函数接口描述

调用 canCirBufMalloc( )函数,则可以从指定的循环队列申请一帧报文的存储空间。若循环队列不满,则调用此函数后将自动调整循环队列的写指针,并判断缓存区满条件,当满足条件时置位满标志。canCirBufMalloc( )函数描述如表 5-55 所列。

表 5-55　canCirBufMalloc( )函数描述

功能描述	从循环队列缓存区分配一帧报文的存储空间	
函数原型	CANFRAME * canCirBufMalloc(CANCIRBUF * ptCanCirBuf)	
参　　数	ptCanCirBuf　　指向循环队列缓存区首地址的指针	
返 回 值	0　　　　　缓存区满,分配失败	
	不为 0　　　分配到的帧存储空间首地址	

2) 函数代码

函数代码如程序清单 5.38 所示。

程序清单 5.38　函数代码

```
static CANFRAME * canCirBufMalloc(CANCIRBUF * ptCanCirBuf)
{
    CANFRAME    * ptCanFrame;
    unsigned char ucEnable = 0;
    if (ptCanCirBuf == (CANCIRBUF * )0) {
        return 0;                              //队列错误
    }
    if (ptCanCirBuf->bIsFull == true) {
        return 0;                              //队列满,则返回 0
    }
    ucEnable = __ENTER_CIRTICAL();             //关闭 CPU 总中断
    ptCanFrame = &(ptCanCirBuf->ptCanFramBuf[ptCanCirBuf->ulWriteIndex++]);
                                               //取得需要返回的地址
    if (ptCanCirBuf->ulWriteIndex == ptCanCirBuf->ulLength) {
        ptCanCirBuf->ulWriteIndex = 0;         //构成循环队列
    }
    if (ptCanCirBuf->ulWriteIndex == ptCanCirBuf->ulReadIndex) {
                                               //写指针赶上读指针,队列满
        ptCanCirBuf->bIsFull = true;           //置位队列满标志
```

```
    }
    __EXIT_CIRTICAL(ucEnable);                      //退出临界区

    * ptCanFrame = GtCanFrameInit;                  //打开 CPU 总中断
    return ptCanFrame;
}
```

（20）canFrameSend( )函数

1）函数接口描述

调用 canFrameSend( )函数可以触发 CAN 控制器，将一帧报文（标准帧或扩展帧）发送出去（或进入发送循环队列）。canFrameSend( )函数的接口描述如表 5-56 所列。

表 5-56　canFrameSend( )函数描述

功能描述	触发 CAN 控制器将一帧报文发送出去，或进入发送队列
函数原型	void canFrameSend(CANNODEINFO * ptCanNode, CANFRAME * ptCANFrame)
参　　数	ptCanNode　　　指向软件 CAN 节点的指针 ptCANFrame　　指向要发送的报文的缓存首地址的指针
返 回 值	无

需要注意的是，调用 canFrameSend( )函数将会对报文对象进行写操作。如果发送报文对象中的报文尚在发送队列，那么这时调用 canFrameSend( )函数将会使得要发送的报文数据丢失。所以，发送数据时推荐先调用 canCirBufWrite( )函数将要发送的报文填充到发送缓存区，再调用 canCirBufSend( )函数触发报文的发送。

2）函数代码

函数代码如程序清单 5.39 所示。

程序清单 5.39　函数代码

```
void canFrameSend(CANNODEINFO * ptCanNode, CANFRAME * ptCANFrame)
{
    CAN_MSG_OBJ tMsgObjectTx;
    unsigned char ucEnable = 0;
    if (ptCanNode == 0) {                           //检查节点的有效性
        return;
    }
    ucEnable = __ENTER_CIRTICAL();                  //关闭 CPU 总中断
    tMsgObjectTx.ulMsgID = ptCANFrame->ulID;        //取得报文标识符
    if ((ptCANFrame->ucTtypeFormat & XTD_MASK) != 0){
        tMsgObjectTx.ulFlags = MSG_OBJ_EXTENDED_ID; //扩展格式帧
    } else {
```

```
        tMsgObjectTx.ulFlags = MSG_OBJ_NO_FLAGS;            //标准格式帧
    }
    tMsgObjectTx.ulFlags |= MSG_OBJ_TX_INT_ENABLE;          //标记发送中断使能
    tMsgObjectTx.ulMsgLen = (unsigned long)ptCANFrame->ucDLC;  //标记数据域长度
    tMsgObjectTx.pucMsgData = ptCANFrame->ucDatBuf;         //传递数据存放指针
    CANRetrySet(ptCanNode->ulBaseAddr, true);               //启动发送失败重发
    if ((ptCANFrame->ucTtypeFormat & RMRQS_MASK) != 0) {
        CANMessageSet(ptCanNode->ulBaseAddr,                //CAN 控制器基址
        ptCanNode->ulTxMsgObjNr,                            //发送报文对象编号
        &tMsgObjectTx, MSG_OBJ_TYPE_TX_REMOTE);             //配置远程帧发送报文对象
    } else {
        CANMessageSet(ptCanNode->ulBaseAddr,                //CAN 控制器基址
        ptCanNode->ulTxMsgObjNr,                            //发送报文对象编号
        &tMsgObjectTx, MSG_OBJ_TYPE_TX);                    //配置数据帧发送报文对象
    }
    __EXIT_CIRTICAL(ucEnable);                              //打开 CPU 总中断
}
```

(21) canReMsgObjSet( )函数

1) 函数接口描述

调用 canReMsgObjSet()函数可以实现对接收数据帧及远程帧的报文对象进行配置,而在 canAcceptFilterSet()函数中也正是通过调用此函数来完成对接收滤波条件的设置的。canReMsgObjSet()函数描述如表 5 - 57 所列。

表 5 - 57　canReMsgObjSet( )函数

函数名称	canReMsgObjSet
函数原型	void canReMsgObjSet(unsigned long ulBaseAddr, unsigned long ulMsgObjMask, 　　　　　　　　　　unsigned long 　ulFrameID, unsigned long 　ulFrameIDMsk, 　　　　　　　　　　unsigned char 　ucFramType, unsigned char 　ucMsgType)
功能描述	配置报文对象
参　　数	ulBaseAddr　　　CAN 模块基址 ulMsgObjMask 报文对象选择掩码,对应的位置 1 则表示对对应的报文对象进行配置操作, 　　　　　　　　若多位置 1 则将所有选中的报文串连成 FIFO 缓冲器,如 　　　　　　　　ulMsgObjMask ＝0b01111111111111111111111111111111,则将 1～31 号 　　　　　　　　报文对象串连成 FIFO 缓冲器 ulFrameID　　　　验收帧 ID ulFrameIDMsk　接收帧屏蔽码,对应位为 1 则,ulFrameID 的相应位参与验收滤波, 　　　　　　　　对应位为 0,则 ulFrameID 的相应位不参与验收滤波 ucFramType　　　STD_ID_FILTER:过滤接收标准帧 　　　　　　　　EXT_ID_FILTER:过滤接收扩展帧

续表 5 - 57

参　数	STD_EXT_FILTER[a]:验收标准帧及扩展帧
	ucMsgType　MSG_OBJ_TYPE_RX:接收数据帧报文对象
	MSG_OBJ_TYPE_RX_REMOTE:接收远程帧报文对象
	注:当选择 STD_EXT_FILTER(验收标准帧及扩展帧)时,ulFrameIDMsk 自动切换为采用 UNMASK 掩码,这时将接收所有类型及格式的报文
返 回 值	无
示　例	canReMsgObjSet(CAN0_BASE, 0x00FFFFFF,0x123, MASK, EXT_ID_FILTER, MSG_OBJ_TYPE_RX);　//配置接收扩展(数据)帧的报文对象(1~24)

2) 函数代码

函数代码如程序清单 5.40 所示。

程序清单 5.40　函数代码

```
void canReMsgObjSet (CANNODEINFO * ptCanNode, unsigned long ulMsgObjMask, unsigned
            long ulFrameID,
            unsigned long ulFrameIDMsk, unsigned char ucFramType, unsigned
            char ucMsgType)
{
    CAN_MSG_OBJ tMsgObj;
    LPC_CAN_TypeDef * ptCanBase;
    unsigned char ucDataBuf[8];
    unsigned short usCmdMaskReg;
    unsigned short usMaskReg[2];
    unsigned short usArbReg[2];
    unsigned short usMsgCtrl;
    tBoolean bUseExtendedID = false;
    tBoolean bEob = false;
    int i;
    if (ptCanNode == 0) {                        //检查节点的有效性
        return;
    }
    ptCanBase = (LPC_CAN_TypeDef * )(ptCanNode - >ulBaseAddr);
    if (ulMsgObjMask == 0) {
        return;                                  //没有选定报文对象
    }
    if (ucMsgType == MSG_OBJ_TYPE_RX) {          //数据帧接收报文对象
        ptCanNode - >ulDaReObjMsk |= ulMsgObjMask;   //按位标记接收报文对象
    } else if (ucMsgType == MSG_OBJ_TYPE_RX_REMOTE){ //远程帧报文接收对象
        ptCanNode - >ulRmReObjMsk |= ulMsgObjMask;   //按位标记"发送"报文对象
    } else {
```

```
        return;                                        //参数非法,直接退出此函数
    }
    tMsgObj.ulMsgID = ulFrameID;                       //报文滤波 ID
    tMsgObj.ulMsgIDMask = ulFrameIDMsk;                //ID 掩码
    switch (ucFramType) {                              //帧类型处理
        case STD_ID_FILTER: {                          //标准帧
            tMsgObj.ulFlags = (MSG_OBJ_RX_INT_ENABLE |  //允许接收中断
            MSG_OBJ_USE_ID_FILTER |                    //使用报文 ID 滤波
            MSG_OBJ_USE_EXT_FILTER |                   //Xtd 参与滤波
            MSG_OBJ_USE_DIR_FILTER);                   //Dir 参与滤波
            bUseExtendedID = false;                    //不是扩展帧
            break;
        }
        case EXT_ID_FILTER: {                          //扩展帧
            tMsgObj.ulFlags = (MSG_OBJ_RX_INT_ENABLE |  //允许接收中断
            MSG_OBJ_EXTENDED_ID |                      //扩展 ID
            MSG_OBJ_USE_ID_FILTER |                    //使用报文 ID 滤波
            MSG_OBJ_USE_EXT_FILTER |                   //Xtd 参与滤波
            MSG_OBJ_USE_DIR_FILTER);                   //Dir 参与滤波
            bUseExtendedID = true;                     //是扩展帧
            break;
        }
        case STD_EXT_FILTER: {                         //只对接收报文对象有意义
            tMsgObj.ulFlags = (MSG_OBJ_RX_INT_ENABLE |  //允许接收中断
            MSG_OBJ_USE_ID_FILTER |                    //使用报文 ID 滤波
            MSG_OBJ_USE_DIR_FILTER);                   //Dir 参与滤波
            ulFrameIDMsk = 0x00000000UL;               //不对 ID 进行接收滤波
            bUseExtendedID = false;                    //不是扩展帧(这里没影响)
            break;
        }
        default: {
            return;
        }
    }
    tMsgObj.pucMsgData = ucDataBuf;                    //指向数据存储空间
    tMsgObj.ulMsgLen = 8;                              //设置数据域长度
    while (__canRegRead((unsigned long)&ptCanBase -> IF1_CMDREQ) & CAN_IF1CRQ_
        BUSY) {;}                                      //等待报文处理器空闲
    usCmdMaskReg = CAN_IF1CMSK_WRNRD |                 //写数据到报文对象存储器
    CAN_IF1CMSK_DATAA |                                //传输数据字节 0~3
    CAN_IF1CMSK_DATAB |                                //传输数据字节 4~7
    CAN_IF1CMSK_CONTROL |                              //传输控制位
```

```
        CAN_IF1CMSK_ARB;                                    //传输 ID + Dir + Xtd + MsgVal
                                                            //到 MsgObj

    usArbReg[0] = 0;
    usMsgCtrl = 0;
    usMaskReg[0] = 0;
    usMaskReg[1] = 0;
    switch (ucMsgType) {                                    //报文对象类型处理
        case MSG_OBJ_TYPE_RX: {                             //接收数据帧类型
            usArbReg[1] = 0;
            break;
        }
        case MSG_OBJ_TYPE_RX_REMOTE: {                      //接收远程帧类型
            usArbReg[1] = CAN_IF1ARB2_DIR;                  //置位报文方向位,发送方向
            usMsgCtrl = CAN_IF1MCTL_UMASK;                  //Msk、MXtd、MDir 用于接收滤波
            usMaskReg[0] = 0xffff;
            usMaskReg[1] = 0x1fff;
            usCmdMaskReg| = CAN_IF1CMSK_MASK;
            break;
        }
        default: {
            return;
        }
    }
    if (tMsgObj.ulFlags & MSG_OBJ_USE_ID_FILTER) {          //使用报文 ID 滤波
        if (bUseExtendedID) {                               //扩展帧
            usMaskReg[0] = ulFrameIDMsk & CAN_IF1MSK1_IDMSK_M;
            usMaskReg[1] = (ulFrameIDMsk >> 16) & CAN_IF1MSK2_IDMSK_M;
        } else {                                            //标准帧
            usMaskReg[0] = 0;                               //低 16 位 MSK[15:0]为 0
            usMaskReg[1] = (ulFrameIDMsk << 2) & CAN_IF1MSK2_IDMSK_M;
                                                            //MSK[28:18]为标准帧 ID MSK
        }
    }
    if ((tMsgObj.ulFlags & MSG_OBJ_USE_EXT_FILTER) == MSG_OBJ_USE_EXT_FILTER) {
        usMaskReg[1] | = CAN_IF1MSK2_MXTD;                  //扩展标识符 Xtd 参与验收滤波
    }
    if ((tMsgObj.ulFlags & MSG_OBJ_USE_DIR_FILTER) == MSG_OBJ_USE_DIR_FILTER) {
        usMaskReg[1] | = CAN_IF1MSK2_MDIR;                  //报文方向 Dir 参与验收滤波
    }
    if (tMsgObj.ulFlags & (MSG_OBJ_USE_ID_FILTER | MSG_OBJ_USE_DIR_FILTER | MSG_OBJ_
        USE_EXT_FILTER)) {
        usMsgCtrl | = CAN_IF1MCTL_UMASK;                    //Msk、MXtd、MDir 用于接收滤波
```

```
            usCmdMaskReg |= CAN_IF1CMSK_MASK;                    //传输 IDMask + Dir + Mxtd 到 MsgObj
        }
        if (bUseExtendedID) {                                    //扩展帧验收 ID
            usArbReg[0] |= ulFrameID & CAN_IF1ARB1_ID_M;
            usArbReg[1] |= (ulFrameID >> 16) & CAN_IF1ARB2_ID_M;
            usArbReg[1] |= CAN_IF1ARB2_MSGVAL | CAN_IF1ARB2_XTD;
        }else {                                                  //标准帧验收 ID
            usArbReg[0] = 0;
            usArbReg[1] |= (ulFrameID << 2) & CAN_IF1ARB2_ID_M;
            usArbReg[1] |= CAN_IF1ARB2_MSGVAL;
        }
        usMsgCtrl |= (tMsgObj.ulMsgLen & CAN_IF1MCTL_DLC_M) | CAN_IF1MCTL_EOB;
                                                                 //Eob = 1
        if (tMsgObj.ulFlags & MSG_OBJ_RX_INT_ENABLE) {
            usMsgCtrl |= CAN_IF1MCTL_RXIE;                       //使能接收中断
        }
        __canRegWrite((unsigned long)&ptCanBase->IF1_CMDMSK, usCmdMaskReg);
        __canRegWrite((unsigned long)&ptCanBase->IF1_MSK1, usMaskReg[0]);
        __canRegWrite((unsigned long)&ptCanBase->IF1_MSK2, usMaskReg[1]);
        __canRegWrite((unsigned long)&ptCanBase->IF1_ARB1, usArbReg[0]);
        __canRegWrite((unsigned long)&ptCanBase->IF1_ARB2, usArbReg[1]);
        __canRegWrite((unsigned long)&ptCanBase->IF1_MCTRL, usMsgCtrl);
    bEob = false;
    for (i = 0; i < 32; i++){
        if (ulMsgObjMask & 0x80000000) {
            if (bEob == false) {
                __canRegWrite((unsigned long)&ptCanBase->IF1_MCTRL, (usMsgCtrl |
CAN_IF1MCTL_EOB));
                bEob = true;                                     //FIFO 的末端
            } else {
                __canRegWrite((unsigned long)&ptCanBase->IF1_MCTRL, (usMsgCtrl &
(~CAN_IF1MCTL_EOB)));
            }
            __canRegWrite((unsigned long)&ptCanBase->IF1_CMDREQ, ((32 - i) & CAN
_IF1CRQ_MNUM_M));
                                                                 //更新到报文对象
            while (__canRegRead((unsigned long)&ptCanBase->IF1_CMDREQ) & CAN_
IF1CRQ_BUSY) {
                ;                                                //等待报文处理器空闲
            }
        }
        ulMsgObjMask = ulMsgObjMask << 1;                        //更新报文对象屏蔽选择
```

```
        if (ulMsgObjMask == 0) {
            break;                              //提前退出循环
        }
    }
    return;
}
```

(22) canAcceptFilterSet( )函数

1) 函数接口描述

调用 canAcceptFilterSet()函数实现对 CAN 模块的接收滤波条件进行设置，canAcceptFilterSet()函数描述如表 5 - 58 所列。

表 5 - 58 canAcceptFilterSet( )函数描述

功能描述	CAN 通信验收滤波设置	
函数原型	void canAcceptFilterSet(CANNODEINFO * ptCanNode, unsigned long ulFrameID, unsigned long ulFrameIDMsk，unsigned char ucFramType)	
参　　数	ptCanNode	指向节点的指针
	ulFrameID	接收帧 ID
	ulFrameIDMsk	接收帧 ID 屏蔽码
	ucFramType	验收报文的格式及类型
		STD_ID_FILTER　　过滤接收标准格式的报文
		EXT_ID_FILTER　　过滤接收扩展格式的报文
		STD_EXT_FILTER　过滤接收标准及扩展格式的报文,使用此类型时 ulFrameID 及 ulFrameIDMsk 的切换为无效，即接收所有正确的报文
调　　用	canReMsgObjSet()	根据选定的报文对象等参数配置 CAN 模块的报文对象
返 回 值	无	

2) 函数代码

函数代码如程序清单 5.41 所示。

程序清单 5.41 函数代码

```
void canAcceptFilterSet(CANNODEINFO * ptCanNode, unsigned long ulFrameID, unsigned
                long ulFrameIDMsk,
                unsigned char ucFramType)
{
    if (ptCanNode == 0) {                       //检查节点的有效性
        return;
    }
    canReMsgObjSet(ptCanNode, ptCanNode -> ulDaReObjMsk,
    ulFrameID, ulFrameIDMsk, ucFramType, MSG_OBJ_TYPE_RX);
                                                //配置数据帧接收报文对象
```

```
canReMsgObjSet(ptCanNode, ptCanNode->ulRmReObjMsk,
ulFrameID, ulFrameIDMsk, ucFramType, MSG_OBJ_TYPE_RX_REMOTE);
                                    //配置远程帧接收报文对象
}
```

5.7.2 CAN 应用编程流程

这里介绍基于通用驱动库的 CAN 应用编程流程,该流程图是掌握 CAN 控制器编程的基础。流程示意如图 5-8 所示。

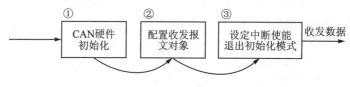

图 5-8 CAN 应用编程流程

1. CAN 硬件初始化

在使用 CAN 控制器之前,须初始化其硬件参数:
- CAN 接口引脚使能。
- CAN 控制器使能。
- CAN 通信波特率设置。

2. 配置收发报文对象

CAN 控制器一共有 32 个报文对象。一个报文对象包含的主要信息有报文 ID、报文 ID 掩码、报文对象控制参数、报文数据长度、报文数据、报文类型等。

此外,还需要配置 CAN 控制器的发送缓存区和接收缓存区,这两个缓存区由用户程序在内存里开辟。

3. CAN 中断初始化

在收发数据之前,还必须使能 CAN 中断,并设置好 CAN 中断服务函数。例如,若使能了发送中断,则数据成功发送后就产生发送中断。

4. 帧发送

将要发送报文的帧类型、报文 ID、数据长度及数据内容写入报文对象,再将报文对象送入发送缓存区,由 CAN 控制器将报文对象发送至总线上。

如果 CAN 控制器丢失了仲裁或者在发送期间发生错误,则当 CAN 总线再次空闲时,报文重新发送。

5. 帧接收

报文处理器将 CAN 控制器接收移位寄存器内的报文存储到报文 RAM 中相应

的报文对象,然后在接收中断服务函数的报文对象中读取接收到的帧。

5.7.3　编程解决方案

通过通用驱动库来进行 CAN 应用编程,虽然无须直接操作寄存器,但也涉及了十几个底层接口函数,不便于移植和维护,因此引入 zlg_can 程序模块(包括 zlg_can.c 和 zlg_can.h 文件,位于"..\CAN_UART\USER_CODE"文件夹)对通用驱动库的函数进行了进一步的封装,使得 CAN 模块的应用编程更加容易,撰写的 CAN 应用程序也更简单,使初学者能更快地掌握 CAN 应用编程的要点和流程。

下面介绍 zlg_can 程序模块中的数据结构与 API 函数。

1. 数据结构

(1) 软节点数据结构——CANNODEINFO 类型

在 zlg_can 程序模块中将每路 CAN 控制器抽象为一个软节点来管理,软节点的结构如程序清单 5.42 所示。

程序清单 5.42　CAN 节点信息结构 CANNODEINFO

```
typedef struct {
    unsigned long ulBaseAddr;           //CAN 控制器基址
    unsigned char ucNodeState;          //用于记录 CAN 节点状态
    unsigned char ulBaudIndex;          //波特率参数索引
    unsigned long ulBofTimer;           //CAN 节点脱离总线的计时变量
    unsigned long ulDaReObjMsk;         //用作接收数据帧的报文对象
    unsigned long ulRmReObjMsk;         //用作接收远程帧的报文对象
    unsigned long ulTxMsgObjNr;         //发送报文对象的编号
    CANCIRBUF * ptCanReCirBuf;          //指向本节点的接收循环队列
    CANCIRBUF * ptCanTxCirBuf;          //指向本节点的发送循环队列
    void ( * pfCanHandlerCallBack)(unsigned long ulMessage, long lParam1, long lParam2);
    /提供给中断处理函数 canHandler()的回调函数,收到数据帧或远程帧时调用,用户自定义
    void ( * pfIsrHandler)(void);       //自定义的 CAN 节点中断服务函数
}CANNODEINFO;
```

对程序清单 5.42 中的部分参数说明如下:

① CAN 控制器基址 ulBaseAddr。LPC11Cxx 系列微控制器的 CAN 控制器寄存器的地址均由基址加上一定的偏移量构成。给出了 CAN 控制器基址,zlg_can 程序模块即可自行计算出其他 CAN 寄存器的基址。

② CAN 节点状态变量 ucNodeState。当发生诸如发生失败、总线脱离等事件时,CAN 中断服务程序会置位该状态变量的相应位,主程序通过查询该状态变量相应位的值,即可得知 CAN 节点的当前状态。

③ "脱离总线"状态的计时变量 ulBofTimer。在发生总线错误而导致 CAN 节点脱离总线后,节点需要延时一段时间后才能重新接入总线。延时的目的是在当前

CAN 节点损坏最糟糕的情况下,仍然能保证总线有一个不受当前损坏 CAN 节点影响的通信时隙,提高总线的通信效率。ulBofTimer 变量用于计时"脱离总线"状态的时间。

④ 回调函数与自定义 CAN 节点中断服务函数。如果自定义 CAN 节点中断服务函数 pfIsrHandler 参数的值为 0,则 zlg_can 程序模块自动将软件包里的 canHandler 函数作为 CAN 节点的中断处理函数。

中断处理函数 canHandler 用作默认的 CAN 节点中断事件处理函数,可以根据中断的相关标志完成数据读取、节点状态记录、数据(发送缓冲区中)发送及中断状态标志清除等工作,如图 5 - 9 所示。

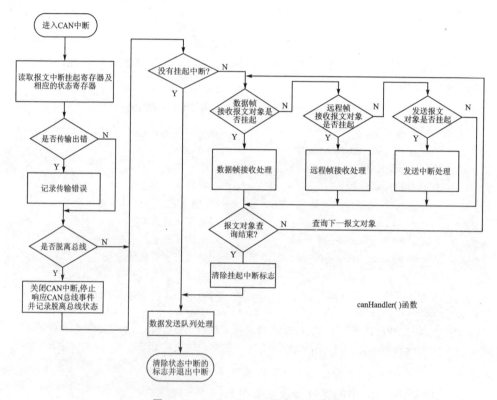

图 5 - 9   canHandler 函数代码示意图

canHandler 函数的代码如程序清单 5.43 所示。

程序清单 5.43   canHandler 函数代码

```
/ * * * * * * * * * * * * * * * * * * * * * * * * * * * * * * * * * * * * * * * * * *
 * * Function name:      canHandler
 * * Descriptions:       实现中断接收一帧或多帧 CAN 报文,以及发送成功的标志设置
 * * input parameters:   ptCanNode:指向 CAN 软节点的指针
 * * output parameters:  无
```

```
* * Returned value:     无
* * Descriptions:       CAN 中断处理函数
* * * * * * * * * * * * * * * * * * * * * * * * * * * * * * * * * * * * * * * * * * * * * */
void canHandler(CANNODEINFO * ptCanNode)
{
    CANFRAME          * ptCanFrame;
    CANFRAME            tCanFrame;
    CAN_MSG_OBJ         tMsgObjBuf;
    unsigned long       ulMsgObjID;
    unsigned long       ulNewData;
    unsigned long       ulTxObjMask = 1UL << (ptCanNode - >ulTxMsgObjNr - 1);
    INT32U ulStatus = 0;
    INT32U ulTxReq = 0;
    INT32U ulBit = 0;
    INT8U i = 0;
    unsigned long ulCallBackMsg = CAN_NO_ERROR;
    ulMsgObjID = CANIntStatus(ptCanNode - >ulBaseAddr,CAN_INT_STS_OBJECT);
                                            //读取中断标志,用于分析状态中断
    ulStatus = CANStatusGet(ptCanNode - >ulBaseAddr, CAN_STS_CONTROL);
    ulNewData = CANStatusGet(ptCanNode - >ulBaseAddr, CAN_STS_NEWDAT);
    ulTxReq = CANStatusGet(ptCanNode - >ulBaseAddr, CAN_STS_TXREQUEST);
    ulNewData &= ~ulTxObjMask;                  //忽略发送报文对象的 NewDat
    if (ulStatus & CAN_STATUS_LEC_MSK) {
        ptCanNode - >ucNodeState |= CAN_SEND_FAIL;    //发送失败,传输产生了错误
    } else {
        ptCanNode - >ucNodeState &= ~CAN_SEND_FAIL;  //通信成功,清除错误标志
    }
    if (ulStatus & CAN_STATUS_BUS_OFF) {
        CANIntDisable(ptCanNode - >ulBaseAddr, CAN_INT_MASTER | CAN_INT_ERROR);
                                            //关闭 CAN 中断
        ptCanNode - >ucNodeState |= CAN_BUS_OFF;      //脱离总线
        ptCanNode - >ulBofTimer = 0;
        ulCallBackMsg |= CAN_BUS_OFF;                 //脱离总线
    }
    ulStatus = ulNewData;
    if (ulMsgObjID != 0) {                            //存在挂起中断
        for (i = 0; i < 32; i++) {
            ulBit = 1UL << i;
            if ((ptCanNode - >ulDaReObjMsk & ulNewData & ulBit) != 0){
                                            //收到数据帧
                ptCanFrame = canCirBufMalloc(ptCanNode - >ptCanReCirBuf);
                                            //取得缓存地址
```

```
        if (ptCanFrame == (CANFRAME * )0) {
                                            //缓存申请失败,说明缓存区已满
            ptCanFrame = &tCanFrame;        //用局部变量进行缓存,将被丢弃
        }
        tMsgObjBuf.pucMsgData = ptCanFrame - >ucDatBuf;
                                            //传递帧数据缓存地址
        CANMessageGet(ptCanNode - >ulBaseAddr, (i + 1), &tMsgObjBuf, 0);
                                            //读出接收数据
        ptCanFrame - >ucDLC = tMsgObjBuf.ulMsgLen;    //记录数据域长度
        if (tMsgObjBuf.ulFlags & MSG_OBJ_EXTENDED_ID) {
                                            //扩展帧 29 位标志字符
            ptCanFrame - >ulID = (tMsgObjBuf.ulMsgID & 0x1FFFFFFF);
                                            //记录 CAN 报文 ID
            ptCanFrame - >ucTtypeFormat = XTD_DATA;
                                            //记录为扩展数据帧
        } else {                           //标准帧 11 位标志字符
            ptCanFrame - >ulID = (tMsgObjBuf.ulMsgID & 0x000007FF);
                                            //记录 CAN 报文 ID
            ptCanFrame - >ucTtypeFormat = STD_DATA;     //记录为标准数据帧
        }
    } else if ((ptCanNode - >ulRmReObjMsk & ulNewData & ulBit) ! = 0) {
                                            //收到远程帧
        ptCanFrame = canCirBufMalloc(ptCanNode - >ptCanReCirBuf);
                                            //取得缓存地址
        if (ptCanFrame == (CANFRAME * )0) { //缓存申请失败,说明缓存区已满
            ptCanFrame = &tCanFrame;        //用局部变量进行缓存,将被丢弃
        }
        tMsgObjBuf.pucMsgData = ptCanFrame - >ucDatBuf;
                                            //传递帧数据缓存地址
        CANMessageGet(ptCanNode - >ulBaseAddr, (i + 1), &tMsgObjBuf, 0);
        ptCanFrame - >ucDLC = tMsgObjBuf.ulMsgLen;    //记录数据域长度

        if (tMsgObjBuf.ulFlags & MSG_OBJ_EXTENDED_ID) {
                                            //扩展帧 29 位标志字符
            ptCanFrame - >ulID = (tMsgObjBuf.ulMsgID & 0x1FFFFFFF);
            ptCanFrame - >ucTtypeFormat = XTD_RMRQS;
                                            //记录为扩展远程帧
        } else {                           //标准帧 11 位标志字符
            ptCanFrame - >ulID = (tMsgObjBuf.ulMsgID & 0x000007FF);
            ptCanFrame - >ucTtypeFormat = STD_RMRQS;
                                            //记录为标准远程帧
        }
```

```
            }
        ulStatus & = ~ulBit;
        if (ulStatus == 0) {                        //剩余报文对象已经没有新数据了
            break;
        }
    }
    ulStatus = ulMsgObjID;
    for (i = 0; i < 32; i++) {                      //清除中断标志
        ulBit = 1UL << i;
        if (ulMsgObjID & ulBit) {
            CANIntClear(ptCanNode - >ulBaseAddr, i + 1);
        }
        ulStatus & = ~ulBit;
        if (ulStatus == 0) {                        //剩余报文对象已经没有新数据了
            break;
        }
    }
    if (ulNewData & ((ptCanNode - >ulRmReObjMsk) | (ptCanNode - >ulDaReObjMsk))) {
                                                    //收到数据帧或远程帧
        ptCanNode - >ucNodeState | = CAN_FRAM_RECV; //收到数据
        ulCallBackMsg | = CAN_FRAM_RECV;
    }
    if ((ulTxObjMask & ulMsgObjID) ! = 0) {         //成功发送数据
        ptCanNode - >ucNodeState | = CAN_FRAM_SEND; //发送完成
        ulCallBackMsg | = CAN_FRAM_SEND;
    }
}
/ *
* 检查是否有数据等待发送
* /
ulTxReq = CANStatusGet(ptCanNode - >ulBaseAddr, CAN_STS TXREQUEST);
if ((ulTxReq & ulTxObjMask) == 0) {                 //检查 CAN 控制器是否可发送收据
    if (ptCanNode - >ptCanTxCirBuf ! = 0) {         //检查是否有数据等待发送
        if (canCirBufRead(ptCanNode - >ptCanTxCirBuf, &tCanFrame) == CAN_OK) {
            ptCanNode - >ucNodeState & = ~CAN_FRAM_SEND;
                                                    //缓存区不为空,继续发送
            canFrameSend(ptCanNode, &tCanFrame);    //触发下一帧的发送工作
        } else {
            ptCanNode - >ptCanTxCirBuf = 0;         //发送队列空闲
        }
    }
}
```

```
    if (ulCallBackMsg) {                                    //回调函数消息的类型非 0
        if (ptCanNode - >pfCanHandlerCallBack) {            //存在回调函数
            ptCanNode - >pfCanHandlerCallBack(ulCallBackMsg, ulNewData, ulMsgObjID);
        }
    }
    CANIntClear(ptCanNode - >ulBaseAddr, CAN_INT_INTID_STATUS);//清除状态中断标志
}
```

(2) 帧缓存区——CANFRAME

帧缓存区的数据结构如程序清单 5.44 所示。

程序清单 5.44　帧数据存储结构 CANFRAME

```
typedef struct {
    unsigned char ucTtypeFormat;                //帧类型
    unsigned char ucDLC;                        //数据区长度
    unsigned long ulID;                         //CAN 报文 ID
    unsigned char ucDatBuf[8];                  //报文数据域
}CANFRAME;
```

(3) 循环队列缓存区数据结构——CANCIRBUF

CAN 通信中常常出现接收数据累积来不及处理的情况。为避免这种情形,zlg_can 程序模块采用循环队列缓存区来存储 CAN 通信数据,如图 5-10 所示。

- 当缓存区有可用数据时,读/写指针值不同或缓存区满标志置位。
- 缓存区为空(没有可用数据)时,读指针和写指针的值相等。

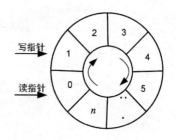

图 5-10　循环队列缓存区

循环队列缓存区的数据结构定义如程序清单 5.45 所示。

程序清单 5.45　循环队列缓存区结构

```
typedef struct {
    INT32U    ulWriteIndex;           //写指针
    INT32U    ulReadIndex;            //读指针
    INT16U    ulLength;               //记录缓存深度
    BOOLEAN   bIsFull;                //缓存区满标志
    CANFRAME  * ptCanFramBuf;         //指向帧缓存区首地址
}CANCIRBUF;
```

2. 宏定义

zlg_can 程序模块里使用了大量的宏,下面就介绍这些宏的定义。

（1）宏配置

在使用 zlg_can 程序模块编写 CAN 应用程序之前,通常需要先配置和 CAN 应用紧密相关的几个宏,如表 5-59 所列。表 5-59 中宏的配置示例见程序清单 5.46 所示。

程序清单 5.46　zlg_can 程序模块的宏配置

```
#define FCAN8M            8000000UL        //CAN 模块工作时钟为 8 MHz
#define FCAN6M            6000000UL        //CAN 模块工作时钟为 6 MHz
#define FCAN2M            2000000UL        //CAN 模块工作时钟为 2 MHz
#define FCAN48M           48000000UL       //CAN 模块工作时钟为 48 MHz
#define FCAN              FCAN48M          //当前 CAN 模块工作时钟 48 MHz
#define RE_DATA_SN        0x00FFFFFFUL     //选择用作接收数据帧的报文对象
#define RE_RMRQS_SN       0x7F000000UL     //选择用作接收远程帧的报文对象
#define TX_MSG_SN         32               //选择发送报文对象的编号
#define CAN_BUF_RE_LENGTH 40               //定义接收缓存区长度
#define CAN_BUF_TX_LENGTH 20               //定义发送缓存区长度
#define UNMASK            0x00000000UL     //不使用 ID 滤波
#define MASK              0x1FFFFFFFUL     //所有 ID 均参与验收滤波
```

表 5-59　宏配置

宏　名	说　明
RE_DATA_SN	宏 RE_DATA_SN 用于指定须配置为"接收数据帧"的多个报文对象
RE_RMRQS_SN	宏 RE_RMRQS_SN 用于指定被用作"接收远程帧"的多个报文对象
TX_MSG_SN	宏 TX_MSG_SN 用于指定一个用作"发送报文"的报文对象编号
FCAN	宏 FCAN 用于向程序给出 CAN 控制器当前的工作时钟 注:在 LPC11Cxx 系列微控制器中,CAN 控制器的工作时钟与外设时钟相同
CAN_BUF_RE_LENGTH	宏 CAN_BUF_RE_LENGTH 用于定义接收缓存区的大小
CAN_BUF_TX_LENGTH	宏 CAN_BUF_TX_LENGTH 则用于定义发送缓存区的大小
MASK	用于设置 ID 掩码,最长可设置 29 位

（2）其他常用宏定义

除了宏配置提到的宏外,还有其他的一些常用宏定义。为便于读者阅读本书里的相关程序,现将其列出,如程序清单 5.47 所示。

程序清单 5.47　其他宏定义

```
/********************************************************
函数返回值
********************************************************/
#define CAN_ERROR              0
```

```
#define CAN_OK                1
#define BUSY                  2          //表示当前队列正在发送
/*********************************************************
标识 CAN 节点状态的宏
*********************************************************/
#define CAN_FRAM_RECV         0x01       //成功接收到数据帧或远程帧
#define CAN_FRAM_SEND         0x02       //发送完成
#define CAN_BUS_OFF           0x04       //节点脱离总线
#define CAN_SEND_FAIL         0x08       //发送失败
#define CAN_NO_ERROR          0x00       //没有错误
/*********************************************************
标识验收过滤验收方式的宏
*********************************************************/
#define EXT_ID_FILTER         1          //验收扩展帧
#define STD_ID_FILTER         2          //验收标准帧
#define STD_EXT_FILTER        3          //验收标准帧和扩展帧
#define UNMASK                0x00000000UL //不使用 ID 滤波
#define MASK                  0x1FFFFFFFUL //所有 ID 均参与验收滤波
/*********************************************************
标识帧类型及格式的宏
*********************************************************/
#define STD_DATA              0xF0       //标准格式数据帧
#define XTD_DATA              0xF2       //扩展格式数据帧
#define STD_RMRQS             0xF1       //标准格式远程帧
#define XTD_RMRQS             0xF3       //扩展格式远程帧
#define XTD_MASK              0x02       //标记扩展帧 ID 掩码的类型
#define RMRQS_MASK            0x01       //标记远程帧掩码的类型
#define BUF_BLANK             0x00       //标记空白帧
```

3. 波特率配置

在 zlg_can 程序模块里,波特率配置工作很简单。当 CAN 模块工作时钟为 48 MHz、8 MHz、6 MHz、2 MHz 时,用户只需要在相关函数内(见应用接口函数中 canApplyInit()的使用说明)填入所需通信波特率对应的宏即可(波特率对应的宏如程序清单 5.48 所示)。

程序清单 5.48　波特率宏定义

```
/*********************************************************
波特率宏定义表
*********************************************************/
#define     CANBAUD_1M           0
#define     CANBAUD_500K         1
```

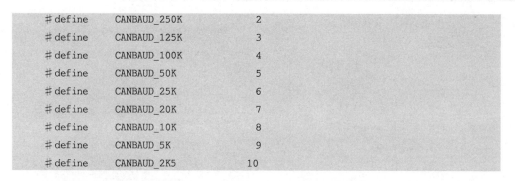

#define	CANBAUD_250K		2
#define	CANBAUD_125K		3
#define	CANBAUD_100K		4
#define	CANBAUD_50K		5
#define	CANBAUD_25K		6
#define	CANBAUD_20K		7
#define	CANBAUD_10K		8
#define	CANBAUD_5K		9
#define	CANBAUD_2K5		10

当 CAN 模块工作时钟不在上述范围时,用户需要重新定义通信波特率参数表,才能继续按照 canApplyInit()函数内填入所需通信波特率对应宏的方式配置通信波特率,下面对通信波特率参数表进行说明。

(1) 通信波特率参数表

通信波特率参数表位于 zlg_can.c,对其说明如图 5 - 11 所示。其源码的部分内容示意如程序清单 5.49 所示。

```
/tCANBitClkParms CANBitClkSettings[]=
{
   /*
    *波特率参数表Fcan=8 MHz
    /*
   {5, 2, 2, 1},              //CANBAUD_1M
   {11, 4, 2, 1},             //CANBAUD_500K
   {11, 4, 2, 2},             //CANBAUD_250K
   {11, 4, 2, 4},             //CANBAUD_125K
   {11, 4, 2, 5},             //CANBAUD_100K
   {11, 4, 2, 10},            //CANBAUD_50K
   {11, 4, 2, 20},            //CANBAUD_25K
   {11, 4, 2, 25},            //CANBAUD_20K
   {11, 4, 2, 50},            //CANBAUD_10K
   {11, 4, 2, 100},           //CANBAUD_5K
   {11, 4, 2, 200},           //CANBAUD_2K5

     ①   ②   ③   ④
          ...
}
```

①:标注①处是Tseg1,传输段和相位缓冲段的和。

②:标注②处是Tseg2,是采样点后的时间,即相位缓冲段2。

③:标注③处是SJW,是同步跳转宽度的物理值。

④:标注④处是BRP+1,预分频值。

图 5 - 11 波特率参数表的说明

程序清单 5.49 通信波特率参数表

```
/******************************************************
通信波特率参数表
 ******************************************************/
const CAN_BIT_CLK_PARM CANBitClkSettings[ ] =
{
   /*
    *   Fcan = 48MHz
    */
```

```
# if FCAN == FCAN48M
{15, 8, 4, 2},                          //CANBAUD_1M
{15, 8, 4, 4},                          //CANBAUD_500K
{15, 8, 4, 8},                          //CANBAUD_250K
{15, 8, 4, 16},                         //CANBAUD_125K
{15, 0, 4, 20},                         //CANBAUD_100k
{15, 8, 4, 40},                         //CANBAUD_50k
{15, 8, 4, 80},                         //CANBAUD_25k
{15, 8, 4, 100},                        //CANBAUD_20k
{15, 8, 4, 200},                        //CANBAUD_10k
{15, 8, 4, 400},                        //CANBAUD_5k
{15, 8, 4, 800},                        //CANBAUD_2k5
# elif FCAN == FCAN6M
/ *
 *    Fcan = 6MHz
 * /
......
# endif
};
```

(2) 通信波特率参数表计算示例

假定 LPC11C14 的 CAN 控制器的工作时钟频率 f_{CAN} 为 10 MHz,BRP 值为 0,而要求 CAN 的通信速率 f_{baud} 为 1 Mbit/s。这里根据 CAN 通信波特率计算公式来计算通信波特率参数表中的各个参数:

$$f_{baud} = \frac{1}{(1 + T_{seg1} + 1 + T_{seg2} + 1)} \times \frac{f_{can}}{(BRP + 1)} \qquad (5-1)$$

式中,T_{seg1}、T_{seg2}、BRP 均为 LPC11C14 CAN 位时间寄存器里的值。

① 求时间份额(Time Quanta)t_q:

$t_q = (BRP + 1)/f_{CAN}$,所以,$t_q = 1/f_{can} = 1/100000000 = 100$ ns

② 求位时间:

$t_{bit} = 1/f_{baud}$,所以 $t_{bit} = 1/1\ 000\ 000 = 1\ 000$ ns,即 $t_{bit} = 10t_q$,因此有

$1 + (T_{seg1} + 1) + (T_{seg2} + 1) = 10t_q$。

③ 求 T_{seg1} 和 T_{seg2}。T_{seg1} 和 T_{seg2} 决定了采样点的位置,通常采样点在 85% 左右为佳,所以在本示例里需要寻找满足如下条件的 T_{seg1} 和 T_{seg2} 取值组合:

● $(t_{bit} - (T_{seg2} + 1))/t_{bit} = 85\%$。

● $1 \leqslant T_{seg1} \leqslant 15, 0 \leqslant T_{seg2} \leqslant 7$(注意,对取值范围的要求见 LPC11Cxx 系列微控制器用户手册的 CAN 位时间寄存器中的描述)。

● $1 + (T_{seg1} + 1) + (T_{seg2} + 1) = 10t_q$。

根据式(6-1)和上述条件计算出表 5-60 所列的取值组合。

表 5 - 60 T_{seg1} 及 T_{seg2} 取值组合

	T_{seg1}	T_{seg2}	$(t_{bit}-(T_{seg2}+1))/t_{bit}$
组合 1	6	1	80%
组合 2	5	2	70%
组合 3	4	3	60%

显然,组合 1 最接近对采样点的要求。至此即可求出 T_{seg1} 和 T_{seg2} 的值:

$$T_{seg1}=6t_q, T_{seg2}=1t_q$$

④ 求同步跳转宽度 t_{SJW}。t_{SJW} 的值为 4 和相位缓冲段 1 时间中的较小值;所以在本示例里,$t_{SJW}=\min(4,$ 相位缓冲段 1 时间 $)=1t_q$。然后,再将以上计算出的值添加到通信波特率参数表,如程序清单 5.50 所示。

程序清单 5.50 通信波特率参数表的部分内容

```
……
/ *
    *   Fcan = 10 MHz
    * /
#elif FCAN == FCAN10M
{6, 1, 1, 1},                              //CANBAUD_1M
……
```

4. 应用接口函数

通常用户只需要调用 zlg_can 程序模块里的 canNodeCreate()、canApplyInit()、canCirBufRead()、canCirBufWrite()、canCirBufSend() 及 canNodeBusOn() 这 6 个常用函数,即可完成上述的 CAN 硬件初始化、配置收发报文对象、CAN 中断初始化、数据收发等流程。

(1) 创建软节点——canNodeCreate()

创建软节点须调用 canNodeCreate() 函数。canNodeCreate() 函数把初始化一个 CAN 节点所需要的全部信息都登记到软节点结构体变量里。软节点创建函数如表 5 - 61 所列。

表 5 - 61 软节点创建函数

功能描述	创建软节点
函数原型	void canNodeCreate(CANNODEINFO * ptCanNode, 　　　　　　　unsigned long ulBaseAddr, 　　　　　　　unsigned char ulBaudIndex, 　　　　　　　unsigned long ulDaReObjMsk, 　　　　　　　unsigned long ulRmReObjMs, 　　　　　　　unsigned long ulTxMsgObjNr, 　　　　　　　CANCIRBUF * ptReCirBuf)

续表 5 - 61

参　　数	ptCanNode	软节点结构体变量的指针
	ulBaseAddr	节点对应的 CAN 控制器模块基址
	ulBaudIndex	CAN 通信波特率宏
	ulDaReObjMsk	用于"数据帧"接收的报文对象选择掩码,按位选通报文对象
	ulRmReObjMsk	用于"远程帧"接收的报文对象选择掩码,按位选通报文对象
	ulTxMsgObjNr	用于发送的报文对象编号
	ptReCirBuf	指向本节点的接收循环队列
返 回 值	无	
示　　例	CANFRAME GtCanFrameReBuf[CAN_BUF_RE_LENGTH]={0};　//开辟帧数据的接收缓存区 CANCIRBUF GtCanReCirBuf={　　　　//定义接收循环队列 　　0,　　　　//写指针的初始值 　　0,　　　　//读指针的初始值 　　false,　　　　//标记循环队列未满 　　CAN_BUF_RE_LENGTH,　　　　//缓存深度 　　GtCanFrameReBuf　　　　//帧接收缓存区的指针 }; CANNODEINFO tCanNode0;　　　　//定义一个软节点结构体变量 CANNODEINFO * GptCanNode0=&tCanNodeInfo;　　　　//定义指向软节点结构体变量的指针 canNodeCreate(GptCanNode0, CAN0_BASE, CANBAUD_500K, 　　　　RE_DATA_SN, RE_REMOTE_SN, TX_MSG_SN, &GtCanReCirBuf);	

函数代码如程序清单 5.51 所示。

程序清单 5.51　函数代码

```
void canNodeCreate(CANNODEINFO * ptCanNode, unsigned long ulBaseAddr, unsigned char
        ucBaudIndex,
        unsigned long ulDaReObjMsk, unsigned long ulRmReObjMsk,
        unsigned long ulTxMsgObjNr, CANCIRBUF * ptReCirBuf,
        void ( * pfCanHandlerCallBack) (unsigned long ulMessage, long
        lParam1, long lParam2),
        void ( * pfIsrHandler)(void))
{
    if (ptCanNode == 0) {                          //检查节点的有效性
        return;
    }
    /*
    * 软件环境初始化
    */
```

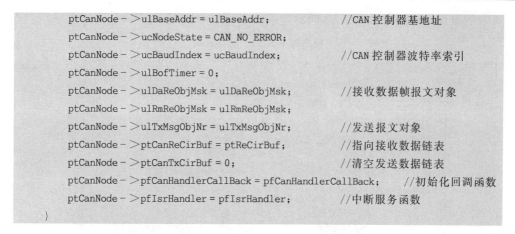

```
            ptCanNode->ulBaseAddr = ulBaseAddr;              //CAN 控制器基地址
            ptCanNode->ucNodeState = CAN_NO_ERROR;
            ptCanNode->ucBaudIndex = ucBaudIndex;            //CAN 控制器波特率索引
            ptCanNode->ulBofTimer = 0;
            ptCanNode->ulDaReObjMsk = ulDaReObjMsk;          //接收数据帧报文对象
            ptCanNode->ulRmReObjMsk = ulRmReObjMsk;
            ptCanNode->ulTxMsgObjNr = ulTxMsgObjNr;          //发送报文对象
            ptCanNode->ptCanReCirBuf = ptReCirBuf;           //指向接收数据链表
            ptCanNode->ptCanTxCirBuf = 0;                    //清空发送数据链表
            ptCanNode->pfCanHandlerCallBack = pfCanHandlerCallBack;   //初始化回调函数
            ptCanNode->pfIsrHandler = pfIsrHandler;          //中断服务函数
    }
```

（2）将软节点信息配置到 CAN 节点——canApplyInit( )

调用 canApplyInit( )函数可将登记到软节点结构体变量的信息配置到实际的 CAN 节点中,配置验收滤波参数,使能 CAN 接收中断、发送中断、总线错误中断,并初始化 CAN 节点的工作环境(例如,对帧数据接收和发送缓存区的初始化);然后启动 CAN 节点,使之与外部 CAN 总线同步。canApplyInit( )函数描述如表 5-62 所列。

表 5-62　canApplyInit( )函数描述

功能描述	CAN 应用初始化,将软节点信息配置到 CAN 控制器中,使能各个 CAN 中断,并设置本节点对应的中断服务函数
函数原型	INT8U canApplyInit(CANNODEINFO * ptCanNode, 　　　　　　　　　　unsigned long ulFrameID, 　　　　　　　　　　unsigned long ulFrameIDMsk, 　　　　　　　　　　unsigned char ucFramType)
参　　数	ptCanNode　　　指向软节点结构体变量的指针 ulFrameID　　　报文的验收 ID ulFrameIDMsk　报文验收 ID 掩码(对应位为 1 时,表示验收 ID 的对应位参与验收滤波) ucFramType　　验收的帧类型 　　STD_ID_FILTER　　过滤接收标准格式的报文 　　EXT_ID_FILTER　　过滤接收扩展格式的报文 　　STD_EXT_FILTER　过滤接收标准及扩展格式的报文,使用此类型 　　时 ulFrameID 及 ulFrameIDMsk 的配置为无效,即接收所有格式的报文
返 回 值	无
示　　例	canApplyInit(GptCanNode0, 0x123, UNMASK, STD_EXT_FILTER, canNode0Handler) 　　　　　　　　　　　　　　//初始化 CAN 控制器,设置波特率等

函数代码如程序清单 5.52 所示。

程序清单 5.52　函数代码

```
INT8U canApplyInit(CANNODEINFO * ptCanNode, unsigned long ulFrameID, unsigned long
                    ulFrameIDMsk, unsigned char ucFramType)
{
    if (ptCanNode == 0) {                          //检查节点的有效性
        return CAN_ERROR;
    }
    /*
     *  硬件初始化
     */
    LPC_SYSCON->PRESETCTRL |= (0x1<<3);            //外设复位控制
    LPC_SYSCON->SYSAHBCLKCTRL |= (1<<17);          //系统 AHB 时钟控制
    LPC_CAN->CLKDIV = 0x00;                        //分频值设为 6
    CANInit(ptCanNode->ulBaseAddr);                //初始化 CAN 控制器
    CANBitTimingSet ( ptCanNode -> ulBaseAddr, ( CAN _ BIT _ CLK _ PARM * )
    (&CANBitClkSettings[ptCanNode->ucBaudIndex]));
                                                   //设定节点波特率
    CANEnable(ptCanNode->ulBaseAddr);              //退出初始化模式,启动 CAN 节点
    canAcceptFilterSet(ptCanNode, ulFrameID, ulFrameIDMsk, ucFramType);
                                                   //验收滤波设置              ①
    canIntEnable(ptCanNode);                       //注册中断服务函数并使能 CAN 中断
    return CAN_OK;
}
```

(3) 从指定的循环队列中读取报文——canCirbufRead( )

调用 canCirBufRead( )函数可以从指定的循环队列缓存区中读取报文,若队列不为空,则更新队列的读指针及满标志。canCirBufRead( )函数描述如表 5 - 63 所列。

表 5 - 63　canCirBufRead( )函数描述

功能描述	若循环队列不空,则读取出一帧报文并写入指定空间	
函数原型	INT8U canCirBufRead(CANCIRBUF * ptCanCirBuf, CANFRAME * ptCanFrame)	
参　数	ptCanCirBuf	循环队列的指针
	ptCanFrame	帧数据的缓存区指针
返 回 值	CAN_OK	CAN 操作成功
	CAN_ERROR	CAN 操作失败

函数代码如程序清单 5.53 所示。

程序清单 5.53 函数代码

```
INT8U canCirBufRead(CANCIRBUF * ptCanCirBuf, CANFRAME   * ptCanFrame)
{
    INT8U ucReturn = CAN_ERROR;
    unsigned long ulIndex;
    unsigned char ucEnable = 0;
    if (ptCanCirBuf == (CANCIRBUF *)0) {
        return CAN_ERROR;                                //队列错误
    }
    ucEnable = __ENTER_CIRTICAL();                       //关闭 CPU 总中断
    if ((ptCanCirBuf ->ulReadIndex != ptCanCirBuf ->ulWriteIndex) || (ptCanCirBuf
-> bIsFull == true)) {
        ulIndex = ptCanCirBuf ->ulReadIndex;            //缓存下标
        if (ptCanCirBuf ->ptCanFramBuf[ulIndex].ucTtypeFormat != BUF_BLANK) {
            //帧允许读(帧写结束之前 ucTtypeFormat = BUF_BLANK)
            * ptCanFrame = ptCanCirBuf ->ptCanFramBuf[ulIndex];
            ptCanCirBuf ->ulReadIndex += 1;             //读指针加 1
            if (ptCanCirBuf ->ulReadIndex == ptCanCirBuf ->ulLength) {
                ptCanCirBuf ->ulReadIndex = 0;          //形成循环队列缓存区
            }
            ptCanCirBuf ->bIsFull = false;              //清除缓存区满标志
            ucReturn = CAN_OK;
        }
    }
    __EXIT_CIRTICAL(ucEnable);                           //使能 CPU 总线中断
    return ucReturn;
}
```

(4) 向指定的循环队列缓存区写一帧数据——canCirBufWrite( )

调用 canCirBufWrite( )函数可向指定的循环队列缓存区写一帧数据,更新循环队列缓存区的写指针,并判断循环队列缓存区是否已经满了。当满足条件时置位循环队列满标志。canCirBufWrite( )函数描述如表 5 - 64 所列。

表 5 - 64 canCirBufWrite( )函数描述

功能描述	向指定的循环队列缓存区写一帧数据	
函数原型	INT8U canCirBufWrite(CANCIRBUF * ptCanCirBuf, CANFRAME * ptCanFrame)	
参　　数	ptCanCirBuf	循环队列缓存区的指针
	ptCanFrame	报文结构体变量的指针
返 回 值	CAN_OK	CAN 操作成功
	CAN_ERROR	CAN 操作失败

函数代码如程序清单 5.54 所示。

程序清单 5.54 函数代码

```
INT8U canCirBufWrite(CANCIRBUF * ptCanCirBuf, CANFRAME * ptCanFrame)
{
    CANFRAME * ptCanFrameObject;
    INT8U i = 0;
    ptCanFrameObject = canCirBufMalloc(ptCanCirBuf); //从缓存区申请一帧报文的存储空间
    if (ptCanFrameObject == (CANFRAME *)0) {          //缓存区未满,申请成功
        return CAN_ERROR;
    }
    ptCanFrameObject - >ucDLC = ptCanFrame - >ucDLC; //报文数据域长度
    ptCanFrameObject - >ulID = ptCanFrame - >ulID;   //报文 ID
    for (i = 0; i < 8; i++) {
        ptCanFrameObject - >ucDatBuf[i] = ptCanFrame - >ucDatBuf[i];
                                                      //读出数据域内容
    }
    ptCanFrameObject - >ucTtypeFormat = ptCanFrame - >ucTtypeFormat;
                                                      //写报文类型,使这帧报文有效
    return CAN_OK;                                    //返回操作成功
}
```

(5) 将指定缓存区中的有效数据发送至 CAN 总线——canCirBufSend( )

调用 canCirBufSend()函数可将指定缓存区中的有效数据发送至 CAN 总线,直至缓存区中没有可用数据。canCirBufSend()函数描述如表 5 - 65 所列。

表 5 - 65   canCirBufSend( )函数描述

功能描述	将指定循环队列中的一帧报文得到发送	
函数原型	INT8U canCirBufSend(CANNODEINFO * ptCanNode, CANCIRBUF * ptCanCirBuf)	
参　　数	ptCanNode	指向 CAN 节点的指针,定义发送 CAN 数据的 CAN 节点
	ptCanCirBuf	指向循环队列的指针
输　　出	无	
返 回 值	BUSY	已有帧数据在发送
	CAN_OK	操作成功
	CAN_ERROR	操作错误

函数代码如程序清单 5.55 所示。

程序清单 5.55   函数代码

```
INT8U canCirBufSend(CANNODEINFO * ptCanNode, CANCIRBUF * ptCanCirBuf)
{
    CANFRAME  tCanFrame;
```

```
unsigned char ucEnable = 0;
if (ptCanNode == 0) {                                    //检查节点的有效性
    return CAN_ERROR;
}
if (ptCanNode->ptCanTxCirBuf != (CANCIRBUF *)0) {       //已有帧数据在发送队列
    return BUSY;
}
                                                         //给需要发送的 CAN 节点
if (canCirBufRead(ptCanCirBuf, &tCanFrame) != CAN_OK) { //缓存区不为空,继续发送
    return CAN_ERROR;
}
ucEnable = __ENTER_CIRTICAL();                           //关闭 CPU 总中断
ptCanNode->ptCanTxCirBuf = ptCanCirBuf;                  //将要发送的缓存区首地址传递
ptCanNode->ucNodeState &= ~CAN_FRAM_SEND;               //状态更新为"发送未完成"
canFrameSend(ptCanNode, &tCanFrame);                    //发送一帧数据,其余数据将
                                                         //在中断中继续发送

__EXIT_CIRTICAL(ucEnable);                               //打开 CPU 总中断
return CAN_OK;                                           //返回操作结果
}
```

(6) 总线重新接入——canNodeBusOn( )

当 CAN 节点遇到通信出错或脱离总线等错误时,对应的错误信息将被记录到 ptCanNode→ucNodeState 中。如果遇到脱离总线错误,则可以通过调用 canNodeBusOn()函数重新接入总线。canNodeBusOn()函数描述如表 5 - 66 所列。

表 5 - 66　canNodeBusOn( )函数描述

功能描述	令 CAN 节点重新接入总线
函数原型	void canNodeBusOn(CANNODEINFO * ptCanNode)
参　　数	ptCanNode　　软节点结构体变量的指针
输　　出	无
返 回 值	无

函数代码如程序清单 5.56 所示。

程序清单 5.56　函数代码

```
void canNodeBusOn(CANNODEINFO * ptCanNode)
{
    if (ptCanNode == 0) {                                //检查节点的有效性
        return;
    }
    CANEnable(ptCanNode->ulBaseAddr);                    //退出初始化模式,启动 CAN 节点
    CANIntClear(ptCanNode->ulBaseAddr, CAN_INT_INTID_STATUS);    //清除状态中断标志
```

```
CANIntEnable(ptCanNode->ulBaseAddr, CAN_INT_MASTER | CAN_INT_ERROR);//设置中断源
};
```

5. 编程流程

使用驱动库编程的好处显而易见,其与面向寄存器编程的对比如图 5 - 12 所示。

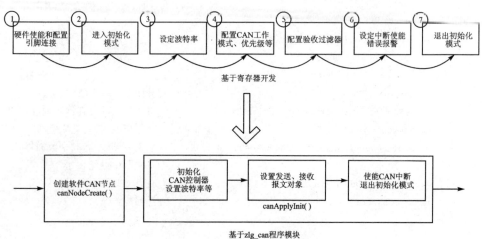

图 5 - 12 使用驱动库编程对比面向驱动器编程

通过驱动库也使 CAN 通信的编程流程得以大大简化:

① 配置相关的宏参数,并完成微控制器等硬件的初始化。

② 建立软节点。

③ 将软节点信息配置到 CAN 控制器。

④ 如果是发送 CAN 数据,则通过循环队列填充函数和循环队列发送函数将 CAN 帧发送。

⑤ 如果是接收 CAN 数据,则只须通过循环队列读取函数读出接收到的 CAN 帧即可。

⑥ 处理 CAN 总线状态。

6. 函数使用示例

为了更好地说明上述函数的使用,这里给出一个例子。在示例里,LPC11C14 接收到上位机发送的 CAN 数据帧后就马上回发到上位机,相关代码如程序清单 5.57 所示。

程序清单 5.57 使用示例

```
** Descriptions: LPC11C14 CAN 控制器接收到上位机发送的 CAN 数据后立即回发
** input parameters: 无
** output parameters: 无
** Returned value: 无
**************************************************************/
int main (void)
{
    CANFRAME       tCanFrame;                     //定义 CAN 帧结构体变量  ①
    /*
     *  定义并初始化一个 CAN 软节点       ②
     */
        CANNODEINFO   tCanNode0;
    GptCanNode0 = &tCanNode0;                      //定义 CAN 软节点指针
    canNodeCreate(GptCanNode0, LPC_CAN_BASE, CANBAUD_500K, RE_DATA_SN, RE_REMOTE_SN,
              TX_MSG_SN, &GtCanReCirBuf, 0, 0);
    SystemInit();                                  //微控制器时钟系统初始化 ③
    /*
     *  用软节点信息配置 CAN 控制器,并且配置 CAN 控制器的中断        ④
     */
    canApplyInit(GptCanNode0, 0x123, UNMASK, STD_ID_FILTER|EXT_ID_FILTER);
    intMasterEnable();                             //使能 CPU 总中断      ⑤
    while (1) {
        canRcvSnd(tCanFrame);                      //读取接收的 CAN 帧并回发 ⑥
        canSTATHandle();                           //对 CAN 总线状态的处理   ⑦
    }
}
```

(1) CAN 数据帧缓存区定义

如程序清单 5.57 标注①所示,这里定义了一个 CAN 数据帧结构体变量,以存储接收到的数据帧和要发送的帧。在本示例里,将读取到的 CAN 帧存储在 tCan-Frame,然后再原样发送到上位机。

(2) 定义并初始化一个软节点

如程序清单 5.57 标注②所示,这里完成了软节点的定义与初始化。首先,定义一个软节点变量 tCanNode0,然后调用 canNodeCreate 函数初始化该软节点,如图 5-13 所示。

图 5-13 中的宏参数可参见宏定义小节。

(3) 微控制器时钟初始化

如程序清单 5.57 标注③所示,这里完成了微控制器时钟系统的初始化,否则微控制器无法正常工作。

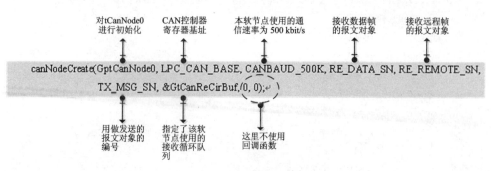

图 5-13　软节点初始化函数

(4) 软节点信息配置到 CAN 控制器

如程序清单 5.57 标注④所示,现在需要将软节点里的各项配置信息,如波特率、CAN 控制器寄存器基址等都写入 CAN 控制器,并要配置 CAN 控制器的验收滤波等功能。这个工作由 canApplyInit 函数完成。

(5) 使能 CPU 总中断

如程序清单 5.57 标注⑤所示,使能 CAN 控制器中断后,还需要使能 CPU 总中断,否则 CPU 无法处理 CAN 控制器的中断,CAN 通信也就无法进行了。使能 CPU 总中断的详细源码这里不再赘述,有兴趣的读者可以阅读例程源码。

(6) CAN 数据收发

如程序清单 5.57 标注⑥所示,这里调用 canRcvSnd 函数完成 CAN 数据的接收与发送。该函数是自定义的函数,其源码见程序清单 5.58 所示。

程序清单 5.58　canRcvSnd 函数

```
/***********************************************************
* * Function name:     canRcvSnd
* * Descriptions:      将接收到的 CAN 数据帧发送回去
* * input parameters: tCanFrame   CAN 帧结构体变量,用于收发 CAN 数据帧
***********************************************************/
void canRcvSnd (CANFRAME tCanFrame)
{
    while (canCirBufRead(GptCanNode0 - >ptCanReCirBuf, &tCanFrame) == CAN_OK) {
                                        //从接收循环队列里读出一帧数据
        canCirBufWrite(&GtCanTxCirBuf, &tCanFrame);//将读取帧数据放入发送循环队列
        canCirBufSend(GptCanNode0, &GtCanTxCirBuf);//将发送循环队列的数据发送
    }
}
```

在通用驱动库里,接收的数据首先被放入循环队列,因此需要调用 canCirBufRead 函数从循环队列里读出帧信息并放入帧缓存区。

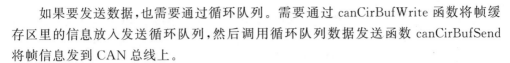

如果要发送数据,也需要通过循环队列。需要通过 canCirBufWrite 函数将帧缓存区里的信息放入发送循环队列,然后调用循环队列数据发送函数 canCirBufSend 将帧信息发到 CAN 总线上。

(7) CAN 总线状态处理

当 CAN 总线出现脱离总线、发送错误等状态时,通用驱动库会置位相应的标志供用户查询并处理。

如程序清单 5.57 标注⑦所示,这里调用了自定义的函数 canSTATHandle()完成 CAN 总线状态的处理。该函数的代码如程序清单 5.59 所示。

程序清单 5.59 canSTATHandle()代码

```
/********************************************************
** Function name: canSTATHandle
** Descriptions:  对不同的 CAN 总线状态进行处理
********************************************************/
void canSTATHandle (void)
{
    /*
     * 对脱离总线错误的处理      ①
     */
    if((GptCanNode0 - >ucNodeState & CAN_BUS_OFF) && (GptCanNode0 - >ulBofTimer>125)) {
                                                //出现了脱离总线错误
        canNodeBusOn(GptCanNode0);              //延时一段时间后节点重新上线
        GptCanNode0 - >ucNodeState & = ~CAN_BUS_OFF;//清除离线标志
    }
    SysCtlDelay(20 * (GulSysClock / 3000));      //延时约 20 ms
    if (GptCanNode0 - >ulBofTimer < = 125) {
        GptCanNode0 - >ulBofTimer ++ ;
    }
    /*
     * 发送成功      ②
     */
    if (GptCanNode0 - >ucNodeState & CAN_FRAM_SEND) {      //发送完成
        GptCanNode0 - >ucNodeState & = ~CAN_FRAM_SEND;     //清除发送完成标志
    }
    /*
     * 传输失败      ③
     */
    if (GptCanNode0 - >ucNodeState & CAN_SEND_FAIL) {      //发送失败
        GptCanNode0 - >ucNodeState & = ~CAN_SEND_FAIL;     //清除发送失败标志
    }
}
```

1) 脱离总线错误的处理

如程序清单 5.59 的标注①所示,当发生脱离总线错误后,需要用户自行让节点重新上线。通常,重新上线前应该延时一段时间。延时的目的是在当前 CAN 节点损坏最糟糕的情况下,仍然能保证总线有一个不受当前损坏 CAN 节点影响的通信时隙,提高总线的通信效率。图 5 - 14 对这部分代码中做了注释。

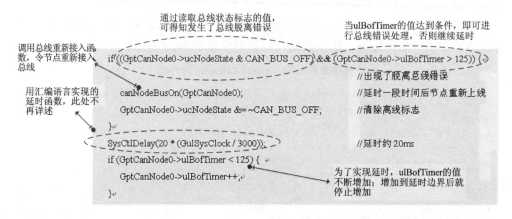

图 5 - 14 脱离总线错误的处理

2) 发送成功

如程序清单 5.59 的标注②所示,通过查询 CAN 总线状态标志可以得知发送成功状态。此后,用户可以根据应用需求自行进行相关处理,例如,在 LED 显示屏上显示发送成功的相关信息等。在处理完后,用户需要清除发送成功状态标志。

3) 传输失败

如程序清单 5.59 的标注③所示,通过查询 CAN 总线状态标志可以得知发送失败状态。发送失败后,CAN 控制器会自动重发报文;用户则可根据具体应用加入其他处理代码,如闪烁 LED 发光二极管报警等。在处理完毕后,用户必须清除发送失败状态标志。

5.8 应用示例——RS - 232C/ CAN 总线转换器

5.8.1 示例简介

先设计一个简单的 RS - 232C/CAN 总线转换器。用户发送 CAN 数据帧到RS - 232C/CAN 总线转换器,RS - 232C/CAN 总线转换器将所接收 CAN 数据帧内的数据提取出来并通过 RS - 232C 接口发送给上位机。图 5 - 15 是转换示意图,具体过程如下:

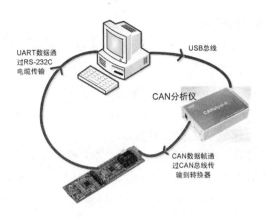

图 5 - 15　RS - 232C/CAN 总线转换器示意图

- 上位机通过 USB 总线将 CAN 数据帧发送到 CAN 分析仪,CAN 分析仪再将该 CAN 数据帧通过 CAN 总线发送至 TinyM0 - CAN 开发板。
- TinyM0 - CAN 开发板则将 CAN 数据帧里的数据提取并发送到上位机的串口通信软件显示,完成了 RS - 232C/CAN 总线转换器的功能。

5.8.2　工具介绍

TinyM0 - CAN 的开发工具如表 5 - 67 所列。

表 5 - 67　开发工具列表

分　类	名　称	描　述
开发环境软件	TKStudio 集成开发环境	TKStudio 集成开发环境(又称 TKStudio IDE)是广州致远电子有限公司开发的微控制器软件开发平台,是一款具有强大内置编辑器的多内核编译调试环境,支持 8051、ARM、AVR 等多种微控制器;可以完成从工程建立和管理、编译、链接、目标代码的生成,到软件仿真、硬件仿真等完整的开发流程
ARM 仿真器	TKScope CK100 仿真器	TKScope CK100 仿真器是广州致远电子有限公司推出的一款 Cortex - M0 内核仿真器
目标代码烧写工具	K - Flash	K - Flash 是由广州致远电子有限公司开发、集成在 TKStudio 开发环境内的在线烧写工具,主要用于 Flash 烧写,具有文件烧写与校验、数据擦除和数据读取等功能
串口通信调试工具	TKS_COM 串口调试助手	TKS_COM 是由广州致远电子有限公司开发、集成在 TKStudio 开发环境内的串口调试工具
CAN 总线通信分析工具	CANalyst - II 分析仪	CANalsyt - II 分析仪是 CAN 总线网络的专业分析工具,操作通用,功能强大。集成有两路符合 ISO/DIS 11898 标准的独立 CAN 总线通道,可以处理 CAN 2.0A 或 CAN 2.0B 格式的 CAN 报文信息,并提供强大的报文分析功能

1. TKStudio 集成开发环境

TKStudio IDE 是广州致远电子有限公司开发的一个微控制器软件开发平台,是一款具有强大内置编辑器的多内核编译调试环境,支持 Keil C51、SDCC 51、GCC ARM、ADS ARM、IAR ARM、MDK ARM、RVDS ARM、AVR GCC、IAR AVR 等编译工具链,支持 8051、ARM7/ARM9/ARM11、CortexM3/CortexM0、XScale、AVR 等内核调试,可以完成从工程建立和管理、编译、链接、目标代码的生成,到软件仿真、硬件仿真(挂接 TKS 系列仿真器的硬件)等完整的开发流程。

本示例的示例工程是基于 TKStudio 集成开发环境进行调试、运行的。因此,用户需要先安装 TKStudio 集成开发环境软件包,该软件可在 http://www.zlgmcu.com 中搜索得到。

2. TKScope CK100 仿真器

TKScope CK100 仿真器是广州致远电子有限公司推出的一款支持 Cortex - M0 内核的仿真器,支持 Keil、IAR 和 TKStudio 等开发环境,并具备其高级调试功能。TKScope CK100 仿真器采用 USB 高速通信接口下载用户程序代码,同时,USB 接口从 PC 取电,其他功能特点如下所述:

- 支持 Thumb 模式,支持 SWD 仿真模式。
- 支持片内 Flash 在线编程/调试,提供每种芯片对应的 Flash 编程算法文件。
- 支持最多两个硬件断点。
- JTAG 时钟最高可达 1 MHz,且 JTAG 时钟在允许范围内可任意调整。
- 基于芯片的设计理念,为每款芯片提供完善的初始化文件。
- 带有硬件自检功能,方便检测排除硬件故障。

3. 目标代码烧写工具——K - Flash

K - Flash 是由广州致远电子有限公司开发、集成在 TKStudio 开发环境内的在线烧写工具,主要用于 Flash 烧写,具有文件烧写与校验、数据擦除和数据读取等功能。K - Flash 具有以下特点:

- 工程化配置,操作简单、方便、快捷。
- 支持 TKScope 全系列通用仿真器。
- 支持 ARM、51、AVR 等多种内核。
- 支持一次烧写多个文件,操作更快捷。
- 支持 BIN 文件、HEX 文件、ELF 文件等多种类型的文件。
- 支持片内 Flash 和片外 Flash 烧写(NOR/NAND/SPI 等)。
- 具备烧写校验功能,验证烧写是否正确,可详细查看每一处差异。
- 多种 Flash 烧写操作,可以进行擦除和读取等操作。
- 具有独立的数据擦除功能,可指定扇区进行擦除,操作更简捷。

- 支持 ISP 擦除操作。
- 具有独立的数据读取功能,可在指定地址范围内进行读取,支持一步到位打开读取出的数据。
- 保存配置到工程文件中,免除繁琐重复的配置操作。
- 支持各大半导体公司的芯片烧写,内置多种芯片的默认配置。
- ARM 内核烧写算法文件公开,用户可自行添加 Flash 算法。

4. 串口调试工具——TKS_COM

TKS_COM 是由广州致远电子有限公司开发、集成在 TKStudio 开发环境内的串口调试工具。TKS_COM 工具路径如图 5-16 所示。

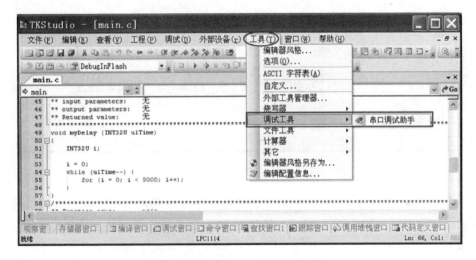

图 5-16　TKS_COM 串口调试助手

TKS_COM 串口调试助手功能特点如下:

- 能够自动识别当前 PC 上的所有串口。
- 保存配置信息,方便下次使用。
- 发送接收数据,支持中文、ASCII 和 HEX 这 3 种格式。
- 支持字符串的单次发送和循环发送。
- 支持对接收数据实时保存。
- 支持发送文件。
- 支持终端调试。
- 能够对多串口进行实时监控,并提供任意串口对之间的桥接功能。
- 支持串口广播以及定时广播。
- 支持对接收数据进行过滤操作。

在 TKStudio 集成开发环境下运行 TKS_COM 串口调试助手软件,主界面如图 5-17 所示。

图 5-17　串口调试助手主界面

① 打开/关闭串口。单击 TKS_COM 主界面左下角的"打开串口"按钮即可打开已选定的串口,同时"打开串口"字样将变为"关闭串口",再次单击后将关闭相应的串口。

若第一次打开 TKS_COM 软件,则会在 TKS_COM 的同级目录下生成一个名为 TKS_COM.ini 的配置文件,第二次打开 TKS_COM 时将采用默认的配置信息。

② 发送文件。TKS_COM 支持文件发送功能,一定程度上提高了批量数据发送的速度。

单击 TKS_COM 主界面中的"打开文件"按钮,选择要发送的文件,然后分别设置数据包的大小与时间间隔,单击"发送"按钮即可开始发送目标文件,这时将显示文件发送的进度等参数。示例应用如图 5-18 所示。

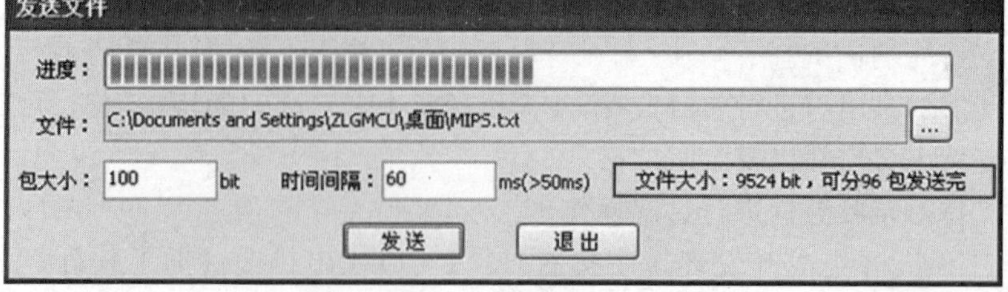

图 5-18　发送文件

③ 发送与接收数据。在 TKS_COM 发送窗口编辑完数据后，单击"发送"按钮即可开始数据传输，接收区用于显示串口接收到的数据。

示例为同一台 PC 上的 2 个串口进行通信，发送与接收数据显示如图 5 - 19 所示。

图 5 - 19　发送与接收数据

对于发送和接收的方式可分别设置，具体如下：

- 可以定时发送或定时接收。
- 可以设置发送或接收的数据格式（以 ASCII 或 Hex 格式发送或接收）。
- 可以进行多行发送。
- RTS/DTR 选项可以实现发送数据的电平控制。
- "广播"可以将发送区的数据广播到所有打开的串口。
- "扩展发送"可以进行多字符串发送。

5. CANalyst - Ⅱ 分析仪

(1) 简　介

CANalyst - Ⅱ 分析仪是广州致远电子有限公司推出的 CAN 总线专业分析工具，集成有 2 路符合 ISO11898 标准的独立 CAN 总线通道；配合 CANPro 协议分析平台软件（标配），可分析常见的标准 CAN 通信协议和非标准的基于 CAN 总线网络的高层协议。

(2) 功能特点

CANalyst-Ⅱ 分析仪体积很小,上位机可通过 USB 连接并且支持 Win98/Me/2K/XP 等 32 位操作系统,具有即插即用的特点;非常适合现场采集数据,检测网络状态。除此之外,还具有其他功能特点如下所述。

① 可分析协议支持

- CAN 2.0A/2.0B 底层协议分析。
- CAN 总线的高层协议 iCAN、DeviceNet、CANopen 以及 SAE J1939 的分析。
- 可通过工具分析其他非标准的基于 CAN 总线网络的高层协议。

② 协议信息显示

- 可实时显示总线负载、流量、总线错误状态。
- 可检测和显示错误帧。
- 对协议帧中的各个部分可分别设定不同的显示颜色,也可设定当协议帧的某个部分的值为指定值时的显示颜色。
- 具有过滤显示功能,可不显示指定的协议帧。
- 可根据设定的若干列对列表中的数据进行分类显示。

③ 发送功能

- 可发送协议帧进行模拟操作。
- 可使用 CAN 协议发送普通文件或 CAN 帧数据文件。
- 可工作在监听模式,禁止 ACK 位或错误帧的发送,避免干扰 CAN 总线。
- 具有触发功能。可设定当某一条件满足时,触发发送相应的协议帧、普通文件或 CAN 帧数据文件。

④ 数据导入/导出

- 可保存数据至文件,也可进行实时保存,边接收数据边保存至文件。
- 可导入数据文件,方便查看保存至文件的数据。
- 可以使用 CANPro 脚本发送 CAN 帧。

⑤ CANPro 脚本功能

脚本协议工具是 CANPro 协议分析平台的最新功能,是一个非常强大的 CAN 网络分析调试工具

- 可用于定义基于 CAN 总线的高层协议。
- 可用于设置过滤显示、自定义协议帧颜色、接收触发等功能。
- 可用于发送 CAN 帧。

(3) 典型应用

CANalyst-Ⅱ 分析仪有如下典型应用:

- CAN 总线网络调试与测试。
- CAN 2.0A/2.0B 报文分析。

- iCAN 协议分析/DeviceNet 协议分析/CANopen 协议分析/SAE J1939 协议分析。

例如,CAN 底层协议分析是 CANalyst - Ⅱ 分析仪最基本的功能,可对所有遵循 CAN 2.0A/2.0B 协议的数据进行分析,可查看协议帧的帧 ID、帧格式、帧类型、DLC 值以及帧数据等参数,如图 5-20 所示。

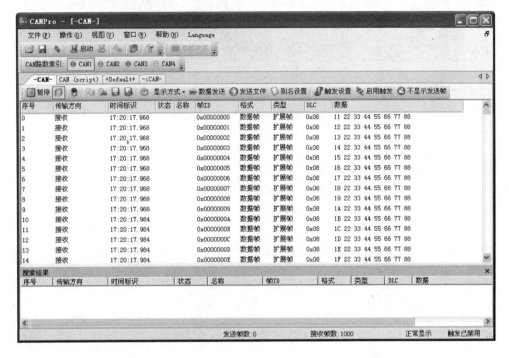

图 5-20　CAN 底层协议分析功能

CANPro 协议分析平台软件可在 http://www.zlgmcu.com 中搜索得到。

6. TinyM0 - CAN 开发板

(1) 简　介

TinyM0 - CAN 是广州周立功单片机发展有限公司设计的 Cortex - M0 学习/开发平台,如图 5-21 所示,核心控制器是基于 NXP 公司最新推出的集成 CAN 通信解决方案的 LPC11Cxx 系列微控制器,应用简单灵活。

(2) 功能特点

TinyM0 - CAN 开发板的功能特点如下

- 标配 MCU:LPC11C14。
- 工作频率:50 MHz。
- 应用灵活:开发板由 TKScope CK100 ICE 和 TinyM0/TinyM0 - CAN 核心板两部分组成。

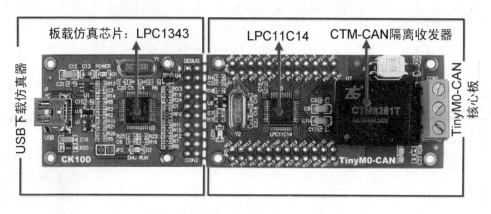

图 5 - 21　TinyM0 - CAN 开发板实物图

- 板载 USB 下载仿真器:支持 TKStudio 集成开发环境。
- 板载 CAN 隔离收发器模块。
- 标准核心板接口:核心板是 LPC11Cxx 系列微控制器的最小系统电路,硬件支持 2.54 mm 间距的标准排针,用户可以将核心板与自己的底板配套使用来进行产品开发。
- 支持多款芯片:全面支持 NXP LPC1100 系列和 LPC1300 系列 LQFP48 引脚封装芯片,用户可根据自己所设计产品的需求随时更换核心控制器。

5.8.3　实现原理

示例中的演示可分为 CAN 数据帧发送、CAN 数据帧接收处理、通过 RS - 232C 串口发送接收的数据。

1. CAN 数据帧发送

用户通过上位机的 CANPro 协议分析平台软件设定须发送的数据和帧的参数,再通过上位机的 USB 接口发送至 CANalyst - Ⅱ 分析仪。CANalyst - Ⅱ 分析仪再根据用户的设定发送相应 CAN 数据帧到 TinyM0 - CAN 开发板。

2. CAN 数据帧接收处理

TinyM0 - CAN 开发板上的 LPC11C14 通过 CAN 通信接口接收到 CAN 数据帧,然后读出 CAN 数据帧中的数据段并保存到接收缓存。

3. 串口发送

LPC11C14 将接收缓存内的数据段发送至上位机的串口通信调试软件,串口通信调试软件[①]上会显示出收到的数据。此时,对比串口通信调试软件上显示的数据

---

　① 此处使用广州致远电子有限公司的 TKS_COM 串口通信调试软件,软件位于示例例程文件夹中。

和通过 CANPro 协议分析平台软件发送的数据是否一致。

5.8.4　演示步骤

演示步骤如下：

① 下载并安装本示例所需要用到的工具软件和工具，并掌握其使用方法。

② 将 TinyM0 - CAN 开发板、CANalyst - Ⅱ 分析仪、上位机连接。

③ 在 TinyM0 - CAN 开发板上编写程序实现 CAN 数据帧接收处理、数据的串口发送。

④ 下载程序到 TinyM0 - CAN 开发板并运行，在上位机运行 TKS_COM 串口通信调试软件，然后在上位机的 CANPro 协议分析平台软件上发送数据到 CANalyst - Ⅱ 分析仪。软件的配置细节详见"示例运行"小节。

⑤ 最后，在 TKS_COM 串口通信调试软件上观察 TinyM0 - CAN 开发板发送的数据，判断是否和用 CAN 总线发送的数据内容一致。

具体实现操作如下。

(1) TinyM0 - CAN 开发板

TinyM0 - CAN 开发板的 CAN 总线接口须连接到 CANalyst - Ⅱ 分析仪，这里将 TinyM0 - CAN 开发板 CON1 插座上的 CANL、CANH 通过杜邦线连接到 CANalyst - Ⅱ 分析仪 CAN 通道 0 的 CANL 和 CANH 引脚上，如图 5 - 22 所示。

图 5 - 22　连接到 CANalyst - Ⅱ 分析仪

通过 USB 接口线将 TinyM0 - CAN 开发板的 USB 接口连接到上位机，上位机即可对开发板供电，并可调试 TinyM0 - CAN 开发板，如图 5 - 23 所示。

图 5 - 23 连接到上位机

TinyM0 - CAN 开发板还需要和上位机建立串口连接,但是 TinyM0 - CAN 开发板没有 RS - 232C 电平转换芯片和 RS - 232C 串口插座,所以需要通过转接板连接到上位机的串口。如图 5 - 24 所示,使用了 EasyARM2131 作为转接板,通过杜邦线将 TinyM0 - CAN 开发板的 TXD0 引脚、RXD0 引脚、GND 引脚连接到了 EasyARM2131 开发板的对应引脚,这样就可以通过 EasyARM2131 开发板的 RS - 232C 串口连接到上位机的串口。

图 5 - 24 连接 RS - 232C 串口

(2) TKStudio 集成开发环境、CK100 仿真器的安装

安装 TKStudio 集成开发环境和 CK100 仿真器,方可对 TinyM0 - CAN 开发板的程序进行编辑、编译、调试、目标程序下载。

1）安装 TKStudio 集成开发环境

直接在周立功公司主页下载最新版本的 TKStudio 集成开发环境安装包并运行即可。

2）安装编译工具

LPC11Cxx 系列微控制器开发需要用到的编译工具链是 RealView MDK 4.x，如果用户在安装 TKStudio 前已经安装了该编译器，安装程序会自动将编译器的路径设置到 TKStudio 中；但如果用户之前没有安装 RealView MDK 编译器，则需在 TKStudio 安装过程中根据提示到相关网站下载安装。

3）安装 CK100 仿真器驱动

TKStudio 集成开发环境安装好后即可安装 CK100 仿真器驱动，否则没办法正常使用 CK100 仿真器。

4）配置 CK100 仿真器

安装成功 CK100 仿真器后，用户还需要对其完成配置，否则无法调试程序、下载程序。

（3）目标代码下载工具 K – Flash

K – Flash 是 TKStudio 自带的工具软件，无须单独安装。

如果用户需要脱机运行程序，则需要使用 TKStudio 集成开发环境提供的目标代码下载工具 K – Flash，此外在执行芯片的 ISP 操作时，也需要借助 K – Flash。

（4）串口调试工具

串口调试工具是 TKStudio 自带的工具软件，无须单独安装。在本示例里使用该工具软件来进行串口通信。

（5）CANalyst – II 分析仪和 CANPro 协议平台分析软件

CANalyst – II 分析仪通过 USB 连接线连接到上位机，其 CAN 通道接口则须连接到 TinyM0 – CAN 开发板上，如图 5 – 25 所示。

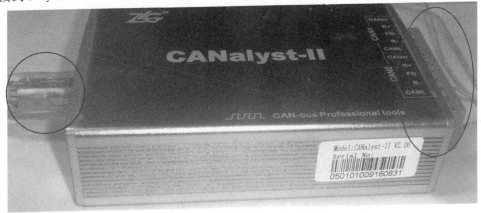

图 5 – 25　CANalyst – II 的连接

5.9　程序编写

5.9.1　宏配置

编写程序之前,首先需要完成对 zlg_can 程序模块的宏配置,确定和 CAN 应用紧密相关的几个参数,详情见"编程解决方案"的"宏配置"小节。

5.9.2　变量定义

示例中用到的重要的全局变量的定义如程序清单 5.60 所示,内容如下:
- 软节点的指针。
- 定义接收数据和发送数据的缓存区。
- 定义发送循环队列、接收循环队列的数据结构。

程序清单 5.60　全局变量定义

```
/*****************************************************************
    示例相关的全局变量定义
    ****************************************************************/
CANNODEINFO * GptCanNode0;                        //定义软节点 0 的指针
/*
 *  定义接收数据和发送数据的缓存区
 */
CANFRAME GtCanFrameReBuf[CAN_BUF_RE_LENGTH] = {0};   //定义接收数据缓存区
CANFRAME GtCanFrameTxBuf[CAN_BUF_TX_LENGTH] = {0};   //定义发送数据缓存区
/*
 *  定义接收循环队列的数据结构
 */
CANCIRBUF GtCanReCirBuf = {                        //定义接收循环队列
    0,                                             //缓存写指针
    0,                                             //缓存读指针
    false,                                         //缓存区满标志
    CAN_BUF_RE_LENGTH,                             //记录缓存区深度
    GtCanFrameReBuf                                //数据接收缓存区的指针
};
/*
 *  定义发送循环队列的数据结构
 */
CANCIRBUF GtCanTxCirBuf = {                        //定义发送循环队列
    0,                                             //缓存写指针
    0,                                             //缓存读指针
```

```
    false,                                  //标记队列未满
    CAN_BUF_TX_LENGTH,                      //记录缓存深度
    GtCanFrameTxBuf                         //指向数据场缓存区
};
```

5.9.3　主程序

　　首先给出示例主程序的流程图,如图 5 - 26 所示。从中可以看到,启动 CAN 节点通信的步骤很简单,只需要完成软节点、CAN 帧缓存区的初始化,再将软节点的信息配置到 CAN 节点并启动节点;然后,用户即可读取接收循环队列,获取接收的 CAN 数据帧并通过 UART 发送;最后,用户需要及时处理总线状态。主程序的代码如程序清单 5.61 所示。

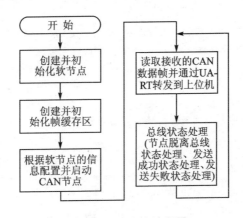

图 5 - 26　主程序流程图

程序清单 5.61　主程序

```
/*******************************************************************
** 函数名称:main
** 函数描述:该范例程序演示了通过 UART0 将收到的 CAN 数据转发至上位机的功能。
**          此处 CAN 通信波特率为 500 kbit/s,串口波特率 115.2 kbit/s
**          注意:上位机的串口调试软件需要选择按十六进制显示。
** 输入函数:无
** 返回值:无
*******************************************************************/
int main(void)
{
    /*
     * 定义并初始化一个软节点      ①
     */
```

CAN 总线嵌入式开发——从入门到实践(第 4 版)

```
CANNODEINFO    tCanNode0 = CANNODE(LPC_CAN_BASE,
                    CANBAUD_500K,//波特率索引值,此处设波特率为 500 khit/s
                    RE_DATA_SN,        //接收数据帧报文对象的掩码
                    RE_REMOTE_SN,      //接收远程帧报文对象的掩码
                    TX_MSG_SN,         //发送报文对象的编号
                    &GtCanReCirBuf,    //本节点使用的接收循环队列
                    0,
                    0);
GptCanNode0 = &tCanNode0;               //获取软节点结构体变量的指针
CANFRAME       tCanFrame;               //定义并初始化 CAN 帧缓存区      ②
SysInit();                              //系统初始化        ③
/ *
*   根据软节点的信息配置 CAN 控制器      ④
* /
canApplyInit(GptCanNode0, 0x123, UNMASK, STD_ID_FILTER|EXT_ID_FILTER);
           //按照 GptCanNode0 指向的软节点信息初始化 CAN 控制器,并配置其他参数
intMasterEnable();                      //总中断开关使能
while (1) {
        / *
        * 读出收到的数据并通过 UART 转发        ⑤
        * /
        while (canCirBufRead(GptCanNode0 - > ptCanReCirBuf, &tCanFrame) = =
CAN_OK) {                          //从循环队列读出一帧数据并存到 CAN 帧缓存区
            canToUartSend(&tCanFrame);       //通过 UART 转发读出的 CAN 数据帧
        }
        / *
        *  当发送脱离总线错误后,需要延时一段时间再重新接入总线
        * /
        if ((GptCanNode0 - >ucNodeState & CAN_BUS_OFF) && (GptCanNode0 - >ul-
BofTimer>125)) {                         //检测 CAN 控制器脱离总线的时间
            canNodeBusOn(GptCanNode0); //CAN 节点重新上线
            GptCanNode0 - >ucNodeState & = ~CAN_BUS_OFF;  //清除离线标志
        }
        SysCtlDelay(20 * (GulSysClock / 3000));    //延时约 20 ms
        if (GptCanNode0 - >ulBofTimer < 65535) {  //约定最大计数到 65 535
            GptCanNode0 - >ulBofTimer ++ ;
        }
        / *
        * 发送成功后,清除发送完成标志      ⑦
        * /
        if (GptCanNode0 - >ucNodeState & CAN_FRAM_SEND) { //判断是否发送成功
            GptCanNode0 - >ucNodeState & = ~CAN_FRAM_SEND; //清除发送完成标志
```

```
    }
    /*
     *  传输失败后,清除传输失败标志        ⑧
     */
    if (GptCanNode0 ->ucNodeState & CAN_SEND_FAIL) { //判断是否传输失败
        GptCanNode0 ->ucNodeState &= ~CAN_SEND_FAIL; //清除发送失败标志
    }
  }
}
```

5.9.4　程序分解

1. 初始化

初始化包括了软节点、LPC11Cxx 系列微控制器及缓存区等的初始化;最后,将 CAN 通信参数配置到 CAN 控制器里。

(1) 软节点初始化宏

软节点初始化部分的程序如程序清单 5.61 的标注①处所示,这里使用了一个用于定义并软节点结构体变量的宏,其实现如程序清单 5.62 所示。

程序清单 5.62　定义和初始化软节点的宏

```
/*********************************************************
用于定义并初始化 CAN 节点结构体变量的宏
*********************************************************/
#define   CANNODE(ulBaseAddr, ucBaudIndex, ulDaReObjMsk, ulRmReObjMsk, \
          ulTxMsgObjNr,ptReCirBuf, pfCanHandlerCallBack,        \
          pfIsrHandler)                                          \
  {                                                              \
    ulBaseAddr,                                                  \
    0,                                                           \
    ucBaudIndex,                                                 \
    0,                                                           \
    ulDaReObjMsk,                                                \
    ulRmReObjMsk,                                                \
    ulTxMsgObjNr,                                                \
    (CANCIRBUF * )ptReCirBuf,                                    \
    (CANCIRBUF * )0,                                             \
    pfCanHandlerCallBack,                                        \
    pfIsrHandler,                                                \
  }
```

(2) 波特率设置

在本示例里,CAN 控制器工作时钟为 48 MHz,使用的 CAN 通信波特率为

500 kbit/s,zlg_can 程序模块中已有现成的通信波特率参数表。因此,在此处可使用 zlg_can 程序模块,非常方便地设置 CAN 节点的通信波特率,如程序清单 5.61 的标注①处所示。

(3) 初始化报文对象

如程序清单 5.61 的标注①处所示,在本示例里对用作接收数据帧和远程帧的报文对象进行定义,如程序清单 5.63 所示。

程序清单 5.63　掩码的定义

♯define	RE_DATA_SN	0x00FFFFFFUL	//用做接收数据帧的报文对象
♯define	RE_REMOTE_SN	0x7F000000UL	//用做接收远程帧的报文对象

LPC11C14 的 CAN 控制器内包含了 32 个可以分别配置的报文对象,报文对象的编号越高,其硬件优先级越低。

当有数据正在接收时,CAN 节点是无法发送数据的。在本示例里,LPC11C14 的 CAN 控制器主要用于接收,因此这里配置 CAN 节点用最低优先级的报文对象来发送数据帧,以提高 CAN 控制器的效率。因此,如程序清单 5.61 的标注①处所示,设置发送报文对象编号 TX_MSG_SN 的值为 32,其硬件优先级最低。

(4) 初始化发送循环队列和接收循环队列

如程序清单 5.61 的标注①处所示,由于本示例没用到报文发送功能,因此程序里只初始化了接收循环队列缓存区。

(5) 初始化中断服务函数和回调函数

本示例使用 zlg_can 程序模块提供的 canhandler 函数作为 CAN 节点中断处理函数,因此程序清单 5.61 的标注①处的用户中断服务函数与回调函数值为空。

(6) 初始化帧缓存区

如程序清单 5.61 的标注②处所示,程序里定义了一个 CAN 帧缓存区结构体变量 tCanFrame,用于临时储存从 CAN 总线上接收的数据帧。

(7) UART 和系统时钟初始化

如程序清单 5.61 的标注③处所示,这里完成对微控制器的工作时钟与 UART 的初始化。UART 设置为 8 位数据位,一位停止位,无奇偶校验,波特率为 115 200。

(8) 配置 CAN 控制器

如程序清单 5.61 的标注④处所示,这里调用 canApplyInit 函数将软节点信息配置到 CAN 控制器里。此外,用户也需要通过 canApplyInit 函数将验收滤波信息(验收 ID、验收 ID 掩码、参加验收滤波的帧类型)配置到 CAN 控制器里。在本示例里,配置 CAN 控制器不使用验收滤波功能。

当执行完 canApplyInit 函数后,CAN 控制器被使能、自动接入总线并开始处理报文,如发送应答信号、从总线上接收报文等。此外,用户还需要打开 LPC11Cxx 系列微控制器的总中断,以便 CAN 控制器的中断请求信号能得到处理。这时,

LPC11Cxx 系列微控制器的 CAN 控制器就开始运行。

2. 接收 CAN 数据帧并转发到 UART

相关程序如程序清单 5.61 的标注⑤处所示。CAN 中断会自动接收 CAN 帧并存储到接收循环队列,用户要做的只是调用 canCirBufRead 函数,接收循环队列里的 CAN 数据帧并存储到帧缓存区,然后提取 CAN 数据帧中的数据信息并通过 UART 转发。相关原理如图 5－27 所示。

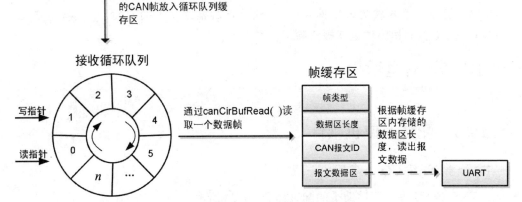

图 5－27　报文数据转发原理示意

相关实现代码如程序清单 5.64 所示。

程序清单 5. 64　UART 转发 CAN 数据

```
/ * * * * * * * * * * * * * * * * * * * * * * * * * * * * * * * * * * * * * * * *
* * 函数名称:canToUartSend
* * 函数描述:通过 UART 发送一帧 CAN 数据
* * 输入函数:ptCanFrame       CAN 帧缓存区的指针
* * 返 回 值:无
* * * * * * * * * * * * * * * * * * * * * * * * * * * * * * * * * * * * * * * */
void canToUartSend (CANFRAME * ptCanFrame)
{
    unsigned char ucCount = 0;

    for (ucCount = 0; ucCount < ptCanFrame－>ucDLC; ucCount ++) {
        uartSendByte(ptCanFrame－>ucDatBuf[ucCount]);
    }
}
```

3. CAN 节点状态处理

在出现总线错误、发送成功、传输失败之类的事件后,中断处理函数会置位状态标志(即软节点数据结构中的 CAN 节点状态变量 ucNodeState)以触发事件的处理,事件处理完毕后就需要清除 CAN 节点状态变量 ucNodeState 的相应位。

(1) 脱离总线状态处理

如程序清单 5.61 的标注⑥处所示,一旦检测到脱离总线状态标志置位,就先执行延时操作。延时操作结束后,就调用 canNodeBusOn 函数令 CAN 节点重新上线,然后清除脱离总线状态标志。

(2) 发送成功和传输失败状态处理

如程序清单 5.61 的标注⑦和⑧处所示,这里是对发送成功和传输失败状态的处理。当发送成功和传输失败事件发生后,软节点数据结构中的 CAN 节点状态变量 ucNodeState 里的相应位也就被清除了。

5.10 示例运行

5.10.1 配置上位机软件

1. 配置 TKS_COM 串口调试助手

TKS_COM 串口调试助手的配置如图 5-28 所示。

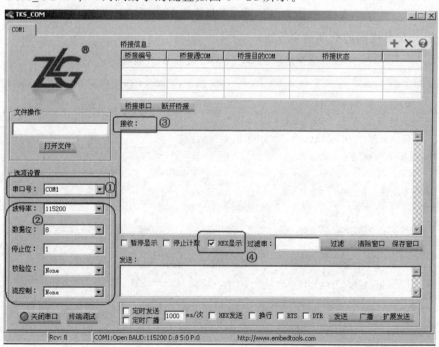

图 5-28 串口调试助手软件的配置

- 如图 5 - 28 的标注①处所示，用户需要选择上位机连接到 TinyM0 - CAN 开发板的串口的编号。
- 如图 5 - 28 的标注②处所示，在本示例里，约定了串口通信参数为波特率 115.2 kbit/s、8 个数据位、一个停止位、无校验位，TKS_COM 串口条数助手也需要照着该参数来配置。
- 如图 5 - 28 的标注③处所示，用户通过接收框来查看上位机串口所收到的数据。
- 如图 5 - 28 的标注④处所示，必须选择以十六进制显示上位机串口所收到的数据。

2. 配置 CANPro 协议分析平台软件

首先需要在 CANPro 协议分析平台软件界面里启动 CAN 通信，如图 5 - 29 所示。在本示例里，CAN 通信波特率设置为 500 kbit/s，其他参数可参考图 5 - 29 的标注来设置。

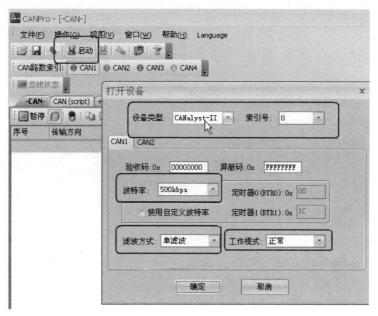

图 5 - 29　启动 CAN 通信

5.10.2　运行示例程序

在 TKSTudio 里启动示例程序的调试界面，并全速运行，如图 5 - 30 所示。

1. 发送 CAN 数据帧

TinyM0 - CAN 开发板里的示例程序运行后即可发送 CAN 数据帧到 TinyM0 - CAN 开发板，相关操作如图 5 - 31 所示。

CAN 总线嵌入式开发——从入门到实践(第 4 版)

 用户务必注意选择使用 CAN 协议来发送数据,如图 5 - 31 中"- CAN -"处的标注所示。这里选择发送到 TinyM0 - CAN 开发板的数据是 11 22 33 44 55 66 77 88,图 5 - 31 界面里的其他参数用户可根据具体情况参考图 5 - 31 来配置。

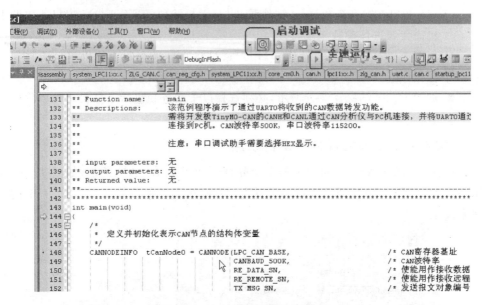

图 5 - 30　示例程序运行

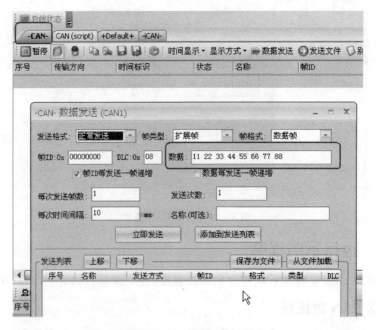

图 5 - 31　CAN 数据帧发送

2. 观察 TKS_COM 串口调试软件

如果设备间连接正确、软件配置无错、示例程序也下载到 TinyM0 – CAN 开发板运行后，即可在 TKS_COM 串口调试软件的接收框里看到如图 5 – 32 所示的显示结果。可以看到，程序成功地提取出了 CAN 数据帧中的数据并且通过 UART 转发到了上位机。用户还可以尝试发送其他长度、其他内容的数据继续观察。

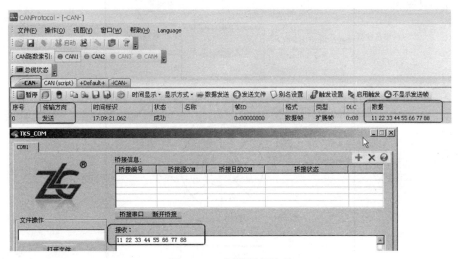

图 5 – 32　示例运行结果

3. 使用 zlg_can 程序模块

下面对如何使用 zlg_can 程序模块在 LPC11Cxx 系列微控制器上进行 CAN 应用编程做了一个小结，如图 5 – 33 所示。

(1) 配置 CAN 控制器

如图 5 – 33 的标注②处所示，用户将被软节点数据结构封装的各种参数、验收滤波设置参数通过 canApplyInit( ) 函数配置到了 CAN 控制器中，完成了对 CAN 控制器的初始化。

(2) 节点状态处理

如图 5 – 33 的标注⑥处所示，当 CAN 控制器遇到发送失败、发送完成、总线错误等事件时，会产生中断信号触发 CAN 中断执行 canHandler 函数。canHandler 函数会根据当前事件的类型在节点状态标志 ucNodeState 里置位相应的标志位。

(3) 总线错误处理

如图 5 – 33 的标注③处所示，这里描述了处理总线错误的流程：

① 当 CAN 控制器检测到总线错误时即产生错误中断，canHandler 函数置位节点状态标志相应位。

② 主程序里查询到节点状态标志相应位置位后，延时一段时间即可执行 can-NodeBusOn 函数，令 CAN 控制器重新连接到 CAN 总线上。

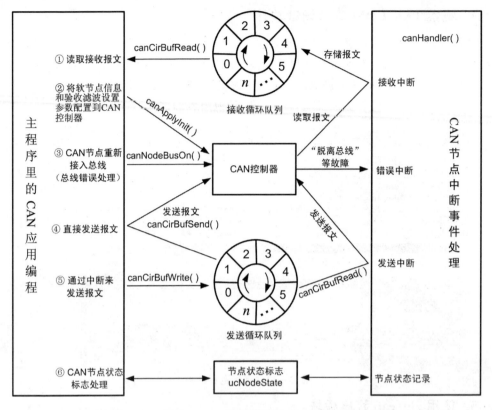

图5-33 基于 zlg_can 程序模块的 CAN 应用编程小结

(4) 读取接收报文

如图5-33的标注①处所示,这里描述了读取接收报文的流程:

① 当 CAN 控制器接收到报文并通过验收滤波后产生接收中断,进入 canHandler()函数。

② canHandler()函数判断接收到了报文,然后将该报文放入接收循环队列。

③ 主程序端则调用 canCirBufRead()函数以查询方式从接收循环队列里读取到该报文。

(5) 发送报文

如图5-33的标注④处所示,这里展示了通过中断发送报文的流程:

① 调用 canCirBufWrite 函数将欲发送的报文填充到发送循环队列里。

② 调用 canCirBufSend 函数使 CAN 控制器将发送循环队列里的一帧报文发送出去。

③ 此时,若使能了 CAN 发送中断,则当报文被成功发送后即产生发送中断。

④ 在发送中断里,canHandler 调用 canCirBufRead 函数读取发送循环队列里的其他数据,然后再逐个通过 CAN 控制器发送出去。

统客房终端,图中 K1～K16 对应 16 个控制继电器,用以控制灯具、家电等;中间的 D31～D37 是 7 个功能指示灯;下面的 R0～R15,R41～R43 代表不同的按键(电路原理图中代表按键去抖动电路的电阻),每个按键下方说明了按键所代表的具体含义,例如 R0 代表控制电视按键;右侧的"右调光"和"左调光"是两路可调亮度的台灯。

1. 门磁模式

功能要求:客人开门进房间时,自动点亮廊灯,照亮该客房的走道以便客人插卡和搬运行李。门不关闭不插卡的情况,该受控灯常亮,当门关闭(门磁状态位为 0)后,延时 1 min 关闭该灯。

技术实现:当 R41 为"1"时(开门),驱动 K13 继电器(廊灯亮),此时主副开关均为"0"(无卡插入),门磁开关又恢复为"0"时(关门),延时 1 分钟关闭 K13 继电器输出。

2. 夜灯模式

功能要求:D35 定义为夜灯指示灯,该指示灯与继电器状态相反,因为按下睡眠模式的时候,将关闭房内所有灯光(空调、接触器、呼叫状态除外);如果客人半夜起床,没有指示灯指示很难找到按键的位置,为此设置该指示灯起到夜间指示作用。

技术实现:当 R43 或 R42 有状态"1"时(插入卡),D35 指示灯点亮(特殊模式)、驱动 K14、K15 继电器,已驱动的 K13 继电器(廊灯)不关闭,按键 R8、R7 所有开关均可使用,可以控制各路继电器输出及特殊模式。

3. 勿扰、清理和呼叫模式

功能要求:客房中的客人可以按下"勿扰"按键通知服务台不要打扰,按下"清理"按键通知服务台到客房清理卫生。勿扰与清理具有互斥的关系,就是当有"勿扰"功能的时候,按"清理"功能时将自动清除"勿扰"功能;反之,当有"清理"功能的时候,按下"勿扰"功能将自动清除"清理"功能。图 6－2 中的"呼叫"功能与该两键没有关系,其表示客人呼叫服务员。

技术实现:按下 R14 时(勿扰),驱动 K10 继电器的同时点亮 D37 指示灯(勿扰),再次按下 R14 时释放 K10 继电器,同时关闭 D34 指示灯。

按下 R15 时(清理),驱动 K9 继电器,同时点亮 D36 指示灯(频闪);再按下 R15 按键 5 s 后释放 K9 继电器,同时关闭 D36 指示灯。

按下 R6 时(呼叫),D34 指示灯点亮(频闪),再按下 R6 键 5 s,D34 指示灯灭;按下 R4 时(夜灯),驱动 K4 继电器的同时使 D35 指示灯灭,再按下 R4 时,释放 K4 继电器的同时 D35 指示灯亮。

4. 睡眠模式

功能要求:当客人按下"睡眠"按键时,关闭客房内除空调外的所有灯具、家电;点亮控制面板上的小夜灯,开启"勿扰"指示灯,告知服务员不要打扰客人休息;如果此状况下客人再按下任意控制灯具的按键,或者家电的按键,或者"呼叫"按键,则取消"勿扰"指示灯,关闭控制面板上的小夜灯,开启床头的调光台灯,调光亮度为 30%。

技术实现:当按下 R7 时(睡眠),关闭所有继电器(空调除外),点亮 D35、D37 指示灯,驱动 K10 继电器(勿扰),再按下除 R14(勿扰)和 R7(睡眠)外的任一键时,释放 K10 继电器,关闭 D37 指示灯,驱动 K4 继电器,同时关闭 D35 指示灯,开启两调光,亮度为 30%。

5. 远程空调模式

功能要求:由服务台按照客人要求控制客房内的温度。

技术实现:当 R43 或 R42 无状态"0"时(无房卡插入时),下位机没有收到空调状态位,空调不运行;反之,接收到冬季模式 25℃时,若室温为 24℃时,驱动 K16 继电器(启动升温模式),达到设置温度时释放 K16 继电器;接收到夏季模式 22℃时,室温为 24℃时,驱动 K16 继电器(启动降温模式),温度相同时释放 K16 继电器。

6. 调光模式

功能要求:客人可以在床头调控两个床头灯的亮度,且任何情况下调光开启及关闭的时候都需要具备渐变的效果。

技术实现:当按下 R9 或 R10 打开调光的时候,灯光从最暗至最亮有一个渐变过渡的效果,再次按下该键,将按照客人要求调到需要的亮度。调光按键为多功能键,点动为开关,长按为调光,长按住"调光"按键的效果是:从最亮调至最暗,再由最暗调至最亮(高>>>低>>>高>>>低)。

7. 离房模式

功能要求:当客人离开房间,取下房卡后,启动"清理"功能,其余的灯具、电器均关闭,服务员在服务台看到清理需求后到房间清理卫生,卫生清理完毕后,在客房主副开关的作用下,服务员按下"清理"按键 5 s 后关闭所有继电器,客房停止供电。

技术实现:当 R43 或 R42 状态由"1"改变为"0"时(拔卡),将所有打开的继电器都释放("清理"功能有效)。服务员接到请求清扫完房后,在 R43、R42 没有"1"状态的时候,按"清理"键 5 秒可以关闭继电器和指示灯,但是不可以开启清理状态。

6.1.2 网络结构

图 6-3 是酒店客房智能化系统网络连接结构示意图,系统主要包括客房终端、CAN 转以太网、酒店服务台。

客房终端把房间内的各种灯具、家电、服务需求按键综合到一块控制板,客人通过操作面板进行控制。各种灯具、家电、服务需求的控制信息通过 CAN 总线发送至 CAN 转以太网转换器 CANET-200。

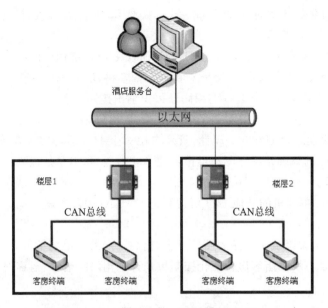

图 6 - 3　酒店客房智能化系统示意图

如果酒店一个楼层内房间较多(如多于 80 个,小于 110 个),每一个楼层内的所有房间通过 CAN 总线连接组网,然后连接一台 CAN 转以太网转换器。如果一个楼层内房间较少,相邻楼层内的房间可以通过 CAN 总线组网,再连接到 CAN 转以太网转换器。但是房间总数不要超过 110 个,因为一条 CAN 总线上最多接 110 个节点。

不同楼层之间通过以太网和酒店服务台的计算机连接组网,服务台处的计算机直接控制客房终端,并实时读取客房终端状态。

CAN 总线在较低的通信波特率下,例如 5 kbit/s,通信距离可以达到 10 km。图 6 - 3 中可以用 CAN 中继器代替 CAN 转以太网转换器,以实现组网连接。之所以选择使用 CAN 转以太网转换器,是考虑到通过网络远程控制客房终端,或者将来适用于网络控制家庭用户内的设备,实现远程智能化家居控制。

6.1.3　硬件成本

项目的开发一般分为需求分析、解决方案、项目的实现、项目的总结和改进。其中,在解决方案阶段中的开发成本分析是影响企业利润的关键。经过项目组的分析讨论,酒店客房智能化系统主要涉及六大部分:多按键控制、多继电器驱动、总线传输、灯具调光、多电源电路、ADC 采集设计。

16 路按键、16 路继电器、CAN 总线芯片 SJA1000 数据/地址和控制总线占用 13 个 I/O,另外还有主副开关、ADC0832 芯片等占用多个 I/O。如果选用引脚 I/O 丰富的 MCU,诸如 LPC2100、LPC2292 等,则可以使硬件设计变得简单。但是考虑到芯片的价格,以及与之对应的利润、售后换件维修成本因素等,这里决定选用 STC89C58 单片机,其价格只有 6～8 元人民币。

STC89C58 单片机只有 40 个引脚,怎样解决 I/O 不够用的问题呢?

16 路按键设计时,采用 74LS148 和 74HC08 搭建"16 转 4"带有中断的按键设计,配合中断只须读出 4 个 I/O 的编码即可识别出按键状态。

16 路继电器和 LED 指示灯设计时,采用 8 位串行输入-移位输出寄存器 74HC595 和驱动芯片 UN2003 设计,只须占用 3 个 I/O 即可实现要求的控制功能。选用 74HC595 的弊端是串行驱动继电器速度相对较慢,但是足以满足酒店客房智能化系统的需求。

STC89C58 单片机的其他 I/O 资源供芯片 SJA1000、主副开关、ADC0832 芯片等使用。

此种设计大幅降低了产品的硬件成本,提高了产品的市场竞争力。

表 6-1 是一块酒店客房智能化控制板预计采用的除电阻、电容外的主要元器件清单。

表 6-1　元器件清单

芯片名称	封　装	数　量	功能描述
STC89C58	DIP40	1	主控 MCU
SJA1000T	SOL-28	1	CAN 控制器
TJA1040T	SO-8	1	CAN 收发器
6N137	SO-8	2	电源隔离
B0505-25W	B0505S-1W	1	
UN2003	SO-16	2	继电器驱动
74HC595	SO-16	3	
74HC08	SOJ-14	1	多按键设计
74HC245	SOJ-20	2	
74LS148	SOJ-16	2	
max813L	SO-8	1	看门狗
78L05	TO-92	1	
MOC3020	DIP6	2	调光
ADC0832	TSSOP-8	1	ADC 采集温度
BAT06	TO-92	2	多输出电源
IN4007	DIODE0.4	10	
IN4148	1206	2	

续表 6 - 1

芯片名称	封　装	数量	功能描述
LED	3216	23	指示灯
16M	XTAL3	1	晶振
11.0592M	XTAL3	1	

6.1.4　通信协议及 CAN 地址分配

BasicCAN 和 PeliCAN 都是 CAN 总线通信协议,CAN 控制器 SJA1000 支持两种协议的通信。BasicCAN 具有 11 位标识符,占有 2 字节,支持标准帧格式;PeliCAN 具有 29 位标识符,占有 4 字节,支持标准帧和扩展帧。

考虑到 PeliCAN 通信协议在组网的灵活方便和可扩充性方面的优势,酒店客房智能化系统客户终端的 CAN 总线通信协议选用 PeliCAN。但是 PeliCAN 通信协议也有其弊端:其标识符相对于标准帧格式下多占用两个字节,在通信时间上相对较长。酒店客房智能化系统客户终端的 CAN 总线通信波特率为 400 kbit/s。多占用的 2 字节是 16 位,通信占用的时间仅有 16 位/(400 kbit/s×1 024 bit/K)＝39 μs。因此,这对通信速率的影响微不足道。

CAN 地址分配在寄存器方面涉及 ACR 和 AMR,在地址识别方面涉及 PeliCAN 模式下 29 位标识符的分配使用问题。如表 6 - 2 所列,使用 ID28～ID21 高 8 位作为楼层 ID 识别,共可以识别 256 个楼层;使用 ID20～ID0 作为楼层内的客房终端 ID 识别;CAN 转以太网转换器 CANET - 200 也可以设置不同的 TCP/IP 地址,用于一台 CAN 转以太网转换器连接的多个客户终端群的地址识别。分层式的 CAN 地址配置,以及 CAN 转以太网转换器的 TCP/IP 地址,可以实现故障终端的快速定位,方便售后的维护使用。

表 6 - 2　29 位标识符的分配

TCP/IP 地址	ID28～ID21	ID20～ID0
不同 CAN 转以太网转换器地址(可连接多个楼层)	不同楼层地址	不同客房终端地址

6.2　客房终端

如图 6 - 4 所示,酒店客房智能化系统客房终端采用市电 220 V 供电,具有 16 路按键控制,驱动 16 路继电器(继电器输出 10 A,250VAC)控制灯具、家电、酒店服务需求指示,两路调光功能;控制状态通过 CAN 总线传输,CAN 总线波特率可调为 20 kbit/s、40 kbit/s、50 kbit/s、80 kbit/s、100 kbit/s、125 kbit/s、200 kbit/s、

250 kbit/s、400 kbit/s、500 kbit/s、666 kbit/s、800 kbit/s、1 000 kbit/s,总线采用了 DC/DC 电源模块和高速光耦抗干扰设计;客户终端主控 MCU 为 STC89C58;CAN 控制器采用 SJA1000,CAN 通信协议采用 PeliCAN 模式。

图 6-4   酒店客房智能化系统客房终端实物图

6.3   客房终端硬件电路设计

6.3.1   电源部分电路设计

电源部分电路设计如图 6-5 所示。客户终端需要 3 种电源:直流 5 V、直流 9 V、CAN 电路隔离直流 5 V。为此,选用市电交流 220 V 输入,两路交流输出 8 V、9 V 的电源模块。8 V 交流输出经过整流、滤波、稳压后,调理输出 5 V 直流电源,用于单片机等芯片的供电;经过 DC/DC 隔离模块 B0505-25W 后,输出的隔离 5 V 电源用于 CAN 总线部分电路的供电;9 V 交流输出经过调理后,用于驱动控制 16 路继电器。

整流二极管 D5、D6 及三极管 Q1、Q2 构成的电路,用于捕捉 220 V、50 Hz 市电的“零点”,即周期 $T=1/50$ Hz$=20$ ms,因此半个周期 10 ms 就会过一次“零点”。经过调理电路后,每隔 10 ms 产生一次中断。单片机响应中断程序,控制双向晶闸管的导通角,以实现控制灯光亮度的功能。

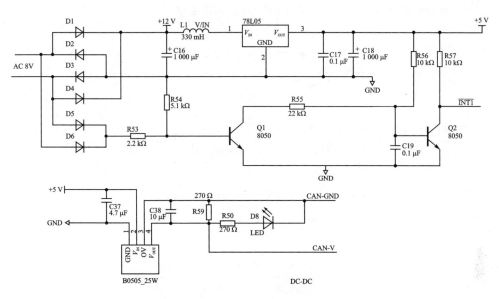

图 6-5　电源部分电路设计

6.3.2　多按键中断资源设计

多按键中断资源设计如图 6-6 所示。

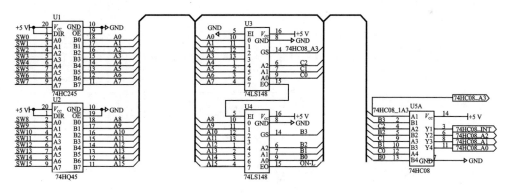

图 6-6　多按键中断电路设计

多按键中断设计采用两片 74LS48 和一片 74HC08 搭建编码电路,实现 16 路按键(SW0~SW15)输入,4 位 BCD 编码(74HC08_A0~74HC08_A3)输出和一个中断(74HC08_INT)输出,在中断程序中识别具体按键状态。74HC245 用于按键电路隔离,确保酒店客房智能化系统客房终端面板上的按键出现故障的时候不影响到控制板电路。

16 路输入、4 路输出的真值表如表 6-3 所列。真值表中的 0~15 表示 16 路按键,A0~A3 对应 4 位 BCD 编码输出,$\overline{Gs}$ 引脚为中断输出引脚,连接单片机的中断引脚。从真值表中可以看出,只要 16 路按键中的任意一个按下,$\overline{Gs}$ 变为低电平,引发单片机中断。

表 6 - 3　16 转 4 编码真值表

	E_1	0	1	2	3	4	5	6	7	8	9	10	11	12	13	14	15	A0	A1	A2	A3	E_0	$\overline{Gs}$
	16 路按键输入																	4 路输出					
E_1	H	X	X	X	X	X	X	X	X	X	X	X	X	X	X	X	X	H	H	H	H	H	H
0	L	L	H	H	H	H	H	H	H	H	H	H	H	H	H	H	H	H	H	H	H	H	L
1	L	H	L	H	H	H	H	H	H	H	H	H	H	H	H	H	H	L	H	H	H	H	L
2	L	H	H	L	H	H	H	H	H	H	H	H	H	H	H	H	H	H	L	H	H	H	L
3	L	H	H	H	L	H	H	H	H	H	H	H	H	H	H	H	H	L	L	H	H	H	L
4	L	H	H	H	H	L	H	H	H	H	H	H	H	H	H	H	H	H	H	L	H	H	L
5	L	H	H	H	H	H	L	H	H	H	H	H	H	H	H	H	H	L	H	L	H	H	L
6	L	H	H	H	H	H	H	L	H	H	H	H	H	H	H	H	H	H	L	L	H	H	L
7	L	H	H	H	H	H	H	H	L	H	H	H	H	H	H	H	H	L	L	L	H	H	L
9	L	H	H	H	H	H	H	H	H	H	L	H	H	H	H	H	H	L	H	H	L	H	L
10	L	H	H	H	H	H	H	H	H	H	H	L	H	H	H	H	H	H	L	H	L	H	L
11	L	H	H	H	H	H	H	H	H	H	H	H	L	H	H	H	H	L	L	H	L	H	L
12	L	H	H	H	H	H	H	H	H	H	H	H	H	L	H	H	H	H	H	L	L	H	L
13	L	H	H	H	H	H	H	H	H	H	H	H	H	H	L	H	H	L	H	L	L	H	L
14	L	H	H	H	H	H	H	H	H	H	H	H	H	H	H	L	H	H	L	L	L	H	L
15	L	H	H	H	H	H	H	H	H	H	H	H	H	H	H	H	L	L	L	L	L	H	L
16	L	H	H	H	H	H	H	H	H	H	H	H	H	H	H	H	H	H	H	H	H	L	H

6.3.3　多继电器驱动电路设计

多继电器驱动电路设计如图 6 - 7 所示。74HC595 是美国国家半导体公司生产的通用移位寄存器芯片,其具有一个 8 位串行输入并行输出的移位寄存器和一个 8 位输出锁存器。并行输出端具有输出锁存功能。与单片机连接简单方便,只需 3 个 I/O 口即可。而且可以级联,价格低廉,每片单价为 1.5 元左右。

多继电器驱动电路设计通过串联 3 片 74HC595 实现 24 路输出,其中的 14 路输出通过驱动芯片 UN2003 来驱动 14 个继电器;7 路输出用于控制服务状态指示灯。为了节约芯片,降低成本,其余的两路继电器控制采用 NPN 三极管搭建电路。

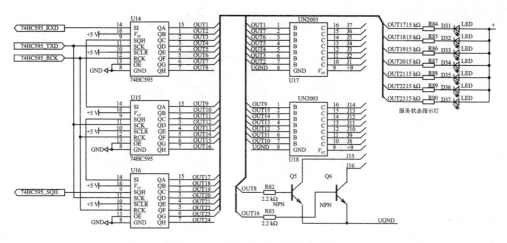

图 6 - 7 多继电器驱动电路设计

6.3.4 灯具调光电路设计

灯具调光电路设计如图 6 - 8 所示。

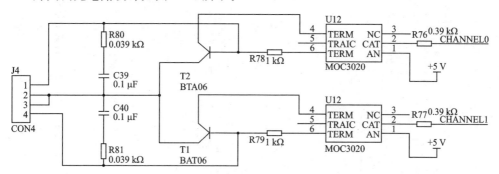

图 6 - 8 灯具调光电路设计

灯具调光电路设计由 MOC3020 芯片和双向可控硅电路构成,市电 10 ms 过零点一次,经过过零捕捉电路产生中断,单片机引脚 CHANEL1、CHANEL2 控制两路调光电路的导通时间,进而控制双向晶闸管的导通角实现调控灯具亮度的控制。全导通 10 ms,对应灯具的亮度为 100%,导通 1 ms,则对应灯具的亮度为 10%。

6.3.5 CAN 总线通信电路设计

如图 6 - 9 所示,CAN 总线通信的电路设计采用 SJA1000 芯片、TJA1040 芯片、6N137 高速光耦、DC/DC 隔离模块。SJA1000 的 RESET 引脚直接和 5 V 电压相连,其片选 CS 引脚和单片机的 P2.1 相连,因此其单片机识别地址为 0XFC00,即要求 P2.1 为低电平,选中 SJA1000。其他的电路说明和第 2 章中的 CAN 总线部分电路说明相同,不再赘述。

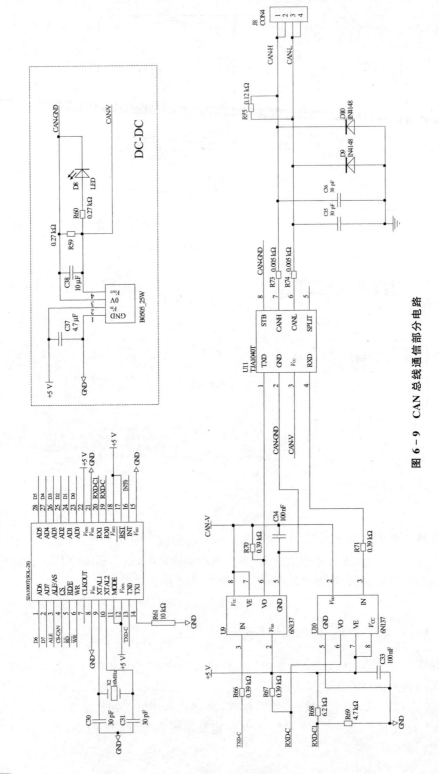

图 6-9 CAN 总线通信部分电路

6.4　软件设计

6.4.1　程序流程图

酒店客房智能化系统软件流程图如图 6 - 10 所示。

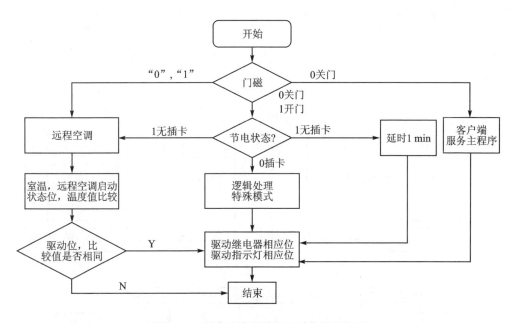

图 6 - 10　酒店客房智能化系统软件流程图

6.4.2　SJA1000 控制器 CAN 字节协议

CAN 传输的一组数据帧,8 字节 send_74HC595_data[0]～ send_74HC595_data[7],字节定义如下:

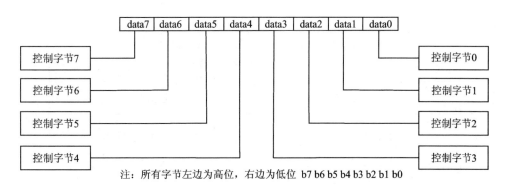

注:所有字节左边为高位,右边为低位 b7 b6 b5 b4 b3 b2 b1 b0

8 个字节 send_74HC595_data[0]～ send_74HC595_data[7]各字节含义如下：

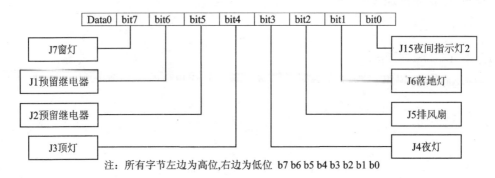

注：所有字节左边为高位,右边为低位 b7 b6 b5 b4 b3 b2 b1 b0

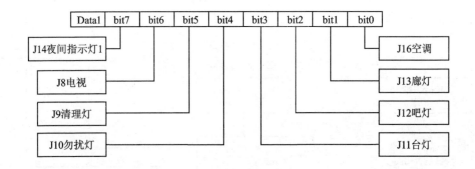

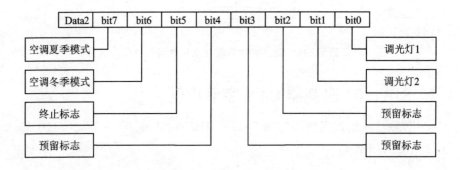

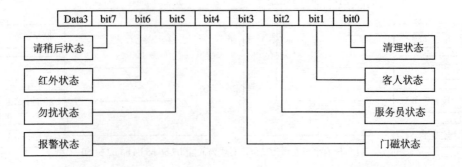

Data4	bit7	bit6	bit5	bit4	bit3	bit2	bit1	bit0

Data4 字节为采集的温度数值。

Data5	bit7	bit6	bit5	bit4	bit3	bit2	bit1	bit0

Data5 字节用于控制温度定时采集命令。

Data6	bit7	bit6	bit5	bit4	bit3	bit2	bit1	bit0

Data6 字节为 CAN 地址字节的低位字节。

Data7	bit7	bit6	bit5	bit4	bit3	bit2	bit1	bit0

Data7 字节为 CAN 地址字节的高位字节。

6.4.3 客房终端源程序

客户终端程序中的灯具调光程序、ADC 采集温度程序和本书内容关系不大,且占用篇幅较大,因此下面的源程序中将这两部分的程序删了。

```
#include<REG52.H>
#include<intrins.h>
#include "pelican.h"                    //包含 PeliCAN 模式下 SJA1000 头文件
/**************** 函数声明 ****************/
void    watch_dogs(void);              //喂看门狗程序
void    init_sja1000(void);            //SJA1000 初始化
void    out_74hc595();                 //74HC595 串行输出程序
void    init_cpu();                    //初始化 CPU
void    read_sw_driver();              //读取按键状态,并执行驱动继电器动作
void    MAIN_VICE_judge();             //主副开关状态判断
void    magnetic_judge();              //门磁状态判断
void    can_service(void);             //CAN 总线服务程序
void    led_light(void);               //LED 指示灯闪烁控制
void    can_date_change(void);         //CAN 第 4 字节变化函数
void    canid_change(void);            //CAN 数据帧的高 2 位字节代表的 CAN 的地址变换
void    Delay(unsigned int x);         //延时程序
//****************************************
unsigned char code CAN_id1_at_ 0x1FEE;
unsigned char code CAN_id0_at_ 0x1FEF; //此 2 个地址用于向单片机中烧写程序时改变
                                        //CAN 的地址
unsigned char data   rcv_data[8];       //接收 8 字节的 CAN 总线数据
unsigned char bdata send_74HC595_data[8]; //可位寻址,74HC595 输出的 3 字节的数据
                                        //初始默认为 0x00,即所有继电器断开
unsigned char        begin_data[8] = {0xff,0xff,0xff,0xff,0xff,0xff,0x00,0x00};
                                        //这 8 字节用于开机后向总线上传组网请求
```

```
unsigned char bdata send_LED_date[1];        //LED 灯状态控制字节
unsigned char interruptT0_status;            //按键中断状态
bit sw_flag;                                 //按键按下,t0 产生中断标志
bit can_send_flag;                           //CAN 发送标志
bit magnetic_door_change = 0;                //用于门磁状态变化
bit LED34_flag,LED36_flag;                   //LED34,36 闪烁标志
bit MAIN_KEY_flag;
bit can_change_flag;                         //CAN 的第 4 字节变化标志
bit flag = 0,flag_sleep = 0,begin_flag,stop_can_flag;
bit magnetic_open,magnetic_close;            //门磁断开及闭合标志
unsigned char temp;                          //温度变量
unsigned char can_data_fourth;               //CAN 的第 3~4 个字节变量
unsigned char oder;                          //CAN 协议命令
unsigned int  can_num,temp_num;              //CAN 握手信号发送延时计数和变化延时计数
unsigned long Delay_num;                     //延时参数
unsigned int magnetic_delay_num1;            //门磁延时参数 1
unsigned char magnetic_delay_num2;           //门磁延时参数 2
unsigned int LED_delay_num;                  //LED 闪烁计时
unsigned char bdata sja_int;                 //CAN 的接收,错误,溢出中断定义
sbit rcv_flag = sja_int^0;                   //接收中断
sbit err_flag = sja_int^2;                   //错误中断
sbit over_flag = sja_int^3;                  //CAN 溢出中断标志
sbit SJA_CS   = P2^1;                        //SJA1000 片选引脚,低电平有效
sbit WDI = P1^1;                             //喂狗
sbit LED31 = send_LED_date[0]^7;             //LED 控制位定义
sbit LED32 = send_LED_date[0]^6;
sbit LED33 = send_LED_date[0]^5;
sbit LED34 = send_LED_date[0]^4;
sbit LED35 = send_LED_date[0]^3;
sbit LED36 = send_LED_date[0]^2;
sbit LED37 = send_LED_date[0]^1;
sbit LED38 = send_LED_date[0]^0;             //此位没有用到
sbit J7 = send_74HC595_data[0]^7;            //继电器控制位定义
sbit J1 = send_74HC595_data[0]^6;
sbit J2 = send_74HC595_data[0]^5;
sbit J3 = send_74HC595_data[0]^4;
sbit J4 = send_74HC595_data[0]^3;
sbit J5 = send_74HC595_data[0]^2;
sbit J6 = send_74HC595_data[0]^1;
sbit J15 = send_74HC595_data[0]^0;
sbit J14 = send_74HC595_data[1]^7;           //继电器控制位定义
sbit J8 = send_74HC595_data[1]^6;
sbit J9 = send_74HC595_data[1]^5;
sbit J10 = send_74HC595_data[1]^4;
sbit J11 = send_74HC595_data[1]^3;
```

```
sbit J12 = send_74HC595_data[1]^2;
sbit J13 = send_74HC595_data[1]^1;
sbit J16 = send_74HC595_data[1]^0;
sbit air_condition_summer = send_74HC595_data[2]^7;     //空调夏季模式
sbit air_condition_winter = send_74HC595_data[2]^6;     //空调冬季模式
sbit J_false              = send_74HC595_data[2]^5;     //失效控制键
sbit control_light2       = send_74HC595_data[2]^1;     //调光灯 2
sbit control_light1       = send_74HC595_data[2]^0;     //调光灯 1
sbit waiting_status    = send_74HC595_data[3]^7;        //继电器控制位定义
sbit infra_red_status  = send_74HC595_data[3]^6;
sbit no_disturb        = send_74HC595_data[3]^5;
sbit sos_status        = send_74HC595_data[3]^4;
sbit magnetic_status   = send_74HC595_data[3]^3;
sbit service_status    = send_74HC595_data[3]^2;
sbit guest_status      = send_74HC595_data[3]^1;
sbit cleaning          = send_74HC595_data[3]^0;
sbit CAN_LED = P2^2;                                    //CAN 指示灯
sbit RCK_595 = P1^0;                                    //74HC595 的 RCK 引脚
sbit MAIN_KEY = P1^5;                                   //主开关
sbit VICE_KEY = P1^6;                                   //副开关
sbit magnetic_door = P1^7;                              //门磁
/*******************************************************
 * 函数原型：void watch_dogs(void)                        *
   函数功能：选用外部看门狗芯片 MAX813L,定义 P1^1 是喂狗引脚
            看门狗喂狗程序,防止程序"跑飞",小于 1.6 s 内喂狗一次
 *******************************************************/
void watch_dogs(void)
{
unsigned char watchdog_num;
WDI = 1;                                                //引脚置位,高电平
for(watchdog_num = 0;watchdog_num<10;watchdog_num++)
    {;}
WDI = 0;                                                //引脚低电平
for(watchdog_num = 0;watchdog_num<10;watchdog_num++)
    {;}
WDI = 1;
for(watchdog_num = 0;watchdog_num<10;watchdog_num++)
    {;}
WDI = 0;
}
/*******************************************************
 * 函数原型：void out_74hc595()                           *
   函数功能：从 74HC595 串行输出数据,控制继电器的吸合和 LED 灯的闪烁
 *******************************************************/
void out_74hc595()
```

```
{
    SBUF = send_LED_date[0];                       //写入控制字节到串口
    while(TI == 0);
    TI = 0;
    SBUF = send_74HC595_data[1];
    while(TI == 0);
    TI = 0;
    SBUF = send_74HC595_data[0];
    while(TI == 0);
    TI = 0;
    RCK_595 = 0;                                    //上升沿打入数据
    _nop_();_nop_();
    RCK_595 = 1;
}
/* **************************************************************
 * 函数原型: void Delay(unsigned int x)                          *
   函数功能:该函数用于程序中的延时
 * 参数说明:unsigned int x 是设置的延时时间变量,数值越大,延时越长      *
   ************************************************************* */
void Delay(unsigned int x)
{
    unsigned int j;
    while(x -- )
    {
        for(j = 0;j<125;j++)
        {;}
    }
}
/* **************************************************************
 * 函数原型: void ex0_int() interrupt 0
   函数功能:外中断 0 用于检测按键,读入 16 转 4 的 BCD 编码
   ************************************************************* */
void ex0_int() interrupt 0
{
    sw_flag = 1;                                    //按键中断标志
    interruptT0_status = P2;                        //读入按键状态
    interruptT0_status >> = 4;                      //读入的 p2 口数据右移 4 位到低字节
    Delay(1);
}
/* **************************************************************
 * 函数原型: void can_int_to(void) interrupt 1
   函数功能:t0 中断用于检测 CAN 中断
   说明:在 51 单片机中断资源不够用的时候,可以使用定时器资源,以本程序
        为例,让 T0 处于工作方式 2 模式,8 位自动重载,计数模式。T0 初值写入
        最大计数数值 TL0 = 0XFF,TH0 = 0XFF;T0 的外部计数引脚 P3.4 只要有计数
```

脉冲,则 TO 产生中断

```
********************************************************/
void can_int_to(void) interrupt 1
{   TR0 = 0;
    ET0 = 0;                          //定时器 0 禁止
    sja_int = IR;                     //IR 为 SJA1000 的中断寄存器
    ET0 = 1;                          //定时器 0 允许
    TR0 = 1;
}
/********************************************************
 * 函数原型：void init_sja1000(void)                              *
   函数功能：SJA1000 初始化,用于建立通信、设置通信波特率、设置己方的 CAN 总线地址
          设置时钟输出方式、设置 SJA1000 的中断控制
 *     说明：注意"建立通信、设置通信波特率、设置己方的 CAN 总线地址
          设置时钟输出方式"之前,需要进入复位模式,设置完毕后,退出复位
```

//;寄存器:		波特率(kbit/s)	BTR0	BTR1
//; *	0	20	053H,	02FH
//; *	1	40	087H,	0FFH
//; *	2	50	047H,	02FH
//; *	3	80	083H,	0FFH
//; *	4	100	043H,	02fH
//; *	5	125	03H,	01cH
//; *	6	200	081H,	0faH
//; *	7	250	01H,	01cH
//; *	8	400	080H,	0faH
//; *	9	500	00H,	01cH
//; *	10	666	080H,	0b6H
//; *	11	800	00H,	016H
//; *	12	1000	00H,	014H

```
          以上设置的 CAN 控制器 SJA1000 通信波特率.SJA1000 的晶振为必须为 16 MHz
//; *     其他晶体的频率的值的波特率需要自己计算
********************************************************/
void init_sja1000(void)
{
    unsigned char state;
    do
    {
        MODR    = 0x01;
        state = MODR;
    }
while(!(state & 0x01)); //设置 MOD.0 = 1 -- sja1000 进入复位模式,以便设置相应的
                        //寄存器
///////////对 SJA1000 部分寄存器进行初始化设置//////////////////////
    CDR = 0xc8;         //CDR 为时钟分频器
    MODR = 0x09;
```

```
            ACR0 = 0x00;
            ACR1 = 0x00;
            ACR2 = 0x2a;
            ACR3 = 0x00;              //设置接收代码寄存器
            AMR0 = 0x00;
            AMR1 = 0X00;
            AMR2 = 0x00;
            AMR3 = 0x00;              //设置接收屏蔽寄存器,设置自己的地址 ID:00000540
            BTR0 = 0x80;              //总线定时寄存器 0;总线波特率设定
            BTR1 = 0xfa;              //总线定时寄存器 1;总线波特率设定,400 kbit/s
            OCR = 0x1a;               //配置输出控制寄存器
            do
            {
                MODR = 0x08;
                state = MODR;
            }
            while(state & 0x01); //MOD.3 = 1 -- 单滤波器模式,sja1000 退出复位模式
            IER = 0x07;               //IER.0 = 1 -- 接收中断使能;IER.1 = 0 -- 关闭发送中断使能
                                      //打开错误中断
}
/ ************************************************************
* 函数原型: void init_cpu()
    函数功能:初始化 CPU
    说明:初始化 to,设置成加 1 计数器溢出,产生 CAN 中断;初始化串口,控制 74HC595 发送
        串行数据 *
    ************************************************************/
void init_cpu()
{
    TMOD = 0X16;          //to 工作方式 2,8 位自动重载,计数模式;t1 工作方式 1,16 位定时模式
    TL0 = 0XFF;
    TH0 = 0XFF;           //初始化 t0 初值
    SCON = 0X00;          //串口工作模式 0,同步移位寄存器方式,发送的 8 位数据,低位在前
    magnetic_open = 1;    //门磁断开标志为 1,目的:上电引脚为高电平,不执行门磁断开动作
    IT1 = 1;              //市电中断 INT1 为下降沿中断
    IT0 = 1;              //中断 INT0 为下降沿中断
    ET0 = 1;
    TR0 = 1;              //允许定时器 0,CAN 中断
    IP = 0X2C;            //市电中断和占空比中断优先
    EA = 1;               //总中断开
}
/ ************************************************************
* 函数原型: void read_sw_driver()
    函数功能:根据读取的按键 BCD 码,辨别按键状态,并驱动继电器动作,控制 LED 灯闪烁
    ************************************************************/
```

```
void read_sw_driver()
{
if(sw_flag)                                    //如果外部中断 0 中断,按键状态改变
  {
    sw_flag = 0;                               //按键中断标志清零
    switch(interruptT0_status)                 //根据按键的 16 转 4 产生的 BCD 码建立分支程序
      {
        case 0:
          if(flag_sleep == 0)                  //如果 SW_7 按下,睡眠模式
            {
              send_74HC595_data[0] = send_74HC595_data[0]&0x01;
              send_74HC595_data[1] = send_74HC595_data[1]&0x81;
              LED36_flag = 0;
              LED34_flag = 0;
              LED35 = 0;                        //小夜灯点亮,方便客人夜间识别按键
              LED37 = 0;                        //点亮勿扰灯
              J10 = 1;                          //勿扰模式使能
              no_disturb = 1;                   //勿扰标志置位
              cleaning = 0;                     //清理标志清零
              flag_sleep = 1;                   //睡眠标志位置位
            }
          else{J10 = 0;no_disturb = 0;LED37 = 1;J4 = 1;LED35 = 1;flag_sleep = 0;}
                                                //否则 SW_7 没有按下,不进入睡眠模式
          break;
        case 1:
          if(J_false == 0)                      //SW_6 按下,呼叫模式
            {
            if(flag_sleep == 0)                 //如果没有在睡眠模式,则呼叫指示灯闪烁
              {
                LED34 = ~LED34;
                LED34_flag = ~LED34_flag;       //呼叫指示灯标志取反
                sos_status = ~sos_status;       //呼叫状态取反
              }
            if(flag_sleep == 1)                 //如果处于睡眠模式,则取消勿扰,关闭
                                                //勿扰指示灯,关闭小夜灯
              {J10 = 0;no_disturb = 0;LED37 = 1;J4 = 1;LED35 = 1;flag_sleep = 0;}
            }
          break;
        case 2:
          if(J_false == 0)                      //SW_5 按下,驱动 J3 继电器吸合,顶灯
            {
            J3 = ~J3;
            if(flag_sleep == 1)
              {J3 = ~J3;J10 = 0;no_disturb = 0;LED37 = 1;J4 = 1;LED35 = 1;flag_sleep = 0;}
            }
```

```
            break;
        case 3:
            if(J_false == 0)         //SW_4 按下,驱动 J4 继电器吸合,夜灯模式
            {
            J4 = ~J4;
            if(flag_sleep == 1)
                {J4 = ~J4;J10 = 0;no_disturb = 0;LED37 = 1;J4 = 1;LED35 = 1;flag_
                sleep = 0;}
            if(J4 == 1)
                {LED35 = 1;}
            else{LED35 = 0;}
            }
            break;
        case 4:
            if(J_false == 0)         //SW_3 按下,驱动 J5 继电器吸合,排风扇
            {
            J5 = ~J5;
            if(flag_sleep == 1)
                {J5 = ~J5;J10 = 0;no_disturb = 0;LED37 = 1;J4 = 1;LED35 = 1;flag_sleep = 0;}
            }
            break;
        case 5:
            if(J_false == 0)         //SW_2 按下,驱动 J6 继电器吸合,落地灯
            {
            J6 = ~J6;
            if(flag_sleep == 1)
                {J6 = ~J6;J10 = 0;no_disturb = 0;LED37 = 1;J4 = 1;LED35 = 1;flag_sleep = 0;}
            }
            break;
        case 6:
            if(J_false == 0)         //SW_1 按下,驱动 J7 继电器吸合,窗灯
            {
            J7 = ~J7;
            if(flag_sleep == 1)
                {J7 = ~J7;J10 = 0;no_disturb = 0;LED37 = 1;J4 = 1;LED35 = 1;flag_sleep = 0;}
            }
            break;
        case 7:
            J8 = ~J8;                //SW_0 按下,驱动 J8 继电器吸合,电视
            if(flag_sleep == 1)
                {J8 = ~J8;J10 = 0;no_disturb = 0;LED37 = 1;J4 = 1;LED35 = 1;flag_sleep = 0;}
            break;
        case 8:
            if(flag_sleep == 0)      //SW_15 按下,驱动 J9 继电器吸合,清理
            {
```

```
            if(J10 == 1)
                {J10 = 0;no_disturb = 0;LED37 = 1;}
                J9 = ~J9;
                LED36 = ~LED36;
                LED36_flag = ~LED36_flag;
                cleaning = ~cleaning;
                }
        if(flag_sleep == 1)
            {J10 = 0;no_disturb = 0;LED37 = 1;J4 = 1;LED35 = 1;flag_sleep = 0;}
        break;
    case 9:
        if(flag_sleep == 0)     //SW_14 按下,驱动 J10 继电器吸合,勿扰
            {
            if(J9 == 1)
                {J9 = 0;cleaning = 0;LED36_flag = 0;}
            J10 = ~J10;
            LED37 = ~LED37;
            no_disturb = ~no_disturb;
            }
        if(flag_sleep == 1)
            {J10 = 0;no_disturb = 0;LED37 = 1;J4 = 1;LED35 = 1;flag_sleep = 0;}
        break;
    case 10:
        J11 = ~J11;              //SW_13 按下,驱动 J11 继电器吸合,台灯
        if(flag_sleep == 1)
            {J11 = ~J11;J10 = 0;no_disturb = 0;LED37 = 1;J4 = 1;LED35 = 1;flag_
            sleep = 0;}
        break;
    case 11:
        J12 = ~J12;              //SW_12 按下,驱动 J12 继电器吸合,吧灯
        if(flag_sleep == 1)
            {J12 = ~J12;J10 = 0;no_disturb = 0;LED37 = 1;J4 = 1;LED35 = 1;flag_
            sleep = 0;}
        break;
    case 12:
        J13 = ~J13;              //SW_11 按下,驱动 J13 继电器吸合,廊灯
        if(flag_sleep == 1)
            {J13 = ~J13;J10 = 0;no_disturb = 0;LED37 = 1;J4 = 1;LED35 = 1;flag_
            sleep = 0;}
        break;
    case 13:
        if(flag_sleep == 1)    //SW_10 按下,调节 CHANNEL0 引脚控制的灯亮度增加
            {J10 = 0;no_disturb = 0;LED37 = 1;J4 = 1;LED35 = 1;flag_sleep = 0;}
        break;
    case 14:
```

```
            if(flag_sleep == 1)        //SW_9 按下,调节 CHANNEL1 引脚控制的灯亮度增加
               {J10 = 0;no_disturb = 0;LED37 = 1;J4 = 1;LED35 = 1;flag_sleep = 0;}
            break;
           default:break;
        }
     out_74hc595();                      //74HC595 输出串行数据
   }
}
/*******************************************************
 * 函数原型: void MAIN_VICE_judge()
   函数功能: 判定主副开关状态
 *******************************************************/
void MAIN_VICE_judge()
  {
   if((flag == 1)&&(MAIN_KEY_flag == 1))
      {Delay(3000);}
   if(MAIN_KEY == 1)                    //总开关有效,按键,继电器,调光按键有效
     {
        if(VICE_KEY == 1)
        {service_status = 1;guest_status = 0;}      //副开关有效,服务员状态
      else{service_status = 0;guest_status = 1;}     //如果副开关无效,客人状态
      if(flag == 0)
        {
                J14 = 1;                 //驱动继电器 14 和 15,点亮 LED35
              J15 = 1;
                 J5 = 0;                 //排风扇关闭
              J16 = 0;                   //空调高关闭
              LED35 = 0;
              out_74hc595();
              EX0 = 1;                   //使能 INT0 中断,按键中断
              flag = 1;
              MAIN_KEY_flag = 0;
          }
      }
   if(MAIN_KEY == 0)                     //总开关断开,按键,继电器,调光按键无效
     {
      if(MAIN_KEY_flag == 0)
        {
         EX0 = 0;                        //关闭 INT0 中断,按键中断
         service_status = 0;             //总开关无效状态
         guest_status = 0;
         if(J9 == 1)
           {
           LED34_flag = 0;
           LED36_flag = 0;
```

```
                    send_LED_date[0] = 0xfb;      //关闭除清理指示灯外的所有 LED 和除清理
                                                  //外的继电器
                    send_74HC595_data[1] = 0x20;
                    send_74HC595_data[0] = 0x00;
                    out_74hc595();
                    sos_status = 0;
                    no_disturb = 0;
                     }
                else
                  {
                    LED34_flag = 0;
                    LED36_flag = 0;
                    send_LED_date[0] = 0xff;      //关闭所有 LED 和继电器
                    send_74HC595_data[1] = 0x00;
                    send_74HC595_data[0] = 0x00;
                    out_74hc595();
                    sos_status = 0;
                    no_disturb = 0;
                     }
                MAIN_KEY_flag = 1;
                flag = 0;
              }
          }
}
/ * * * * * * * * * * * * * * * * * * * * * * * * * * * * * * * * * * * * * * * * * * * * *
 * 函数原型：void magnetic_judge()
   函数功能：门磁状态判断以及动作
   * * * * * * * * * * * * * * * * * * * * * * * * * * * * * * * * * * * * * * * * * * * */
void magnetic_judge()
{
if(MAIN_KEY == 0)
  {
   if(magnetic_door == 1)
       {
            J13 = 1;
            out_74hc595();                    //门磁开关按下，驱动继电器 13 打开廊灯
                                              //其他继电器状态不变
            magnetic_delay_num2 = 0;
        }
    if(magnetic_door == 0)
        {
            magnetic_delay_num1 ++ ;
            if(magnetic_delay_num1 == 20000)
                {
                   magnetic_delay_num1 = 0;
```

```
                    magnetic_delay_num2 ++ ;
                    if(magnetic_delay_num2 == 30)
                        {
                        magnetic_delay_num2 = 0;
                        J13 = 0;
                        out_74hc595();  //门磁断开,驱动继电器 13 断开,其他继电器
                                        //状态不变
                        }
                    }
                }
            }
if(magnetic_door_change!= magnetic_door) //如果临近两次的门磁状态有变化
{
 if(magnetic_door == 1)
  {magnetic_status = 1;}                    //上传门磁状态:门磁开关按下
 else
  {magnetic_status = 0;}                    //上传门磁状态:门磁开关断开
 magnetic_door_change = magnetic_door;
}
}
/ * * * * * * * * * * * * * * * * * * * * * * * * * * * * * * * * * * * * * * * * * * * *
 * 函数原型: void can_service(void)
   函数功能:CAN 总线服务程序,用于处理接收、溢出、错误、发送中断子程序
 * * * * * * * * * * * * * * * * * * * * * * * * * * * * * * * * * * * * * * * * * * */
void can_service(void)
{
 if(over_flag)                           //如果是溢出中断
 {
 over_flag = 0;
 EA = 0;                                 //总中断关闭
 CMR    = 0x0c;                          //清楚数据溢出状态位,释放接收缓冲区
 EA = 1;                                 //总中断开
 }
 if(rcv_flag)                            //如果是接收中断
  {
   rcv_flag = 0;
   EA = 0;
   rcv_data[5] = RBSR5;
   rcv_data[6] = RBSR6;
   rcv_data[7] = RBSR7;
   rcv_data[8] = RBSR8;
   rcv_data[9] = RBSR9;
   rcv_data[10] = RBSR10;
   rcv_data[11] = RBSR11;
   rcv_data[12] = RBSR12;              //接收数据帧
```

```
    CMR = 0x04;                         //CMR.2 = 1—— 接收完毕,释放接收缓冲器
    EA = 1;
    oder = rcv_data[5];                 //接收的 rcv_data[5]字节为命令字节
    if(oder == 0xaa)                    //如果是 0xaa,停止 CAN 发送标志位清零
        {stop_can_flag = 0;}
    if(oder == 0xee)                  //如果是 0xee,停止 CAN 发送标志位置位,开始位清零
        {begin_flag = 0;stop_can_flag = 1;}
    if(oder == 0xff)                    //如果是 0xff,CAN 发送标志位置位
        {can_send_flag = 1;}
    if(oder == 0xdd)                  //如果是 0xdd,输出控制继电器命令以及传输温度控制
        {
        send_74HC595_data[0] = rcv_data[0];
        send_74HC595_data[1] = rcv_data[1];      //输入控制继电器命令
        send_74HC595_data[2] = rcv_data[2];
        temp = rcv_data[4];             //上位机发送的温度
        }
}
    if(begin_flag == 1)                 //如果开始标志置位
    {   Delay_num ++ ;
        if(Delay_num == 280000)         //客户终端 13 s 发送一次申请入网
            {
        Delay_num = 0;
        EA = 0;
        TBSR0 = 0x88;
        TBSR1 = 0x00;
        TBSR2 = 0x00;
        TBSR3 = 0x2a;
        TBSR4 = 0x80;               //扩展帧,8 字节数据,发送数据到 ID 为 00000550 的节点
        TBSR5 = begin_data[0];
        TBSR6 = begin_data[1];
        TBSR7 = begin_data[2];
        TBSR8 = begin_data[3];
        TBSR9 = begin_data[4];
        TBSR10 = begin_data[5];
        TBSR11 = begin_data[6];
        TBSR12 = begin_data[7];
        CMR = 0x01;                 //置位发送请求,发送入网申请数组
        EA = 1;
        CAN_LED = ~CAN_LED;         //CAN 总线指示灯状态取反
            }
        }
    if(can_send_flag)                   //如果是发送标志
        {   can_send_flag = 0;
        EA = 0;
        ////////将待发送的一帧数据信息存入 SJA1000 的相应寄存器中////////
```

```
            TBSR0 = 0x88;
            TBSR1 = 0x00;
            TBSR2 = 0x00;
            TBSR3 = 0x2a;
            TBSR4 = 0x80;           //扩展帧,8 字节数据,发送数据到 ID 为 00000550 的节点
            TBSR5 = send_74HC595_data[0];
            TBSR6 = send_74HC595_data[1];
            TBSR7 = send_74HC595_data[2];
            TBSR8 = send_74HC595_data[3];
            TBSR9 = send_74HC595_data[4];
            TBSR10 = send_74HC595_data[5];
            TBSR11 = send_74HC595_data[6];
            TBSR12 = send_74HC595_data[7];
            CMR = 0x01;                 //置位发送请求,上传发送继电器的吸合状态
            EA = 1;
            CAN_LED = ~CAN_LED;     //CAN 总线指示灯状态取反
            send_74HC595_data[5] = 0x00;  //如果不是温度定时采集,那么第 5 字节
                                          //为 0x00,作为标记
        }
    if(err_flag)                    //如果是错误标志
        {   err_flag = 0;
        init_sja1000();             //重新初始化 SJA1000
        }
}
/ ************************************************************
 * 函数原型: void led_light(void)
   函数功能: 定时喂看门狗、控制 LED 灯闪烁频率
   ************************************************************/
void led_light(void)
{
LED_delay_num ++ ;                  //控制 LED 灯闪烁时间变量
if(LED_delay_num == 4000)
   {watch_dogs();}                  //喂狗
if(LED_delay_num == 8000)
   {
   LED_delay_num = 0;
   watch_dogs();
   if(LED34_flag == 1)
       {LED34 = ~LED34;}            //呼叫指示灯闪烁
   else{LED34 = 1;}
   if(LED36_flag == 1)
       {LED36 = ~LED36;}            //清理指示灯闪烁
   else{LED36 = 1;}
   out_74hc595();                   //输出控制 LED 闪烁命令
```

```
    }
}
/ ************************************************************
  * 函数原型：void can_date_change(void)
    函数功能：CAN 第 4 字节 send_74HC595_data[3]位对应是清理状态、客人状态、服务员状
             态、门磁状态、报警状态、勿扰状态、红外状态、请稍后状态。
             只要任一个状态位变化，就及时通过 CAN 总线上报到酒店服务台
  ************************************************************ /
void can_date_change(void)
{
if(begin_flag == 0)        //如果开始位为 0，即没有处于开机入网状态，处于正常工作状态
  {
  if(send_74HC595_data[3]! = can_data_fourth) //如果 CAN 第 4 字节 send_74HC595_data[3]
                                               //位发生变化
     {
      can_change_flag = 1;                      //置位发生变化位置位
      can_data_fourth = send_74HC595_data[3];   //保留变化后的数值
     }
  if(can_change_flag == 1)                      //如果发生变化位置位
     {
      can_num ++ ;
      if(can_num == 18000)
        {
        if(stop_can_flag == 0)                  //如果停止发送标志位是 0
          {can_send_flag = 1;}                  //置位发送标志
        can_num = 0;
        can_change_flag = 0;}
     }
  }
}
/ ***********************************************************
  * 函数原型：void canid_change(void)
    函数功能：CAN 数据帧的高 2 位字节代表 CAN 的地址；CAN_id1 及 CAN_id0 地址用于向单
             片机中烧写程序时改变 CAN 的地址，目的是方便使用者在烧写十六进制代码
             时候就可以定义客户终端的 CAN 地址。
                 本函数的功能就是把 CAN_id1 及 CAN_id0 地址字节转化为符合 SJA1000
             内部寄存器设置的字节。
                 同时，CAN_id1 及 CAN_id0 地址字节写入发送 CAN 数据帧的高 2 字节，通
             过这个方式可以告诉酒店服务台自己的地址，以便服务台辨别客房终端
  *********************************************************** /
void canid_change(void)
{unsigned char address_h = 0,address_l = 0;
 unsigned long change_data = 0;
change_data = change_data|CAN_id1;
```

```
change_data<< = 8;
change_data = change_data|CAN_id0;
change_data<< = 3;
ACR3 = change_data&0xFF;
change_data>> = 8;
ACR2 = change_data&0xFF;
change_data>> = 8;
ACR1 = change_data&0xFF;
change_data>> = 8;
ACR0 = change_data&0xFF;                        //设置 CAN 地址
begin_data[6] = CAN_id1;
begin_data[7] = CAN_id0;
send_74HC595_data[6] = CAN_id1;
send_74HC595_data[7] = CAN_id0;                 //CAN 数据帧的高两位字节代表 CAN 的地址
}
// *****************************************************
void main(void)
{
 canid_change();                                //CAN 的地址变换
 init_cpu();                                     //初始化 MCU
 init_sja1000();                                 //初始化 SJA1000
 send_LED_date[0] = 0xff;                        //LED 灯全部熄灭
 begin_flag = 1;                                 //入网申请置位
 out_74hc595();                                  //输出数据到 74HC595
 EX1 = 1;                                        //允许外中断 1,市电 10 ms 中断
 can_data_fourth = send_74HC595_data[3];         //第 4 字节状态变量赋初值
 while(1)
     {
        MAIN_VICE_judge();                       //主副开关状态判断
        read_sw_driver();                        //读取按键状态,并执行驱动继电器动作
        led_light();                             //LED 指示灯闪烁控制
        magnetic_judge();                        //门磁状态判断
        can_service();                           //CAN 总线服务程序
        can_date_change();                       //CAN 第 4 字节变化函数
     }
}
```

6.4.4 CAN 总线控制模块

为了便于学习,对酒店客房智能化系统的客房终端进行简化,设计制作了 CAN 总线控制模块,实物图如图 6 - 11 所示,具体特点如下

① 控制模块采用 DC +5 V 供电。

② 控制模块上面采用的主要芯片有:

图 6-11　CAN 总线控制模块

　　ⓐ 51 系列的单片机,可以选用 89C51、89C52、89S52,如果选用 STC51 系列的单片机,如 STC89C51、STC89C52、STC89C58,可以实现串口下载程序,不需要编程器下载程序。

　　ⓑ CAN 总线控制器 SJA1000。

　　ⓒ CAN 总线收发器,可以选用 TJA1040、TJA1050、P82C250。其中,TJA1040、TJA1050 引脚兼容。如果选用 P82C250,则需要在其第 8 引脚加 47 kΩ 的斜率电阻。

　　③ 控制模块实现功能:

　　ⓐ 通过 CAN 总线控制模块可控制 8 路继电器(10 A,250 V AC),用于灯控、家电等的控制,即远端 CAN 节点发送 CAN 数据帧到控制模块,控制模块根据接收到的 CAN 数据帧驱动 8 路继电器的开关动作。

　　ⓑ 控制模块的单片机定时读取继电器吸合状态,并可以将此状态发送到远方 CAN 接收端,用于检测继电器实时状态。

　　ⓒ 可通过模块按键直接控制 8 路继电器的吸合动作。

　　④ CAN 总线波特率可调为 20、40、50、80、100、125、200、250、400、500、666、800、1 000 kbit/s。

　　⑤ 采用 DC-DC 电源隔离模块 B0505D-1W 实现电源隔离。

　　⑥ 程序支持 BasicCAN 和 PeliCAN 模式(CAN 2.0A 和 CAN 2.0B),提供 C 语言程序。

6.4.5 CAN 总线控制模块原理

CAN 总线控制模块原理如图 6-12 所示。

6.4.6 CAN 总线控制模块源程序

```
/ ******************************************************************
**                                main.c
**                       CAN 总线控制模块程序
**描述：实时读取 P1 口按键状态，只要有任一按键状态发生变化,就把变化字通过 CAN 总
      线发送出去;
      接收 CAN 总线数据,依据接收的 rcv_data[2]字节的 8 位状态控制 8 路继电器的
      吸合
  ******************************************************************/
# include<intrins.h>
# include<REG52.H>
# include<SJA1000.h>              //包含 SJA1000 头文件
# include<SJA1000.c>              //包含 SJA1000 函数库
/ *********************** 函数声明 ***********************/
void    out_74hc595();            //输出串行数据
bit     Sja_1000_Init(void);      //SJA1000 初始化
void    Delay(unsigned int x);    //延时程序
void    read_p1(void);            //读 P1 口低 4 位的按键状态
void    Can_DATA_Rcv(void);       //CAN 总线数据接收后处理
void    Can_DATA_Send(void);      //CAN 发送数据
void    Can_error(void);          //发现错误后处理
void    Can_DATA_OVER(void);      //数据溢出处理
// **********************************************************
unsigned char bdata Can_INT_DATA;       //本变量用于存储 SJA1000 的中断寄存器数据
sbit rcv_flag = Can_INT_DATA^0;          //接收中断标志
sbit err_flag = Can_INT_DATA^2;          //错误中断标志
sbit Over_Flag = Can_INT_DATA^3;         //CAN 总线超载标志
unsigned char          CHANGE_P1,CHANGE_P3;
unsigned char data   send_data[10],rcv_data[10];   //发送和接收数组
sbit                   RCK_595 = P3^5;   //74HC595 的 RCK 引脚
bit                    send_flag;        //发送标志
// *********************** 输出数据到 74HC595 ***********************
void out_74hc595()
{
  rcv_data[2] = ~rcv_data[2];
  SBUF = rcv_data[2];
  while(TI == 0);
```

```
    TI = 0;
    RCK_595 = 0;                              //上升沿打入数据
    _nop_();_nop_();
    RCK_595 = 1;
 }
// * * * * * * * * * * * * * * * * * * * * * * * * * * * * * * * * * * * * * * * * * * * *
void ex0_int(void) interrupt 0 using 1
{
    SJA1000_Address = INTERRUPT;           //指向 SJA1000 的中断寄存器地址
    Can_INT_DATA = * SJA1000_Address;
}
/* * * * * * * * * * * * * * * * * * * * * * * * * * * * * * * * * * * * * * * * * * * * *
 * 函数原型：bit   Sja_1000_Init(void)                                            *
    函数功能：SJA1000 初始化,用于建立通信、设置通信波特率、设置己方的 CAN 总线地址、
             设置时钟输出方式、设置 SJA1000 的中断控制。
 * 返回值说明：                                                                    *
 *           0:表示 SJA1000 初始化成功                                           *
 *           1:表示 SJA1000 初始化失败                                           *
 *      说明：注意"建立通信、设置通信波特率、设置己方的 CAN 总线地址、
             设置时钟输出方式"之前,需要进入复位,设置完毕后,退出复位
    * * * * * * * * * * * * * * * * * * * * * * * * * * * * * * * * * * * * * * * */
bit   Sja_1000_Init(void)
{
    if(enter_RST())                        //进入复位
      { return    1;}
    if(create_communication())             //检测 CAN 控制器的接口是否正常
      { return    1;}
    if(set_rate(0x06))                     //设置波特率 200 kbit/s
      { return    1;}
    if(set_ACR_AMR(0xac,0x00))             //设置地址 ID:560
      { return    1;}
    if(set_CLK(0xaa,0x48))                 //设置输出方式,禁止 COLOCKOUT 输出
      { return    1;}
    if(quit_RST())                         //退出复位模式
      { return    1;}
    SJA1000_Address = CONTROL;             //地址指针指向控制寄存器
     * SJA1000_Address| = 0x1e;            //开放错误\接收\发送中断
    return      0;
}
/* * * * * * * * * * * * * * * * * * * * * * * * * * * * * * * * * * * * * * * * * * * * *
 * 函数原型：void Delay(unsigned int x)                                           *
    函数功能：该函数用于程序中的延时
```

```
    *参数说明:unsigned int x 是设置的延时时间变量,数值越大,延时越长
  ************************************************************/
void Delay(unsigned int x)
{
    unsigned int j;
    while(x   )
      {
        for(j = 0;j<125;j++)
          {;}
      }
}
/**********************************************************
  *函数原型:void read_p1(void)                                           *
   函数功能:读 P1 口低 4 位的按键状态,如果按键状态变化,则置位 CAN 总线发送标志,把
          按键状态信息通过 CAN 总线发送出去
  ************************************************************/
void read_p1(void)
{
CHANGE_P3 = P1;                          //读取 P1 口状态
if(CHANGE_P1! = CHANGE_P3)
  {
    Delay(10);
   CHANGE_P3 = P1;
   if(CHANGE_P1! = CHANGE_P3)            //如果 P1 口状态变化
     {
     send_flag = 1;                      //置位发送标志
     CHANGE_P1 = CHANGE_P3;              //保存变化后的参数
     }
   }
}
/**********************************************************
  *函数原型:void    Can_DATA_OVER(void)                                  *
   函数功能:该函数用于 CAN 总线溢出中断处理
  ************************************************************/
void    Can_DATA_OVER(void)
{
   SJA_command_control(CDO_order);       //清除数据溢出状态
   SJA_command_control(RRB_order);       //释放接收缓冲区
}
/**********************************************************
  *函数原型:void Can_error()                                             *
   函数功能:该函数用于 CAN 总线错误中断处理
```

```
*********************************************************/
void Can_error()
{ bit sja_status1;
do{
    Delay(6);                         //小延时
    sja_status1 = Sja_1000_Init();    //读取 SJA1000 初始化结果
  }while(sja_status1);                //初始化 SJA1000,直到初始化成功
}
/* * * * * * * * * * * * * * * * * * * * * * * * * * * * * * * * * * * *
  * 函数原型：void    Can_DATA_Rcv(void)                              *
    函数功能：该函数用于接收 CAN 总线数据到 rcv_data 数组
    ****************************************************/
void Can_DATA_Rcv()
{
SJA_rcv_data(rcv_data);               //接收 CAN 总线数据到 rcv_data 数组
SJA_command_control(0x04);            //释放接收缓冲区
}
/* * * * * * * * * * * * * * * * * * * * * * * * * * * * * * * * * * * *
  * 函数原型：void    Can_DATA_Send(void)                             *
    函数功能：该函数用于通过 CAN 总线发送 send_data 数组中的数据
    ****************************************************/
void Can_DATA_Send()
{
send_data[0] = 0xAA;
send_data[1] = 0x08;                  //填写发送 CAN 数据帧的描述符
send_data[2] = CHANGE_P1;             //CAN 数据帧的第一个字节数值固定为 0x05
SJA_send_data(send_data);             //把 send_data 数组中的数据写入到发送
                                      //缓冲区
SJA_command_control(0x01);            //调用发送请求
}
// * * * * * * * * * * * * * * * * * * * * * * * * * * * * * * * * * * *
void main(void)
{
    Sja_1000_Init();                  //初始化 SJA1000
    PX0 = 1;
    EX0 = 1;                          //外部中断 0 允许
    EA = 1;
    CHANGE_P1 = P1;                   //读取 P1 口状态
    while(1)
    {   read_p1();                    //读取判断 P1 口状态
        if(_testbit_(Over_Flag))      //是超载中断标志,判断并清零标志位
        { Can_DATA_OVER();}           //数据溢出处理
```

```
        if(_testbit_(send_flag))        //是发送中断标志,判断并清零标志位
        {Can_DATA_Send(); }             //发送 CAN 总线数据
        if(_testbit_(rcv_flag))         //是接收中断标志,判断并清零标志位
        {
        Can_DATA_Rcv();                 //接收 CAN 总线数据
        out_74hc595();                  //输出控制继电器命令
        Delay(160);
          }

        if(_testbit_(err_flag))         //是错误中断标志,判断并清零标志位
        { Can_error();}                 //错误中断处理
    }
}
```

参考文献

［1］NXP Semiconductors. CAN Specification Version 2.0，Parts A and B. 1992.

［2］NXP Semiconductors. Data Sheet SJA1000，Stand - alone CAN Controller. 2000.

［3］NXP Semiconductors. Data Sheet TJA1050，High Speed CAN transceiver. 2000.

［4］NXP Semiconductors. Data Sheet PCA82C250，CAN Controller Interface. 2000.

［5］NXP Semiconductors. Preliminary Data Sheet TJA1040. High speed CAN transceiver. 2001.

［6］Microchip Technology Inc. Data Sheet MCP2515. 2005.

［7］Analog Devices Inc. ADμC812 User's Manual. 2000.

［8］刘书明,冯小平. 数据采集系统芯片 ADμC812 原理与应用［M］.西安:西安电子科技大学出版社，2000.

［9］宏晶科技. STC89C51RC/RD＋系列单片机器件手册. 2007.

［10］NXP 半导体. User's Manual LPC11xx. 2011.

［11］广州致远电子有限公司. 群星系列 CAN 接口应用. 2009.